高等学校 电气工程及其自动化专业 应用型本科系列教材

电工学

（第2版）

主 编 赵 悦

副主编 莫 莉 周黎明 王 辉

　　　 赵 洁 任振兴

重庆大学出版社

内容提要

本书是根据教育部电工课程教学指导委员会最新制定的"电工技术（电工学Ⅰ）"和"电子技术（电工学Ⅱ）"两门课的基本要求,为高等学校非电专业理工科学生编写的课程教材。全书共 11 章,内容包括直流电路、正弦交流电路、三相电源及其负载和功率、变压器、电动机、电气自动控制、二极管和晶体管、基本放大电路、集成运算放大电路、组合逻辑电路和时序逻辑电路。本书主要特点是内容精练,起点高,知识新,系统性和实用性强。

本书适用于高等学校非电类专业的教学,也适用于高等职业教育、高等专科及成人教育的非电类专业的教学。

图书在版编目（CIP）数据

电工学 / 赵悦主编. -- 2 版. -- 重庆：重庆大学出版社,2023.6

ISBN 978-7-5624-9673-1

Ⅰ.①电… Ⅱ.①赵… Ⅲ.①电工—高等学校—教材 Ⅳ.①TM

中国国家版本馆 CIP 数据核字（2023）第 096140 号

电 工 学（第 2 版）

主 编 赵 悦

副主编 莫 莉 周黎明 王 辉

赵 洁 任振兴

策划编辑：杨粮菊

责任编辑：杨粮菊　版式设计：杨粮菊

责任校对：刘志刚　责任印制：张 策

*

重庆大学出版社出版发行

出版人：陈晓阳

社址：重庆市沙坪坝区大学城西路 21 号

邮编：401331

电话：(023) 88617190　88617185（中小学）

传真：(023) 88617186　88617166

网址：http://www.cqup.com.cn

邮箱：fxk@ cqup.com.cn（营销中心）

全国新华书店经销

重庆紫石东南印务有限公司印刷

*

开本：787mm×1092mm　1/16　印张：18.25　字数：470 千

2016 年 2 月第 1 版　2023 年 6 月第 2 版　2023 年 6 月第 3 次印刷

印数：4 001—5 500

ISBN 978-7-5624-9673-1　定价：49.80 元

第2版前言

自本书第 1 版 2016 年 2 月出版以来，受到广大读者的热烈欢迎，在此表示感谢。在第 1 版的基础上，《电工学》第 2 版采用纸质教材内容与数字化资源的一体化设计，书中各章重点、难点内容旁加入了二维码，读者通过扫描，使用手机或平板电脑可以方便观看相应的视频内容。每章选择 1~2 道课后习题旁加入了二维码，读者通过扫描，了解解题思路和解题过程。老师也可以根据需要，提前让学生在课前预习相应内容，课上以问题为导向，通过习题课或讨论课提高学生对所学内容的掌握程度。

参与本书修订的主要有赵悦、莫莉、周黎明。由于本教材第 2 版是在第 1 版的基础上修订的，参与第 1 版编写和修订的老师也为第 2 版的基础工作作出了贡献。负责本版视频录制工作的老师有赵悦（第 1、6、7 章）、莫莉（第 4、5、10、11 章）、周黎明（第 2、3、8、9 章）。

由于编者的水平有限，书中错误和疏漏之处在所难免，殷切希望使用本书的师生和其他读者给予批评指正。邮箱：296982584@ qq. com。

编　者
2023 年 1 月

前　言

　　电工学是高等学校非电专业的一门技术基础课。随着电工技术、电子技术的迅猛发展，为适应面向 21 世纪人才培养的需要，参照原国家教育委员会 1995 年颁布的"电工技术（电工学Ⅰ）"和"电子技术（电工学Ⅱ）"两门课的基本要求，结合多年对课程改革的探索与研究编写了这本电工学教材。它适用于高等学校非电类专业的教学，也适用于高等职业教育、高等专科及成人教育的非电类专业的教学。

　　本书共 11 章，包括直流电路，正弦交流电路，三相电源及其负载和功率，变压器，电动机，电气自动控制，二极管和晶体管，基本放大电路，集成运算放大电路，组合逻辑电路，时序逻辑电路。为了适应不同院校教学的需要，在内容安排上，除必学的内容之外，还增加了一些选学的内容（标以 * 号）供进一步学习时参考。为了教学方便，书中各章、节附有思考题、习题等。为了节省篇幅和学时，对某些理论问题，本书未给出严格的证明，而着重于它们的应用。另外，本书所用下标，除少数国际上通用外，一律采用汉语拼音字母。

　　本书适用于电工学课程 50～70 学时的讲课，10～20 学时的实验，总计 60～90 学时。书中标有 * 号的章节，可视学时的多少加以选用。

　　本书由赵悦任主编并编写第 6、7、8 章，赵洁编写第 1、2 章，王辉编写第 3、4、5 章，莫莉编写第 10、11 章，任振兴编写第 9 章。

　　本书由李俭教授主审，并对本书内容进行了仔细审阅，提出了宝贵的修改意见。本书在编写过程中得到喻洪平、张跃华、樊学良等同志的关心和支持。在此，谨向他们表示衷心地感谢。

　　由于编者的水平有限，书中必然存在不少的缺点和疏漏，殷切希望使用本书的师生和其他读者给予批评指正。

编　者

2015 年 10 月

目录

第 **1** 章
直流电路

电路是电工技术和电子技术的基础。本章从工程技术的观点出发,以直流电路为分析对象,着重讨论电路的基本概念、基本定律以及几种常用的电路分析方法,为今后分析电子电路打下基础。

1.1　电路的作用与组成

电路是电流的通路,是由某些电工设备或元件按一定方式组合起来的。

电路的结构形式和所能完成的任务是多种多样的,最典型的例子是电力系统,其电路示意图如图 1.1.1 所示。它的作用是实现电能的传输和转换,其中包括电源、负载和中间环节三个组成部分。

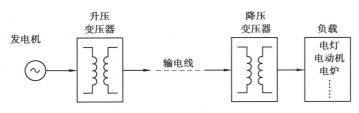

图 1.1.1　电力系统电路示意图

发电机是电源,是产生电能的设备。它可以把热能、水能或核能转换为电能。电池也是常用的电源。

电灯、电动机、电炉等都是负载,是取用电能的设备,它们分别把电能转换为光能、机械能、热能等。

变压器和输电线是中间环节,是连接电源和负载的部分,它起传输和分配电能的作用。

电路的另一种作用是传递和处理信号,常见的例子如扩音器,其电路示意图如图 1.1.2 所示。该电路先由话筒

图 1.1.2　扩音器电路示意图

把语言或音乐(通常称为信息)转换为相应的电压和电流,即电信号;而后通过电路传递到扬声器,把电信号还原为语言或音乐。由于由话筒输出的电信号比较微弱,不足以推动扬声器发音,因此中间还要用放大器来放大。信号的这种转换和放大,称为信号处理。

在图1.1.2中,话筒是输出信号的设备,称为信号源,相当于电源,但与上述的发电机、电池这种电源不同,信号源输出的电信号(电压和电流)的变化规律取决于所加的信息。扬声器是接收和转换信号的设备,也就是负载。

信号传递和处理的例子是很多的,如收音机和电视机,它们的接收天线(信号源)把载有音乐、语言、图像信息的电磁波接收后转换为相应的电信号,而后通过电路把信号传递和处理(调谐、变频、检波、放大等),送到扬声器和显像管(负载)还原为原始信息。

无论电能的传输和转换,或者信号的传递和处理,其中电源或信号源的电压或电流称为激励,它推动电路工作;激励在电路各部分产生的电压和电流称为响应。对电路进行分析,就是在已知电路结构和元件参数的条件下,讨论电路激励与响应之间的关系。

1.2 电路模型

实际电路都是由一些按需要起不同作用的实际电路元件或器件所组成,诸如发电机、变压器、电动机、电池、晶体管以及各种电阻器和电容器等,它们的电磁性质较为复杂。最简单的如一个白炽灯,它除具有消耗电能的性质(电阻性)外,当通有电流时还会产生磁场,即还具有电感性。但电感微小,可忽略不计,于是可认为白炽灯是一电阻元件。

为了便于对实际电路进行分析和用数学描述,可将实际元件理想化(或称模型化),即在一定条件下突出其主要的电磁性质,忽略其次要因素,把它近似地看作理想电路元件。由一些理想电路元件所组成的电路,就是实际电路的电路模型,它是对实际电路电磁性质的科学抽象和概括。在理想电路元件("理想"两字常略去不写)中主要有电阻元件、电感元件、电容元件和电源元件等。这些元件分别由相应的参数来表征。例如常用的手电筒,其实际电路元件有干电池、电珠、开关和筒体,电路模型如图1.2.1所示。电珠是电阻元件,其参数为电阻R;干电池是电源元件,其参数为电动势E和内电阻(简称内阻)R_0;筒体是连接干电池与电珠的中间环节(还包括开关),其电阻忽略不计,认为是一无电阻的理想导体。

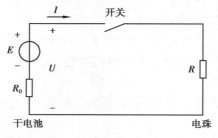

图1.2.1 手电筒的电路模型

本书后面所分析的都是指电路模型,简称电路。在电路图中,各种电路元件用规定的图形符号表示。

1.3　电路的基本物理量

1.3.1　电流

单位时间内通过电路某一横截面的电荷量称为电流(current)。由于国家标准规定不随时间变化的物理量用大写字母表示,随时间变化的物理量用小写字母表示。因此,在直流电路中电流用 I 表示,它与电荷量 Q、时间 t 的关系为

$$I = \frac{Q}{t} \qquad (1.3.1)$$

式中,Q 的单位为库[仑](C);t 的单位为秒(s);I 的单位为安[培](A)。随时间变化的电流用 i 表示,它等于电荷[量]q 对时间 t 的变化率,即

$$i = \frac{\mathrm{d}q}{\mathrm{d}t} \qquad (1.3.2)$$

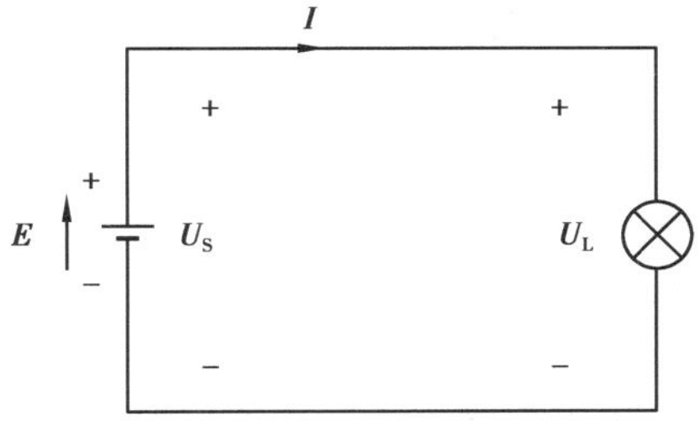

图 1.3.1　电路的基本物理量

电流的实际方向规定为正电荷运动的方向,如图 1.3.1 所示,在内电路中由电源负极流向正极,在外电路中由电源的正极流向负极。

1.3.2　电位

电场力将单位正电荷从电路的某一点移至参考点时所消耗的电能,也就是在移动中转换成非电形态能量的电能,称为该点的电位(electric potential),而参考点的电位则为零。在直流电路中,电位用字母 V 表示,单位为伏[特](V)。

在物理学中一般选择地球表面(大地)为参考点。在电工技术和电子技术中,原则上参考点可以任意选择,但为统一起见,当电路中的某处接地时,可选大地为参考点。当电路中各处都未接地时,可任选某点为参考点,例如,可以把它们当中元件汇集的公共端或公共线选作参考点,也称为"地",在电路图中用"⊥"表示。

1.3.3　电压

电场力将单位正电荷从电路的某一点移至另一点时所消耗的电能,即转换成非电形态能量的电能,称为这两点间的电压(voltage)。由电位的定义可知,电压就是电位差。某点的电位就是该点与参考点之间的电压。在直流电路中,电压用字母 U 表示,单位也是伏[特](V)。在图 1.3.1 所示电路中,U_s 是电源两端的电压,U_L 是负载两端的电压。

电压的实际方向规定为由高电位指向低电位的方向,即电位降的方向,故电压有时又称电压降。在电路图中,用"+"和"−"表示电压的极性。"+"端为高电位端,"−"端为低电位端。电压的实际方向即由"+"端指向"−"端。

1.3.4　电动势

电源中的局外力(即非电场力)将单位正电荷从电源的负极移至电源的正极所转换而来

3

的电能称为电源的电动势(electromotive force)。在直流电路中,电动势用字母 E 表示,单位也是伏[特](V)。

电动势的实际方向规定由电源负极指向电源正极的方向,即电位升的方向。它与电源电压的实际方向是相反的,如图 1.3.1 中箭头所示。

1.3.5 电功率

单位时间内所转换的电能称为电功率,简称功率(power)。在直流电路中,电功率用字母 P 表示,单位为瓦[特](W)。

根据电压和电动势的定义。电源产生的电功率为

$$P_E = EI \tag{1.3.3}$$

电源输出的电功率为

$$P_S = U_S I \tag{1.3.4}$$

负载消耗(取用)的电功率为

$$P_L = U_L I \tag{1.3.5}$$

负载的大小通常用负载取用功率的大小来说明。

此外,在图 1.3.1 所示电路中,电流通过电源内电阻 R_S 和连接导线电阻 R_W 时还会产生功率损耗 $R_S I^2$ 和 $R_W I^2$。

1.3.6 电能

在时间 t 内转换的电功率称为电能(electrical energy)。在直流电路中,电能用 W 表示,它与功率和时间的关系为

$$W = Pt \tag{1.3.6}$$

电能的单位是焦[耳](J)。工程上,电能的计量单位为千瓦时(kW·h),1 千瓦时即 1 度电,它与焦的换算关系为 1 kW·h=3.6×10^6J。

本书中各物理量的单位都是采用国际单位制(SI),如前述的 A、V、W 等。但是在实际应用时,有时会感到这些基本单位太大或太小,使用不便。在这种情况下,可以改用如 mV(毫伏)、mA(毫安)、kV(千伏)等辅助单位。

1.4　电路中的参考方向

在进行电路的分析和计算时,需要知道电压和电流的方向。在简单直流电路中,可以根据电源的极性判别出电压和电流的实际方向,但在复杂的直流电路中,电压和电流的实际方向往往是无法预知的,而且可能是待求的;而在交流电路中,电压和电流的实际方向是随时间不断变化的。因此,在这些情况下,只能给它们假定一个方向作为电路分析和计算时的参考。这些假定的方向称为参考方向(reference direction)。如果根据假定的参考方向解得的电压或电流为正值,说明假定的参考方向与它们的实际方向一致;如果解得的电压或电流为负值,说明所假定的参考方向与实际方向相反。因而在选定的参考方向下,电压和电流都是代数量。既有数值又有与之相应的参考方向才有明确的物理意义,只有数值而无参考方向的电压或电流是

没有意义的。电路图中所画的电压和电流的方向都是参考方向。

图 1.4.1 所示为连接电路 a、b 两点间的二端元件,流经它的电流 i 的参考方向可以用箭头表示;也可以用字符 i 的双下标表示,如对图 1.4.1 来说,可以用 i_{ab} 表示电流的参考方向由 a 指向 b。

图 1.4.1　电流的参考方向　　　　　图 1.4.2　电压的参考方向

如图 1.4.2 所示,选定电压的参考方向时,可以用“+”表示参考极性的高电位端、用“−”表示参考极性的低电位端;也可用字符 u 的双下标表示,如对图 1.4.2 来说,可以用 u_{ab} 表示 a 点为参考极性的高电位端、b 点为参考极性的低电位端。

注意,在不标注参考方向的情况下,电流与电压的正负是毫无意义的。所以在求解电路时也必须首先选定电流和电压的参考方向,一旦选定,不再改变。

在电路分析中,电流与电压的参考方向是任意选定的,两者之间独立无关。但是为了方便起见,对于同一元件或同一段电路,习惯上采用“关联”参考方向。即电流的参考方向与电压参考“+”极到“−”极的方向选为一致,如图 1.4.3 所示。关联参考方向又称为一致参考方向。

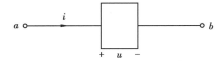

图 1.4.3　关联参考方向

当电流、电压采用关联参考方向时,电路图上只需标电流参考方向和电压参考极性中的任意一种即可。

电路分析中的许多公式都是在规定的参考方向下得到的,例如大家熟悉的欧姆定律和功率计算公式,在 U 与 I 的参考方向一致时

$$I = \frac{U}{R} \tag{1.4.1}$$

$$P = UI \tag{1.4.2}$$

当 U 与 I 的参考方向不一致时,式(1.4.1)和式(1.4.2)则应改为

$$I = -\frac{U}{R} \tag{1.4.3}$$

$$P = -UI \tag{1.4.4}$$

电路元件的电功率 P 可根据式(1.4.2)或式(1.4.4)求得,当 $P>0$ 时,元件吸收功率;当 $P<0$ 时,元件产生功率。

1.5　电路的状态

电路在不同的工作条件下会处于不同的状态,并具有不同的特点。电路的状态主要有以下三种。

1.5.1　通路

当电源与负载接通,例如图1.5.1中的开关S闭合时,电路中有了电流及能量的输送和转换。电路的这一状态称为通路(closed circuit)。

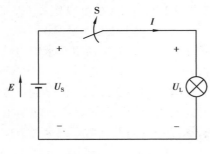

图1.5.1　通路

通路时,电源产生的电功率应该等于电路各部分消耗的电功率之和,电源输出的电功率应等于外电路中各部分消耗的电功率之和,即功率应该是平衡的。

通路时,电源向负载输出电功率,电源这时的状态称为有载(loaded)或称电源处于负载状态。

电源内电阻和连接导线上消耗的电功率纯属无用的功率损耗。这些能量被转换成热能散发到周围的空气中,还会使电源和导线的温度超过周围环境的温度。显然,这些功率损耗越小越好。因此,一方面导线和电源的内电阻都选择或设计得非常小,在进行电路计算时,如未加说明,一般可以忽略不计;另一方面,横截面积一定的导线在一定的工作条件下只能通过一定的电流,电流过大,导线温度就会过高,这是不允许的,选用导线时务必注意。

各种电气设备在工作时,其电压、电流和功率都有一定的限额,这些限额是用来表示它们的正常工作条件和工作能力的,称为电气设备的额定值(rated value)。额定值通常在铭牌上标出,也可从产品目录中找到,使用时必须遵守这些规定。如果实际值超过额定值,将会引起电气设备的损坏或降低使用寿命;如果低于额定值,某些电气设备也会损坏或降低使用寿命,或者不能发挥正常的功能。通常当实际值都等于额定值时,电气设备的工作状态称为额定状态(rated state)。

1.5.2　开路

当某一部分电路与电源断开,该部分电路中没有电流,亦无能量的输送和转换,这部分电路所处的状态称为开路(open circuit)。例如在图1.5.2中,当开关S_1单独断开时,照明灯EL_1所在的支路开路;当开关S_2单独断开时,照明灯EL_2所在的支路开路。开路的一般特点如图1.5.3所示,开路处的电流等于零,开路处的电压应视电路情况而定。

如果开关S_1和S_2全部断开,电源既不产生也不输出电功率,电源这时所处的状态称为空载(no-load)。

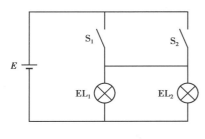

图 1.5.2 开路

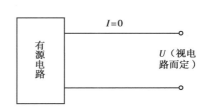

图 1.5.3 开路的特点

1.5.3 短路

当某一部分电路的两端用电阻可以忽略不计的导线或开关连接起来时,使得该部分电路中的电流全部被导线或开关所旁路,这一部分电路所处的状态称为短路(short circuit)或短接。例如在图 1.5.4 中,当开关 S_1 单独闭合时,照明灯 EL_1 被短路;当开关 S_2 单独闭合时,照明灯 EL_2 被短路。短路的一般特点如图 1.5.5 所示,短路处的电压等于零,短路处的电流视电路而定。

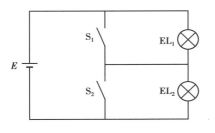

图 1.5.4 短路

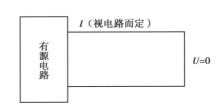

图 1.5.5 短路的特点

如果图 1.5.4 中的开关 S_1 和 S_2 全部闭合,即所有负载全部被短路。电源所产生的电功率将全部消耗在电源的内电阻和连接导线的电阻上,这时电源所处的状态称为电源短路。电源短路时,电流比正常工作电流大得多,时间稍长,便会使供电系统中的设备烧毁和引起火灾。因此,图 1.5.4 所示电路的接线方式是不妥的,因为它容易造成电源短路。工作中应尽量避免发生这种事故,而且还必须在电路中接入熔断器等短路保护装置,以便在电源短路时能迅速将电源与电路的短路部分断开。

1.6 理想电路元件

实际电路元件的物理性质,从能量转换的角度来看,有电能的产生、电能的消耗以及电场能量和磁场能量的储存。理想电路元件就是用来表征上述这些单一物理性质的元件,它主要有以下两类。

1.6.1 理想有源元件

理想有源元件是从实际电源元件中抽象出来的。当实际电源本身的功率损耗可以忽略不计,而只起产生电能的作用,这种电源便可以用一个理想有源元件来表示。理想有源元件分电压源和电流源两种。

(1) 电压源

电压源(voltage source)又称恒压源,图形符号如图 1.6.1(a)所示。它可以提供一个固定的电压 U_S,称为源电压(source voltage)。

电压源的特点是:输出电压 U 等于源电压 U_S,这是由它本身确定的定值,与输出电流和外电路的情况无关。而输出电流 I 不是定值,与输出电压和外电路的情况有关。例如空载时,输出电流 $I=0$;短路时,$I\rightarrow\infty$;输出端接有电阻 R 时,$I=\dfrac{U}{R}$,而电压 U 却始终不变。因此,电压源的输出电压与输出电流之间的关系(称为伏安特性)如图 1.6.1(b)所示。由此可知,凡是与电压源并联的元件(包括下面将叙述的电流源在内)两端的电压都等于电压源的源电压。

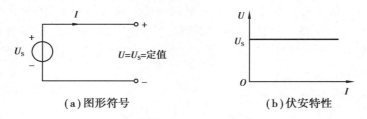

(a) 图形符号   (b) 伏安特性

图 1.6.1　电压源

电压源的源电压 U_S 也可改用电动势 E 表示,它们的大小相等,方向相反。

实际的电源,例如大家熟悉的干电池和蓄电池,在其内部功率损耗可以忽略不计时,即电池的内电阻可以忽略不计时,便可以用电压源来代替。其输出电压 U 就等于电池的电动势 E。

(2) 电流源

电流源(current source)又称恒流源,图形符号如图 1.6.2(a)所示。它可以提供一个固定的电流 I_S,称为源电流(source current)。

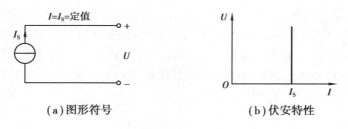

(a) 图形符号   (b) 伏安特性

图 1.6.2　电流源

电流源的特点是:输出电流 I 等于源电流 I_S,这是由它本身确定的定值,与输出电压和外电路的情况无关。而输出电压 U 不是定值,与输出电流和外电路的情况有关。例如短路时,输出电压 $U=0$;空载时,$U\rightarrow\infty$;输出端接有电阻 R 时,$U=RI$,而电流 I 却始终不变。因此,电流源的伏安特性如图 1.6.2(b)所示。由此可知,凡是与电流源串联的元件(包括上面已叙述的电压源在内),其电流都等于电流源的源电流。

实际的电源,例如光电池在一定的光线照射下能产生一定的电流,称为电激流(excitation current)。在其内部的功率损耗可以忽略不计时,便可以用电流源来代替,其输出电流就等于电池的电激流。

实际电源元件,例如蓄电池,它既可以用作电源,将化学能转换成电能供给负载,而充电时,它又可以作为负载,输入电能并转换成化学能。

1.6.2　理想无源元件

理想无源元件包括电阻元件、电容元件和电感元件三种。表征上述三种元件电压与电流关系的物理量为电阻、电容和电感,它们又称为元件的参数(parameter)。一提起这三个名词,人们往往会立即联想到实际电路元件:电阻器、电容器和电感器。它们都是人们为得到一定数值的电阻、电容或电感而特意制成的元件。严格地说,这些实际电路元件都不是理想的,但在大多数情况下,可将它们近似看成理想电路元件。正是这个缘故,人们习惯上也以这三种参数的名字来称呼它们。这样,电阻、电容和电感这三个名词既代表了三种理想电路元件,又是表征它们量值大小的参数。

电阻(resistance)是表征电路中消耗电能的理想元件;电容(capacitance)是表征电路中储存电场能的理想元件;电感(inductance)是表征电路中储存磁场能的理想元件。电阻又称耗能元件,电容和电感又称储能元件。

(1)电阻

欧姆定律是用来说明电阻中电压与电流关系的基本定律。电流流过电阻时要消耗电能,所以电阻是一种耗能元件。当电路的某一部分只存在电能的消耗而没有电场能和磁场能储存的话,这一部分电路便可用图1.6.3所示的电阻元件来代替它。图中电压和电流都用小写字母表示,以示它们可以是任意波形的电压和电流。电压 u 与电流 i 的比值 R 为

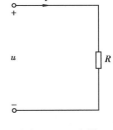

$$R = \frac{u}{i} \qquad (1.6.1)$$

称为电阻,单位是欧[姆](Ω)。在图1.6.3所示的关联参考方向下,若 R 为一大于零的常数,这种电阻称为线性电阻(linear resistance)。若 R 虽然大于零,但不是常数,这种电阻称为非线性电阻(non-linear resistance)。本章主要讨论由线性电阻和理想有源元件组成的线性电路(linear circuit)。

图1.6.3　电阻

在直流电路中,电阻的电压与电流选取关联参考方向时,其电功率为

$$P = UI = RI^2 = \frac{U^2}{R} \qquad (1.6.2)$$

实际的电阻元件即电阻器,严格地说都不是理想电阻元件。首先,只有在直流和低频电流下工作时才可以看成是纯电阻元件;其次,当温度或频率增加时,电阻值会增大。电阻器在直流电流通过时的电阻称为直流电阻(DC resistance)或欧姆电阻(ohmic resistance),交流电流通过时的电阻称为交流电阻(AC resistance)或有效电阻(effective resistance)。一般交流电阻大于直流电阻,不过由于材料和工艺的改进,在通常情况下这些影响可以忽略不计。

电阻器上一般都标有电阻的数值,称为标称值。此外还标有电阻的误差和额定功率(或额定电流)。电阻器的标称值往往与它的实际值不完全相符。实际值与标称值相差的数值与标称值之比的百分数称为电阻的误差。选用电阻器时,不仅应使电阻值符合要求,而且还必须使它在实际工作时消耗的功率或通过的电流不超过额定功率或额定电流。单个电阻器不能满足要求时,可将几个电阻元件串联或并联起来使用。

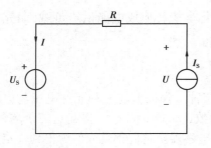

图 1.6.4　例 1.6.1 的电路

【例 1.6.1】　在图 1.6.4 所示的直流电路中,已知电压源的源电压 $U_s = 3$ V,电流源的源电流 $I_s = 3$ A,电阻 $R = 1$ Ω。求:(1)电压源的电流和电流源的电压;(2)讨论电路的功率平衡关系。

【解】

①电压源的电流和电流源的电压。

由于电压源与电流源串联,故 $I = I_s = 3$ A,根据电流的方向可知

$$U = U_s + RI_s = (3 + 1 \times 3)\text{V} = 6\text{ V}$$

②电路中的功率平衡关系。

由电压和电流的方向可知,电压源处于负载状态,它取用的电功率为

$$P_L = U_s I = (3 \times 3)\text{W} = 9\text{ W}$$

电流源处于电源状态,它输出的电功率为

$$P_O = U I_s = (6 \times 3)\text{W} = 18\text{ W}$$

电阻 R 消耗的电功率为

$$P_R = U I_s^2 = (1 \times 3^2)\text{W} = 9\text{ W}$$

可见 $P_O = P_L + P_R$,电路中的功率是平衡的。

(2)电容

电容是用来表征电路中电场能储存这一物理性质的理想元件。例如当电路中有电容器存在时,如图 1.6.5(a)所示,它的两个被绝缘体隔开的金属极板上会聚集起等量而异号的电荷。电压 u 越高,聚集的电荷 q 越多,产生的电场越强,储存的电场能就越多。q 与 u 的比值

$$C = \frac{q}{u} \tag{1.6.3}$$

称为电容。式中,q 的单位为库[仑](C);u 的单位为伏[特](V);C 的单位为法[拉](F)。

若 C 为常数,这种电容称为线性电容;若 C 不是常数,这种电容称为非线性电容。本书只讨论线性电容。

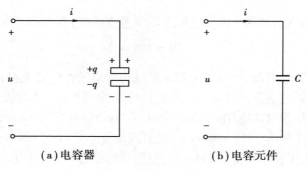

(a)电容器　　　　　(b)电容元件

图 1.6.5　电容

当电路的某一部分只具有储存电场能的性质时,这一部分电路便可用图 1.6.5(b)所示的电容元件来代替。

当电容两端的电压 u 随时间变化时,电容两端的电荷 q 也将随之变化,电路中便出现了电

荷的移动,即有了电流。在图1.6.5(b)所示关联参考方向下,将式(1.6.3)代入式(1.3.2)中便可得到电容电压与电流的关系

$$i = C\frac{\mathrm{d}u}{\mathrm{d}t} \tag{1.6.4}$$

当电压和电流随时间变化时,它们的乘积称为瞬时功率(instantaneous power),也是随时间变化的,电容的瞬时功率

$$p = ui = Cu\frac{\mathrm{d}u}{\mathrm{d}t} \tag{1.6.5}$$

当u的绝对值增大时,$u\frac{\mathrm{d}u}{\mathrm{d}t}>0$,$p>0$,说明此时电容从外部输入电功率,把电能转换成了电场能;当u的绝对值减小时,$u\frac{\mathrm{d}u}{\mathrm{d}t}<0$,$p<0$,说明此时电容向外部输出电功率,电场能又转换成了电能。可见,电容中储存电场能的过程是能量的可逆转换过程。如果从$t=0$到$t=\xi$这段时间内,电压从零增大到某一数值U,则从外部输入的电能为

$$\int_0^\xi p\mathrm{d}t = \int_0^\xi ui\mathrm{d}t = \int_0^U Cu\mathrm{d}u = \frac{1}{2}CU^2 \tag{1.6.6}$$

这些电能都转换成了电场能,所以电容中储存的电场能是

$$W_e = \frac{1}{2}CU^2 \tag{1.6.7}$$

式中,C的单位为法[拉](F);U的单位为伏[特](V);W_e的单位为焦[耳](J)。

由于$P=\frac{\mathrm{d}W_e}{\mathrm{d}t}$,如果外部不能向电容提供无穷大的功率,电场能就不可能发生突变,因此,电容的电压u也不可能发生突变。

在稳态直流电路中,由于电容两端的电压是不随时间变化的,由式(1.6.4)可知,电流$I=0$,电容相当于开路,即有隔离直流的作用,简称隔直作用。

实际的电容元件即电容器并不是一个完全理想的电容元件,因为它总要消耗一些电能。消耗电能的原因有两个:一是极板间绝缘介质的电阻不可能是无穷大,而且由于温度、湿度对绝缘电阻的影响很大,所以多少有一些漏电现象,这些微小的漏电流通过介质时会消耗电能;二是介质在交变电压作用下被反复地极化也要消耗电能,这种能量损耗称为介质损耗,特别是当电压的频率很高时,介质损耗更大。过大的介质损耗会引起电容器的过热甚至损坏,因此电容器用在交流电路中的耐压值要比用在直流电路中的耐压值低得多。频率越高,耐压越低。

各种电容器上一般都标有电容的标称值、误差和额定工作电压。后者是电容器长期(通常不少于10 000 h)可靠地安全工作的最高电压,用"WV"表示。每种绝缘介质都只能承受一定的电场强度,当电场强度达到一定值时,介质分子中的束缚电子在很大的电场力作用下会被释放而成为自由电子。这些电子获得了很大的速度,当撞击其他原子时,又可能产生更多的自由电子。这样,绝缘介质的绝缘性能便会被破坏,从而使介质变成了导体,这种现象称为击穿(breakdown)。因此,当电压达到某一值时,电容器中的介质便会被击穿,这个电压称为击穿电压。电容器的额定工作电压一般为击穿电压的1/3～2/3。

此外,有的电容器还标有试验电压,它是电容器在短时间内(通常是5 s～1 min)能承受

而不会被击穿的电压,用"TV"表示。额定工作电压(WV)一般为试验电压(TV)的50%~70%。电容器上标明的额定工作电压和试验电压通常是指直流电压。

选用电容器时,不仅应选择合适的电容数值,而且要确定恰当的额定工作电压。单个电容器不能满足要求时,可以把几个电容器串联或并联起来使用。

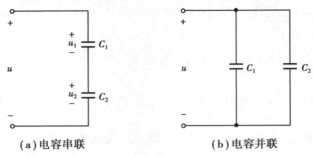

（a）电容串联　　　　　（b）电容并联

图1.6.6　电容的串联和并联

电容串联时,如图1.6.6(a)所示,其等效电容和各电容上电压的分配关系为

$$\frac{1}{C} = \frac{1}{C_1} + \frac{1}{C_2} \tag{1.6.8}$$

$$\left.\begin{array}{l} u_1 = \dfrac{C_2}{C_1 + C_2}u \\[3mm] u_2 = \dfrac{C_1}{C_1 + C_2}u \end{array}\right\} \tag{1.6.9}$$

电容并联时,如图1.6.6(b)所示,其等效电容为

$$C = C_1 + C_2 \tag{1.6.10}$$

(3)电感

电感是用来表征电路中磁场能储存这一物理性质的理想元件。例如当电路中有电感器(线圈)存在时,电流通过线圈会产生比较集中的磁场,因而必须考虑磁场能储存的影响。

在图1.6.7(a)中,设线圈的匝数为N,电流i通过线圈时产生的磁通为Φ,两者的乘积

$$\Psi = N\Phi \tag{1.6.11}$$

称为线圈的磁链(flux linkage)。它与电流的比值

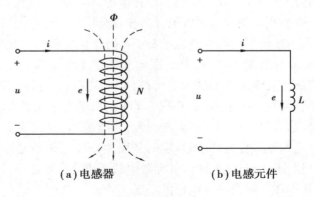

（a）电感器　　　　　（b）电感元件

图1.6.7　电感

$$L = \frac{\varPsi}{i} \tag{1.6.12}$$

称为电感器(线圈)的电感。式中，$\varPsi$ 和 $\varPhi$ 的单位为韦[伯]（Wb）；i 的单位为安[培]（A）；L 的单位为亨[利]（H）。

若 L 为常数，这种电感称为线性电感；若 L 不是常数，这种电感称为非线性电感。本章只讨论线性电感。

如果线圈的电阻很小可以忽略不计，而且线圈的电感为线性电感时，该线圈便可用图1.6.7（b）所示的电感元件来代替。当线圈中的电流变化时，磁通和磁链将随之变化，将会在线圈中产生感应电动势 e。在规定 e 的方向与磁感线的方向符合右手螺旋定则时 e 为正，否则为负的情况下，感应电动势 e 可以用下式计算

$$e = -N\frac{\mathrm{d}\varPhi}{\mathrm{d}t} = -\frac{\mathrm{d}\varPsi}{\mathrm{d}t} \tag{1.6.13}$$

因此，在图 1.6.7 中，关联参考方向采用下述规定：u 与 i 的参考方向一致，i 与 e 的参考方向都与磁感线的参考方向符合右手螺旋定则，因此，i 与 e 的参考方向也应该一致。在此规定下，将式(1.6.12)代入式(1.6.13)中，便得到了电感中感应电动势的另一计算公式

$$e = -L\frac{\mathrm{d}i}{\mathrm{d}t} \tag{1.6.14}$$

根据基尔霍夫电压定律

$$u = -e \tag{1.6.15}$$

由此可知电感电压与电流的关系为

$$u = L\frac{\mathrm{d}i}{\mathrm{d}t} \tag{1.6.16}$$

电感的瞬时功率

$$p = ui = Li\frac{\mathrm{d}i}{\mathrm{d}t} \tag{1.6.17}$$

当 i 的绝对值增大时，$i\frac{\mathrm{d}i}{\mathrm{d}t}>0$，$p>0$，说明此时电感从外部输入电功率，把电能转换成了磁场能；当 i 的绝对值减小时，$i\frac{\mathrm{d}i}{\mathrm{d}t}<0$，$p<0$，说明此时电感向外输出电功率，磁场能又转换成了电能。可见，电感中储存磁场能的过程也是可逆转换过程。如果从 $t=0$ 到 $t=\xi$ 这段时间内，电流从零增大到某一数值 I，则从外部输入的电能为

$$\int_0^\xi p\mathrm{d}t = \int_0^\xi ui\mathrm{d}t = \int_0^I Li\mathrm{d}i = \frac{1}{2}LI^2 \tag{1.6.18}$$

这些电能都转换成了磁场能，所以电感中储存的磁场能是

$$W_m = \frac{1}{2}LI^2 \tag{1.6.19}$$

式中，L 的单位为亨[利]（H）；I 的单位为安[培]（A）；W_m 的单位为焦[耳]（J）。

由于 $p = \frac{\mathrm{d}W_m}{\mathrm{d}t}$，如果外部不能向电感提供无穷大的功率，磁场能就不可能发生突变。因此，电感的电流 i 也不可能发生突变。

在稳态直流电路中,由于电感中的电流是不随时间变化的,由式(1.6.16)可知,电压 $U=0$,电感相当于短路,即电感有使直流短路的作用,简称短直作用。

实际的电感元件即电感器通常是在绝缘骨架上用导线按一定规格、一定形状绕制而成的线圈,故又称为电感线圈。根据线圈中间材料的不同,可分为空心电感线圈和铁磁芯(铁芯或磁芯)电感线圈两大类。电感线圈也不是理想电感元件。首先,线圈本身总是有电阻的,电流通过线圈时会消耗一定的能量。当频率高时,还要考虑到集肤效应和绝缘框架介质损耗的影响以及线圈匝间所存在的分布电容。其次,铁磁芯线圈由于铁磁芯饱和特性的影响,因而电感不是常数,线圈采用铁芯或磁芯,可以大大增加电感的数值,但是却引起了非线性。

选用电感器时,既要选择合适的电感数值,又不能使实际工作电流超过其额定电流。单个电感线圈不能满足要求时,也可以把几个电感线圈串联或并联起来使用。

无互感存在的两电感线圈串联和并联时,其等效电感分别为

$$L = L_1 + L_2 \qquad\qquad (1.6.20)$$

$$\frac{1}{L} = \frac{1}{L_1} + \frac{1}{L_2} \qquad\qquad (1.6.21)$$

1.7 基尔霍夫定律

基尔霍夫定律是分析与计算电路的基本定律,又分为电流定律和电压定律。

1.7.1 基尔霍夫电流定律(KCL)

电路中 3 个或 3 个以上电路元件的连接点称为结点(node)。例如在图 1.7.1 所示的电路中有 a 和 b 两个结点。具有结点的电路称为分支电路,不具有结点的电路称为无分支电路。

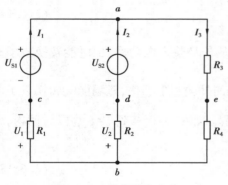

图 1.7.1 基尔霍夫定律

两结点之间的每一条分支电路称为支路(branch)。同一支路中通过的电流是同一电流。在图 1.7.1 所示电路中有 acb、adb、aeb 三条支路。

基尔霍夫电流定律(Kirchhoff's Current Law,简称 KCL),是说明电路中任何一个结点上各部分电流之间相互关系的基本定律。由于电流的连续性,流入任一结点的电流之和必定等于流出该结点的电流之和。例如对图 1.7.1 所示电路的结点 a 来说

$$I_1 + I_2 = I_3$$

或改写成

$$I_1 + I_2 - I_3 = 0$$

这就是说,如果流入结点的电流前面取正号,流出结点的电流前面取负号,那么结点 a 上电流的代数和就等于零。这一结论不仅适用于结点 a,显然也适用于任何电路的任何结点,而且不仅适用于直流电流,对任意波形的电流来说,上述结论在任一瞬间也是适用的。因此基尔霍夫电流定律可表述为:在电路的任何一个结点上,同一瞬间电流的代数和等于零。用公式表示,即

$$\sum i = 0 \qquad\qquad (1.7.1)$$

在直流电路中为

$$\sum I = 0 \qquad\qquad (1.7.2)$$

基尔霍夫电流定律不仅适用于电路中任一结点,而且还可以推广应用于电路中任何一个假定的闭合面。例如在图 1.7.2 所示的晶体管中,对点画线所示的闭合面来说,三个电极电流的代数和应等于零,即

$$I_C + I_B - I_E = 0$$

由于闭合面具有与节点相同的性质,因此称为广义节点。

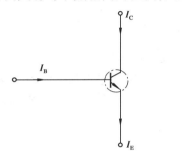

图 1.7.2　广义节点

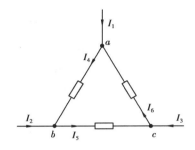

图 1.7.3　例 1.7.1 的电路

【例 1.7.1】　在图 1.7.3 所示的部分电路中,已知 $I_1 = 3$ A,$I_4 = -5$ A,$I_5 = 8$ A,试求 I_2,I_3 和 I_6。

【解】

根据图中标出的电流参考方向,应用基尔霍夫电流定律,分别由结点 a、b、c 求得

$$I_6 = I_4 - I_1 = (-5 - 3)\,\mathrm{A} = -8\,\mathrm{A}$$
$$I_2 = I_5 - I_4 = [8 - (-5)]\,\mathrm{A} = 13\,\mathrm{A}$$
$$I_3 = I_6 - I_5 = (-8 - 8)\,\mathrm{A} = -16\,\mathrm{A}$$

在求得 I_2 后,I_3 也可以由广义结点求得

$$I_3 = -I_1 - I_2 = (-3 - 13)\,\mathrm{A} = -16\,\mathrm{A}$$

1.7.2　基尔霍夫电压定律(KVL)

由电路元件组成的闭合路径称为回路(loop),在图 1.7.1 所示电路中有 *adbca*、*adbea* 和 *aebca* 三个回路。

未被其他支路分割的单孔回路称为网孔(mesh),例如图 1.7.1 中有 *adbca* 和 *adbea* 两个网孔。

基尔霍夫电压定律(Kirchhoff's Voltage Law,KVL),是说明电路中任何一个回路中各部分电压之间相互关系的基本定律。例如对图 1.7.1 所示电路中的回路 *adbca* 来说,由于电位的单值性,若从 a 点出发,沿回路环行一周又回到 a 点,电位的变化应等于零。因而在该回路中与回路环行方向一致的电压(电位降)之和,必定等于与回路环行方向相反的电压(电位升)之和,即

$$U_{S2} + U_1 = U_{S1} + U_2$$

或改写成

$$U_{S2} + U_1 - U_{S1} - U_2 = 0$$

这就是说,如果与回路环行方向一致的电压前面取正号,与回路环行方向相反的电压前面取负号,那么该回路中电压的代数和应等于零。这一结论不仅适用于回路 *adbca*,显然也适用于任何电路的任一回路。而且不仅适用于直流电压,对任意波形的电压来说,上述结论在任一瞬间也是适用的。因此基尔霍夫电压定律可表述为:在电路的任何一个回路中,沿同一方向循行,同一瞬间电压的代数和等于零,即

$$\sum u = 0 \tag{1.7.3}$$

在直流电路中为

$$\sum U = 0 \tag{1.7.4}$$

如果回路中理想电压源两端的电压改用电动势表示(如图 1.7.4 所示),电阻元件两端的电压改用电阻与电流的乘积来表示。由于电动势代表电位升,电阻与电流的乘积代表电位降,因而在该回路中电位降的代数和应等于电位升的代数和。于是基尔霍夫电压定律还可以表示为

$$\sum RI = \sum E \tag{1.7.5}$$

或

$$\sum U = \sum E \tag{1.7.6}$$

$$\sum U + \sum RI = \sum E \tag{1.7.7}$$

其中,与回路环行方向一致的电流、电压和电动势取正号,不一致的取负号。按图中虚线所示回路方向,由公式(1.7.5)列出的回路方程为

$$R_1 I_1 - R_2 I_2 = E_1 - E_2$$

基尔霍夫电压定律不仅适用于电路中任一闭合的回路,而且还可以推广应用于任何一个假想闭合的一段电路。例如在图 1.7.5 所示电路中,只要将 *ab* 两点间的电压作为电阻电压降一样考虑进去,按照图中选取的回路方向,由式 (1.7.7)可列出

$$RI - U = -E$$

或

$$RI - U + U_S = 0$$

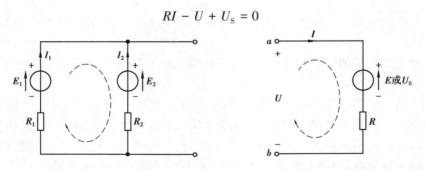

图 1.7.4 KVL 的另一表示方法   图 1.7.5 KVL 推广到一段电路

【例 1.7.2】 在图 1.7.6 所示的回路中,已知 $E_1 = 20$ V,$E_2 = 10$ V,$U_{ab} = 4$ V,$U_{cd} = -6$ V,$U_{ef} = 5$ V,试求 U_{ed} 和 U_{ad}。

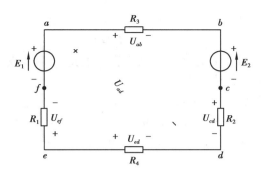

图 1.7.6 例 1.7.2 的电路

【解】

由回路 *abcdefa*,根据 KVL 可列出

$$U_{ab} + U_{cd} - U_{ed} + U_{ef} = E_1 - E_2$$

求得

$$U_{ed} = U_{ab} + U_{cd} + U_{ef} - E_1 + E_2 = [4 + (-6) + 5 - 20 + 10]V = -7\ V$$

由假想的回路 *abcda*,根据 KVL 可列出

$$U_{ab} + U_{cd} - U_{ad} = -E_2$$

求得

$$U_{ad} = U_{ab} + U_{cd} + E_2 = [4 + (-6) + 10]V = 8\ V$$

1.8 支路电流法

1-1 支路电流法

支路电流法(branch current method)是求解复杂电路最基本的方法,它是以支路电流为求解对象,直接应用基尔霍夫定律,分别对结点和回路列出所需的方程组,然后解出各支路电流。

列方程时,必须先在电路图上选定好未知支路电流及电压或电动势的参考方向。

现以图 1.8.1 所示的两个电源并联的电路为例来说明支路电流法的应用。在本电路中,支路数 $m=3$,结点数 $n=2$,共需列出 3 个独立方程。电动势和电流的参考方向如图中所示。

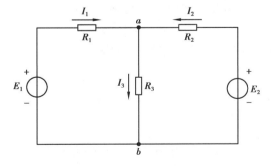

图 1.8.1 两个电源并联的电路

首先,应用基尔霍夫电流定律对结点 *a* 列出

$$I_1 + I_2 - I_3 = 0 \tag{1.8.1}$$

对结点 b 列出

$$I_3 - I_1 - I_2 = 0 \tag{1.8.2}$$

式(1.8.2)即为式(1.8.1),它是非独立的方程。因此,对具有两个结点的电路,应用电流定律只能列出 $2-1=1$ 个独立方程。

一般来说,对具有 n 个结点的电路应用基尔霍夫电流定律只能得到 $(n-1)$ 个独立方程。

其次,应用基尔霍夫电压定律列出其余 $m-(n-1)$ 个方程,通常可取单孔回路(或称网孔)列出。在图 1.8.1 中有两个单孔回路。对左面的单孔回路可列出

$$E_1 = R_1 I_1 + R_3 I_3 \tag{1.8.3}$$

对右面的单孔回路可列出

$$E_2 = R_2 I_2 + R_3 I_3 \tag{1.8.4}$$

单孔回路的数目恰好等于 $m-(n-1)$。

应用基尔霍夫电流定律和电压定律一共可列出 $(n-1)+[m-(n-1)]=m$ 个独立方程,所以能解出 m 个支路电流。

【例1.8.1】 在图1.8.1所示的电路中,设 $E_1=140\ \text{V}$,$E_2=90\ \text{V}$,$R_1=20\ \Omega$,$R_2=5\ \Omega$,$R_3=6\ \Omega$,试求各支路电流。

【解】

应用基尔霍夫电流定律和电压定律列出式(1.8.1)、式(1.8.3)及式(1.8.4),并将已知数据代入,即得

$$\begin{cases} I_1 + I_2 - I_3 = 0 \\ 140 = 20I_1 + 6I_3 \\ 90 = 5I_2 + 6I_3 \end{cases}$$

解之,得 $I_1=4\ \text{A}$,$I_2=6\ \text{A}$,$I_3=10\ \text{A}$。

解出的结果是否正确,有必要时应验算。可选用求解时未用过的回路,应用基尔霍夫电压定律进行验算。

在本例中,可对外围回路列出

$$E_1 - E_2 = R_1 I_1 - R_2 I_2$$

代入已知数据,得

$$(140 - 90)\,\text{V} = (20 \times 4 - 5 \times 6)\,\text{V}$$

$$50\ \text{V} = 50\ \text{V}$$

除此之外,也可以用电路中功率守恒关系进行验算。

1.9 叠加定理

1-2 叠加定理

叠加定理(superposition theorem)是分析线性电路的最基本的方法之一。用文字来表达就是:在含有多个有源元件的线性电路中,任一支路的电流和电压等于电路中各个有源元件分别单独作用时在该支路中产生的电流和电压的代数和。

例如在图1.9.1(a)所示电路中,设 U_S、I_S、R_1、R_2 已知,求电流 I_1 和 I_2。由于只有两个未知电流,利用支路电流法求解时可以只列出两个方程式。

上结点：　　　　　　　　　　　　　　$I_1 - I_2 + I_S = 0$

左网孔：　　　　　　　　　　　　　　$R_1 I_1 + R_2 I_2 = U_S$

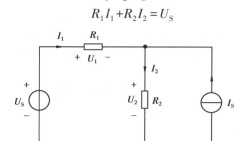

(a)完整电路

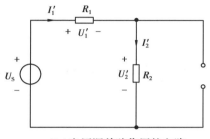

(b)电压源单独作用的电路

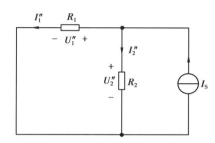

(c)电流源单独作用的电路

图 1.9.1　叠加定理

由此解得

$$I_1 = \frac{U_S}{R_1 + R_2} - \frac{R_2 I_S}{R_1 + R_2} = I_1' - I_1''$$

$$I_2 = \frac{U_S}{R_1 + R_2} + \frac{R_1 I_S}{R_1 + R_2} = I_2' + I_2''$$

式中，I_1' 和 I_2' 是在电压源单独作用时[将电流源开路，如图 1.9.1(b)所示]产生的电流；I_1'' 和 I_2'' 是在电流源单独作用时[将电压源短路，如图 1.9.1(c)所示]产生的电流。同样，电压也有

$$U_1 = R_1 I_1 = R_1(I_1' - I_1'') = U_1' - U_1''$$

$$U_2 = R_2 I_2 = R_2(I_2' + I_2'') = U_2' + U_2''$$

　　这样，利用叠加定理便可以将一个含有多个有源元件的电路简化成若干个只含单个有源元件的电路。

　　应用叠加定理时要注意以下几点：

　　①在考虑某一有源元件单独作用时，应令其他有源元件中的 $U_S = 0$，$I_S = 0$，即应将其他电压源短路，将其他电流源开路。

　　②叠加时，一定要注意各个有源元件单独作用时的电流和电压分量的参考方向是否与总电流和电压的参考方向一致，一致时取正号，不一致时取负号。例如在图 1.9.1 中，I_1' 与 I_1 方向相同，I_1'' 与 I_1 方向相反，故 $I_1 = I_1' - I_1''$；I_2' 与 I_2'' 都与 I_2 方向相同，故 $I_2 = I_2' + I_2''$。

　　③叠加定理只适用于线性电路。

　　④叠加定理只能用来分析和计算电流和电压，不能用来计算功率。因为电功率与电流、电压的关系不是线性关系，而是平方关系。例如

19

$$P_1 = R_1 I_1^2 = R_1(I_1' - I_1'')^2 \neq R_1 I_1'^2 - R_1 I_1''^2$$

$$P_2 = R_2 I_2^2 = R_2(I_2' + I_2'')^2 \neq R_2 I_2'^2 + R_2 I_2''^2$$

【例 1.9.1】 在图 1.9.2(a)所示电路中,已知 $U_S = 10$ V,$I_S = 2$ A,$R_1 = 4$ Ω,$R_2 = 1$ Ω,$R_3 = 5$ Ω,$R_4 = 3$ Ω,试用叠加定理求通过电压源的电流 I_5 和电流源两端的电压 U_6。

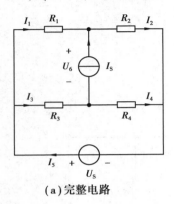
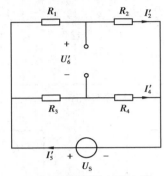
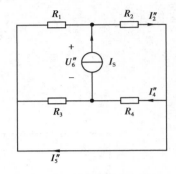

(a)完整电路　　　　　　(b)电压源单独作用的电路　　　　　(c)电流源单独作用的电路

图 1.9.2 例 1.9.1 的图

【解】 电压源单独作用时,电路如图 1.9.2(b)所示,求得

$$I_5' = I_2' + I_4' = \frac{U_S}{R_1 + R_2} + \frac{U_S}{R_3 + R_4} = \left(\frac{10}{4 + 1} + \frac{10}{5 + 3}\right) A = 3.25 \text{ A}$$

$$U_6' = R_2 I_2' - R_4 I_4' = \left(1 \times \frac{10}{4 + 1} - 3 \times \frac{10}{5 + 3}\right) V = -1.75 \text{ V}$$

电流源单独作用时,电路如图 1.9.2(c)所示,求得

$$I_5'' = I_2'' - I_4'' = \frac{R_1}{R_1 + R_2} I_S - \frac{R_3}{R_3 + R_4} I_S$$

$$= \left(\frac{4}{4 + 1} \times 2 - \frac{5}{5 + 3} \times 2\right) A$$

$$= (1.6 - 1.25) A = 0.35 \text{ A}$$

$$U_6'' = R_2 I_2'' + R_4 I_4''$$

$$= (1 \times 1.6 + 3 \times 1.25) V = 5.35 \text{ V}$$

最后求得

$$I_5 = I_5' + I_5'' = (3.25 + 0.35) A = 3.6 \text{ A}$$

$$U_6 = U_6' + U_6'' = (-1.75 + 5.35) V = 3.6 \text{ V}$$

1.10　等效电源定理

等效电源定理(theorem of equivalent source)是将有源二端网络用一个等效电源代替的定理。例如图 1.10.1(a)所示电路,若将 R_2 所在支路提出来,剩下点画线方框内的部分就是一个有源二端网络。对 R_2 而言,有源二端网络相当于它的电源,在对外部电路等效的条件下,即保持它们的输出电压和电流不变的条件下,可以用一个等效电源来代替它。由于有源二端网络

不仅产生电能,本身还消耗电能,其产生电能的作用可用一个总的理想有源元件来表示,消耗电能的作用可用一个总的电阻元件来表示。由于理想有源元件有电压源和电流源两种,因此,如图 1.10.1(b)所示,有源二端网络的等效电源有两种。其中,由电压源与电阻串联组成的等效电源称为戴维宁等效电源,由电流源与电阻并联组成的等效电源称为诺顿等效电源。它们都是实际电源的两种电路模型。因此,等效电源定理也分为戴维宁定理和诺顿定理。

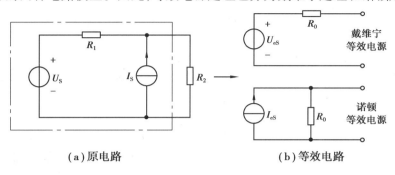

（a）原电路　　　　　　　　　　　　（b）等效电路

图 1.10.1　有源二端网络的等效电源

1.10.1　戴维宁定理

戴维宁定理(Thevenin's theorem)的内容是:对外部电路而言,任何一个线性有源二端网络都可以用一个戴维宁等效电源来代替。戴维宁等效电源中的等效源电压 U_{eS} 等于原有源二端网络的开路电压 U_{OC},内电阻 R_0 等于原有源二端网络的开路电压 U_{OC} 与短路电流 I_{SC} 之比,也等于将原有源二端网络内部除源(即将所有电压源代之以短路,电流源代之以开路)后,在端口处得到的等效电阻。

1-3 戴维宁定理

现以图 1.10.1(a)所示有源二端网络为例来说明这一定理的内容。代替前后的电路如图 1.10.2 所示。由于代替的条件是对外等效,因此在同一工作状态下,它们输出的电压和电流应该相同。

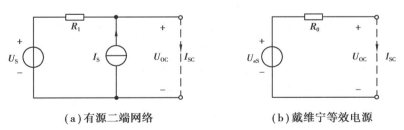

（a）有源二端网络　　　　　　　　　　（b）戴维宁等效电源

图 1.10.2　戴维宁定理

输出端开路时,两者的开路电压 U_{OC} 应该相等,由图 1.10.2(b)可知

$$U_{eS} = U_{OC} \tag{1.10.1}$$

即戴维宁等效电源中的等效源电压 U_{eS} 等于原有源二端网络的开路电压 U_{OC}。

输出端短路时,两者的短路电流 I_{SC} 应该相等,由图 1.10.2(b)可知

$$R_0 = \frac{U_{eS}}{I_{SC}} = \frac{U_{OC}}{I_{SC}} \tag{1.10.2}$$

即戴维宁等效电源中的内电阻 R_0 等于原有源二端网络的开路电压与短路电流之比。

对于图 1.10.2(a)所示电路来说,可以求得

$$U_{OC} = U_S + R_1 I_S$$

$$I_{SC} = \frac{U_S}{R_1} + I_S$$

因此

$$R_0 = \frac{U_{OC}}{I_{SC}} = \frac{U_S + R_1 I_S}{\dfrac{U_S}{R_1} + I_S} = R_1$$

R_1 也就是将图 1.10.2(a)所示有源二端网络内部除源后从端口处得到的等效电阻。

1.10.2 诺顿定理

诺顿定理(Norton's theorem)的内容是:对外部电路而言,任何一个线性有源二端网络都可以用一个诺顿等效电源来代替。诺顿等效电源中的等效源电流 I_{eS} 等于原有源二端网络的短路电流 I_{SC},内电阻 R_0 等于原有源二端网络的开路电压 U_{OC} 与短路电流 I_{SC} 之比,也等于将原有源二端网络内部除源后,在端口处得到的等效电阻。也就是说,诺顿等效电源中的内电阻与戴维宁等效电源中的内电阻求法相同。

现以图 1.10.1(a)所示有源二端网络为例来说明这一定理的内容。代替前后的电路如图1.10.3 所示。

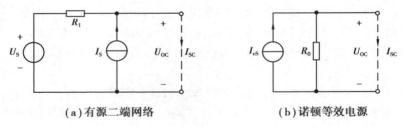

(a)有源二端网络   (b)诺顿等效电源

图 1.10.3　诺顿定理

输出端短路时,两者的短路电流 I_{SC} 应该相等,由图 1.10.3(b)可知

$$I_{eS} = I_{SC} \tag{1.10.3}$$

即诺顿等效电源中的等效源电流 I_{eS} 等于原有源二端网络的短路电流 I_{SC}。

输出端开路时,两者的开路电压 U_{OC} 应该相等,由图 1.10.3(b)可知

$$R_0 = \frac{U_{OC}}{I_{eS}} = \frac{U_{OC}}{I_{SC}} \tag{1.10.4}$$

即诺顿等效电源中的内电阻等于原有源二端网络的开路电压与短路电流之比。即与戴维宁等效电源中的内电阻求法相同,因此,R_0 也等于将原有源二端网络内部除源后,从端口处得到的等效电阻。

戴维宁等效电源和诺顿等效电源既然都可以用来等效代替同一个有源二端网络,因而在对外等效的条件下,相互之间可以等效变换。由上述两定理可知,等效变换的公式为

$$I_{eS} = \frac{U_{eS}}{R_0} \tag{1.10.5}$$

变换时内电阻 R_0 不变，I_{eS} 的方向应由 U_{eS} 的负极流向正极。

利用等效电源定理可以将一个复杂电路简化成一个简单电路，尤其是只需要计算复杂电路中某一支路的电流或电压时，应用等效电源定理比较方便，而待求支路既可以是无源支路，也可以是有源支路。

【例 1.10.1】　在图 1.10.1(a)所示电路中，已知 $U_S = 6$ V，$I_S = 3$ A，$R_1 = 1$ Ω，$R_2 = 2$ Ω。试用等效电源定理求通过 R_2 的电流。

【解】　利用等效电源定理解题的一般步骤如下：

①将待求支路提出，使剩下的电路成为有源二端网络。

②求出有源二端网络的开路电压 U_{OC} 和短路电流 I_{SC}。

根据 KVL，求得

$$U_{OC} = U_S + R_1 I_S = (6 + 1 \times 3)\, \text{V} = 9\, \text{V}$$

根据 KCL，求得

$$I_{SC} = \frac{U_S}{R_1} + I_S = \left(\frac{6}{1} + 3\right)\, \text{A} = 9\, \text{A}$$

③用戴维宁等效电源或诺顿等效电源代替有源二端网络，简化原电路。

若用戴维宁定理，可将电路简化成图 1.10.4 所示电路。若用诺顿定理，可将电路简化成图 1.10.5 所示电路。

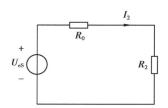
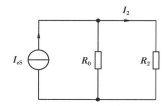

图 1.10.4　利用戴维宁定理化简后的电路　　图 1.10.5　利用诺顿定理化简后的电路

图中 U_{eS} 和 I_{eS} 的大小为

$$U_{eS} = U_{OC} = 9\, \text{V}$$
$$I_{eS} = I_{SC} = 9\, \text{A}$$

内电阻的大小为

$$R_0 = \frac{U_{OC}}{I_{SC}} = \frac{9}{9}\, \Omega = 1\, \Omega$$

或利用除源等效法求得

$$R_0 = R_1 = 1\, \Omega$$

④利用简化后的电路求出待求电流。

若用戴维宁定理，由图 1.10.4 求得

$$I_2 = \frac{U_{eS}}{R_0 + R_2} = \frac{9}{1 + 2}\, \text{A} = 3\, \text{A}$$

若用诺顿定理，由图 1.10.5 求得

$$I_2 = \frac{R_0}{R_0 + R_2} I_{eS} = \frac{1}{1 + 2} \times 9\, \text{A} = 3\, \text{A}$$

练习题

1. 若沿电流参考方向通过导体横截面的正电荷变化规律为 $q(t) = 10t^2 - 2t C$，试求 $t = 0$ 和 $t = 1$ 时刻的电流强度。

2. 求习题图 1.1 所示电路中开关 S 闭合和断开两种情况下 a、b、c 三点的电位。

3. 习题图 1.2(a)(b) 所示电路中，已知电流 $I = -5$ A，$R = 10$ Ω。试求电压 U，并标出电压的实际方向。

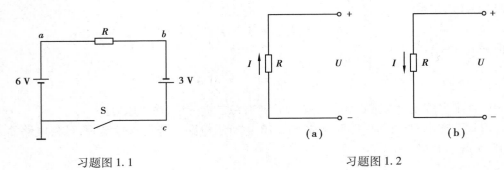

习题图 1.1　　　　　　　　　　　　习题图 1.2

4. 各元件的电压或电流数值如习题图 1.3 所示，试问：(1)若元件 A 吸收功率 10 W，则电压 u_a 为多少？(2)若元件 B 吸收功率为 10 W，则电流 i_b 为多少？(3)若元件 C 吸收功率为 -10 W，则电流 i_c 为多少？(4)元件 D 吸收功率 P 为多少？(5)若元件 E 产生功率为 10 W，则电流 i_e 为多少？(6)若元件 F 产生功率为 -10 W，则电压 u_f 为多少？(7)若元件 G 产生功率为 10 mW，则电流 i_g 为多少？(8)元件 H 产生的功率 P 为多少？

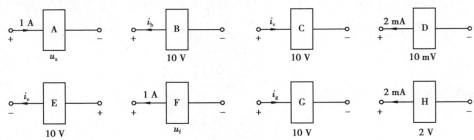

习题图 1.3

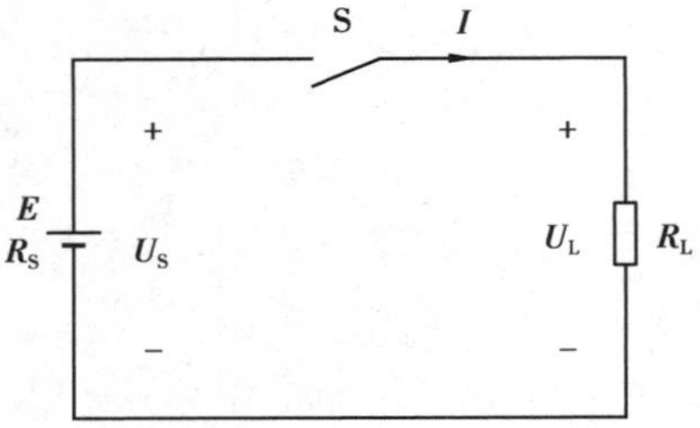

5. 在习题图 1.4 所示电路中，电源电动势 $E = 120$ V，内电阻 $R_S = 0.3$ Ω，连接导线电阻 $R_W = 0.2$ Ω，负载电阻 $R_L = 11.5$ Ω。求：(1)通路时的电流，负载和电源的电压，负载消耗的电功率、电源产生和输出的电功率；(2)开路时的电源电压和负载电压；(3)在负载端和电源端短路时电源的电流和电压。

习题图 1.4

6. 试分析习题图 1.5 所示两电路中电阻的电压和电流以及图(a)中电流源的电压和图(b)中电压源的电流。

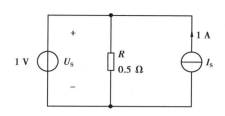
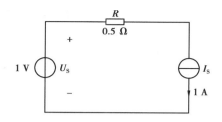

习题图 1.5

7. 习题图 1.6(a)所示电路中,$u_S(t)$ 波形如习题图 1.6(b)所示,已知电容 $C = 4$ F,试求 $i_C(t)$ 和 $p_C(t)$,并画出其波形。

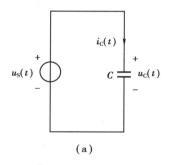

（a）

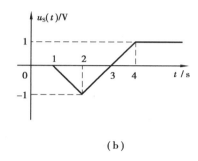

（b）

习题图 1.6

8. 习题图 1.7(a)所示电路中,$u_S(t)$ 波形如习题图 1.7(b)所示,试求 $i_C(t)$、$i_L(t)$ 和 $i_R(t)$,并画出其波形。

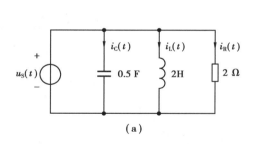

（a）

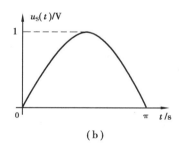

（b）

习题图 1.7

9. 在习题图 1.8 所示电路中,已知 $U_S = 6$ V,$I_S = 2$ A,$R_1 = R_2 = 4$ Ω。求开关 S 断开时开关两端的电压和开关 S 闭合时通过开关的电流(在图中注明所选的参考方向)。

10. 求习题图 1.9 所示电路中通过电压源的电流 I_1、I_2 及其功率,并说明是起电源作用还是起负载作用。

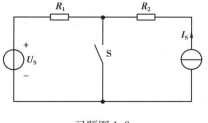

习题图 1.8

习题图 1.9

11. 试应用 KCL、KVL,计算习题图 1.10 所示电路中的电流 I。

12. 试计算习题图 1.11 中 I、U_S、R 和电源 U_S 产生的功率。

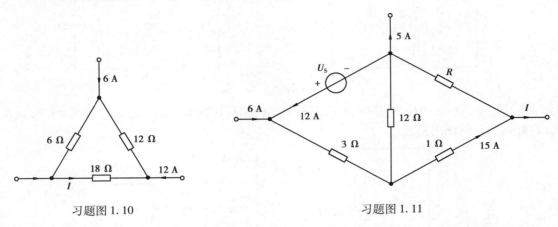

习题图 1.10   习题图 1.11

13. 用支路电流法求习题图 1.12 中各支路的电流,并说明是起电源作用还是起负载作用。图中 $U_{S1} = 12$ V,$U_{S2} = 15$ V,$R_1 = 3$ Ω,$R_2 = 1.5$ Ω,$R_3 = 9$ Ω。

14. 电路如习题图 1.13 所示,试用支路电流法求各支路电流及支路电压。

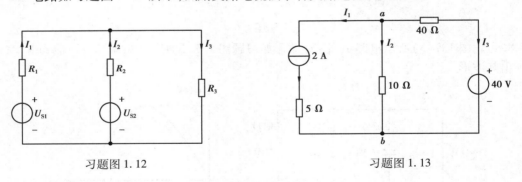

习题图 1.12   习题图 1.13

15. 用支路电流法求习题图 1.14 所示电路中各支路的电流。

16. 用叠加定理求习题图 1.14 所示电路中的电流 I_1 和 I_2。

17. 电路如习题图 1.15 所示,试用叠加定理求电流 I。

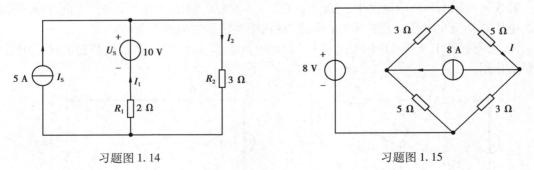

习题图 1.14   习题图 1.15

18. 电路如习题图 1.16 所示,试用叠加定理求电压 U。

19. 用戴维宁定理求习题图 1.17 所示电路的电压 U。

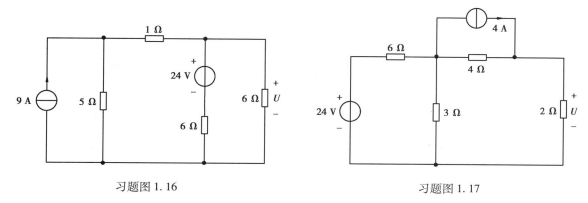

习题图 1.16 习题图 1.17

20. 用诺顿定理求习题图 1.18 所示电路中的电流 I。

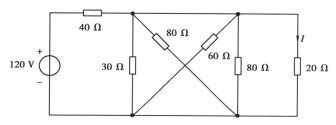

习题图 1.18

21. 试用戴维宁定理或者诺顿定理求习题图 1.19 所示电路中通过电压源 U 的电流 I。

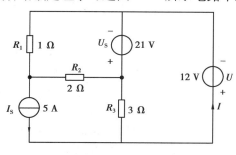

习题图 1.19

1-4 第 21 题讲解

第 **2** 章
正弦交流电路

正弦交流电简称交流电,是目前供电和用电的主要形式。这是因为交流发电机等供电设备比直流等其他波形的供电设备性能好、效率高;交流电压的大小又可以通过变压器比较方便地进行变换。在电子技术中,正弦信号的应用也十分广泛,这是因为非正弦周期信号可以通过傅里叶级数分解为一系列不同频率的正弦分量。

2.1 正弦交流电的基本概念

大小和方向随时间作周期性变化,并且在一个周期内的平均值为零的电压、电流和电动势统称为交流电,不过,工程上所用的交流电主要指正弦交流电,本书中将采用正弦函数表示。以电流为例,其数学表达式为

$$i = I_m \sin(\omega t + \varphi) \tag{2.1.1}$$

其波形如图 2.1.1 所示。式中,i 称为瞬时值(instantaneous value),I_m 称为最大值(maximum value),ω 称为角频率(angular frequency),φ 称为初相位(initialphase)或初相角(initialphase angle)。最大值、角频率和初相位一定,则正弦交流电与时间的函数关系也就一定,所以它们是确定正弦交流电的三要素。这说明分析正弦交流电时应从以下三方面进行。

2.1.1 交流电的周期、频率和角频率

交流电变化一个循环所需的时间称为周期(period),用 T 表示,单位是秒(s)。单位时间内,即每秒内完成的周期数称为频率(frequency),用 f 表示,单位是赫[兹](Hz)。T 与 f 是互为倒数的关系,即

$$f = \frac{1}{T} \tag{2.1.2}$$

交流电变化一周相当于变化了 2π 弧度,即

$$\omega T = 2\pi$$

故角频率与周期、频率的关系为

28

$$\omega = \frac{2\pi}{T} = 2\pi f \qquad (2.1.3)$$

式中,ω 的单位是 rad/s(弧度每秒)。

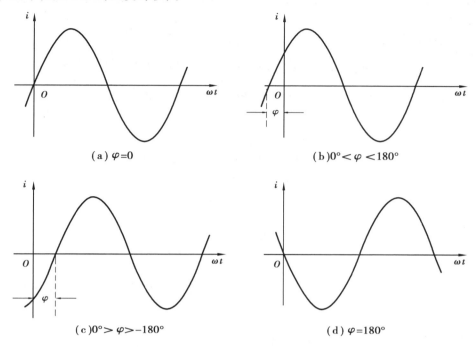

图 2.1.1　正弦交流电的波形

我国的工业标准频率是 50 Hz,简称工频(power frequency)。世界上很多国家,如欧洲各国的工业标准频率也是 50 Hz,只有少数国家与此不同,如美国为 60 Hz。除工频外,某些领域还需要采用其他的频率,如无线电通信的频率为 30 kHz ~ 3×10^4 MHz,有线通信的频率为 300 ~ 5 000 Hz,机械工业用的高频加热设备频率为 200 ~ 300 kHz 等。

2.1.2　交流电的瞬时值、最大值和有效值

交流电的瞬时值用小写字母表示,如 i、u 和 e 等,它随时间而变化。最大值又称幅值(amplitude),用带有下标 m 的大写字母来表示,如 I_m、U_m 和 E_m 等。它虽然能够反映出交流电的大小,但毕竟只是一个特定瞬间的数值,不能用来计量交流电。因此,我们规定了一个用来计量交流电大小的量,称为交流电的有效值(effective value)。它是这样定义的:如果交流电流通过一个电阻时在一个周期内消耗的电能,与某直流电流通过同一电阻在同样长的时间内消耗的电能相等的话,就把这一直流电流的数值定义为交流电流的有效值。根据这一定义

$$\int_0^T R i^2 \mathrm{d}t = R I^2 T$$

求得有效值与瞬时值的关系为

$$I = \sqrt{\frac{1}{T}\int_0^T i^2 \mathrm{d}t} \qquad (2.1.4)$$

29

即有效值等于瞬时值的平方在一个周期内的平均值的开方,故有效值又称方均根值(root-mean-square value)。

有效值的定义及它与瞬时值的上述关系不仅适用于正弦交流电,也适用于任何其他周期性变化的电流。

对正弦交流电来说

$$\int_0^T i^2 \mathrm{d}t = \int_0^T I_\mathrm{m}^2 \sin^2(\omega t + \varphi) \mathrm{d}t = I_\mathrm{m}^2 \int_0^T \frac{1 - \cos^2(\omega t + \varphi)}{2} \mathrm{d}t = \frac{I_\mathrm{m}^2}{2} T$$

代入式(2.1.4)中,便得到了正弦交流电的有效值与最大值的关系为

$$I = \frac{I_\mathrm{m}}{\sqrt{2}} \tag{2.1.5}$$

同理,正弦交流电压和电动势的有效值与它们的最大值的关系为

$$U = \frac{U_\mathrm{m}}{\sqrt{2}} \tag{2.1.6}$$

$$E = \frac{E_\mathrm{m}}{\sqrt{2}} \tag{2.1.7}$$

有效值都用大写字母表示。

平时所说的交流电压和电流的大小以及一般交流测量仪表所指示的电压或电流的数值都是指它们的有效值。

2.1.3 交流电的相位、初相位和相位差

交流电在不同的时刻 t 具有不同的$(\omega t + \varphi)$值,交流电也就变化到不同的数值。所以$(\omega t + \varphi)$代表了交流电的变化进程,称为相位(phase)或相位角(phase angle)。$t = 0$ 时的相位即为初相位 φ。显然,初相位与所选时间的起点有关。原则上,计时的起点是可以任意选择的。不过,在进行交流电路的分析和计算时,同一个电路中所有的电流、电压和电动势只能有一个共同的计时起点,因而只能任选其中某一个的初相位为零的瞬间作为计时的起点。这个初相位被选为零的正弦量称为参考量,这时其他各量的初相位就不一定等于零了。

任何两个频率相同的正弦量之间的相位关系可以通过它们的相位差(phase difference)来说明。例如

$$u = U_\mathrm{m} \sin(\omega t + \varphi_u)$$
$$i = I_\mathrm{m} \sin(\omega t + \varphi_i)$$

它们的相位差

$$\varphi = (\omega t + \varphi_u) - (\omega t + \varphi_i) = \varphi_u - \varphi_i$$

可见,相位差也就是初相位之差。初相位不同,即相位不同,说明它们随时间变化的步调不一致。例如当$180° > \varphi > 0°$时,波形如图2.1.2(a)所示,u 总要比 i 先经过相应的最大值和零值,这时就称 u 在相位上超前于 i 一个 φ 角,或者称 i 滞后于 u 一个 φ 角。当$-180° < \varphi < 0°$时,波形如图2.1.2(b)所示,u 与 i 的相位关系正好倒过来;当 $\varphi = 0°$ 时,波形如图2.1.2(c)所示,这时就称 u 与 i 相位相同,或者说 u 与 i 同相;当 $\varphi = 180°$ 时,波形如图2.1.2(d)所示,这时,就称 u 与 i 相位相反,或者说 u 与 i 反相。

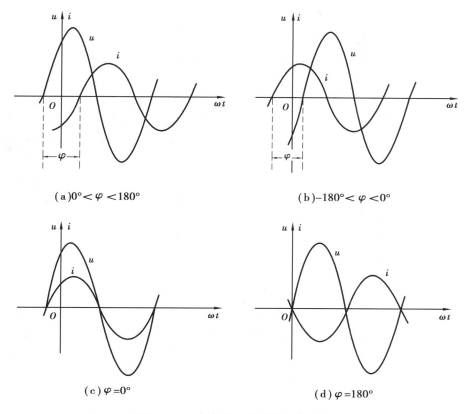

图 2.1.2　同频率正弦量的相位关系

2.2　正弦交流电的相量表示法

　　如前所述,任意一个正弦量由它的振幅、角频率和初相位这 3 个要素唯一地确定。正弦交流电路中,响应与激励均为同频的正弦量,而激励的频率通常是已知的,因而在分析和求解正弦交流电路的响应时,只需求出其振幅和初相即可。相量法就是利用这一事实,用相量(复数)表示正弦量的振幅和初相,避免了三角运算和作波形图,从而大大简化正弦交流电路的分析计算。

　　在图 2.2.1(a)所示的直角坐标中,横轴用 ±1 为单位,称为实轴。纵轴用 ±j 为单位,称为虚轴。$j=\sqrt{-1}$,称为虚数单位。由实轴和虚轴所构成的坐标平面称为复平面。在复平面中的任何一个长度为 c、旋转角速度为 ω,起始位置与正实轴为 φ 角,逆时针方向旋转的矢量 $\overline{Op}$,任一瞬间在虚轴上的投影为 $c\sin(\omega t+\varphi)$,波形如图 2.2.1(b)所示,正好与交流电的表达式和波形相同。

　　因此,如果用一个旋转矢量来表示正弦交流电,即用矢量的长度、旋转角速度和初始角分别代表正弦交流电的最大值、角频率和初相位,那么正弦交流电之间的三角运算可以简化为复平面中的矢量运算。这种表示正弦交流电在复平面中处于起始位置的固定矢量称为正弦交流

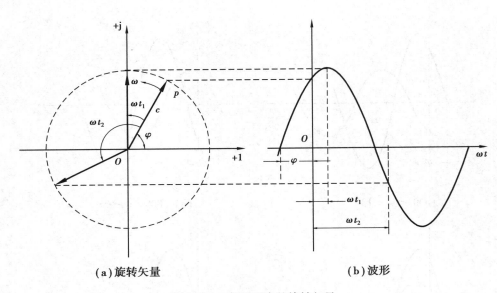

（a）旋转矢量　　　　　　　　　　　（b）波形

图 2.2.1　复平面中的旋转矢量

电的相量（phasor），长度等于最大值的相量称为最大值相量（maximum value phasor），长度等于有效值的相量称为有效值相量（effective value phasor）（是最大值相量的 $\dfrac{1}{\sqrt{2}}$ 倍）。

复平面中的任一矢量都可以用复数来表示，因此相量也可以用复数来表示。例如图 2.2.2 中的矢量 $\overline{Op}$，它在实轴上的投影长度 a 称为复数的实部，在纵轴上的投影长

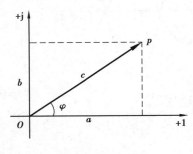

图 2.2.2　复数

度 b 称为复数的虚部，长度 c 称为复数的模，它与正实轴之间的夹角 φ 称为复数的辐角。它们之间的关系是

$$\left.\begin{array}{l} a = c \cos \varphi \\ b = c \sin \varphi \\ c = \sqrt{a^2 + b^2} \\ \varphi = \arctan \dfrac{b}{a} \end{array}\right\} \tag{2.2.1}$$

由数学中的欧拉公式

$$\left.\begin{array}{l} \cos \varphi = \dfrac{e^{j\varphi} + e^{-j\varphi}}{2} \\[2mm] \sin \varphi = \dfrac{e^{j\varphi} - e^{-j\varphi}}{2j} \end{array}\right\} \tag{2.2.2}$$

得出

$$\cos \varphi + j \sin \varphi = e^{j\varphi}$$

根据以上关系，矢量 $\overline{Op}$ 用复数表示的形式有以下四种：

$$\overline{Op} = a + jb = c(\cos \varphi + j \sin \varphi) = ce^{j\varphi} = c\angle \varphi \tag{2.2.3}$$

依次分别称为复数的代数式、三角式、指数式和极坐标式。复数在进行加减运算时,应采用代数式,实部与实部相加减,虚部与虚部相加减。在进行乘除运算时,宜采用指数式或极坐标式,模与模相乘除,辐角与辐角相加减。

下面具体来看正弦量与相量间的关系,例如正弦量 $f(t) = F_m \sin(\omega t + \varphi)$ 由复数的指数形式和三角形式有

$$F_m e^{j(\omega t + \varphi)} = F_m \cos(\omega t + \varphi) + j F_m \sin(\omega t + \varphi)$$

从上式可看出,正弦量 $f(t)$ 是复函数 $F_m e^{j(\omega t + \varphi)}$ 的虚部,引用复数取虚部运算 $\mathrm{Im}[\ ]$,则 $f(t)$ 可表示为

$$f(t) = F_m \sin(\omega t + \varphi) = \mathrm{Im}[F_m e^{j(\omega t + \varphi)}] = \mathrm{Im}[F_m e^{j\varphi} e^{j\omega t}] = \mathrm{Im}[\dot{F}_m e^{j\omega t}]$$

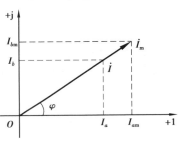

图 2.2.3　相量图

式中,$\dot{F}_m = F_m e^{j\varphi} = F_m \angle \varphi$ 是以正弦量 $f(t)$ 的振幅为模,以 $f(t)$ 的初相位为幅角的复常数。由于正弦交流电路中各处的电压和电流都是同频的正弦量,而频率通常已知,因此电压和电流就由其振幅和初相位确定,而 $\dot{F}_m$ 刚好含有这两个量,所以 $\dot{F}_m$ 能完全表征正弦稳态电路中的正弦量。电工电子学中把能表征正弦量的复数称为相量,为了区别于一般的复数,在代表交流电符号的顶部加一圆点。例如式 (2.1.1) 中的电流用相量表示时,相量图如图 2.2.3 所示,它的最大值相量和有效值相量分别为

$$\left.\begin{array}{l} \dot{I}_m = I_{am} + jI_{bm} = I_m(\cos \varphi + j \sin \varphi) = I_m e^{j\varphi} = I_m \angle \varphi \\[2mm] \dot{I} = I_a + jI_b = I(\cos \varphi + j \sin \varphi) = I e^{j\varphi} = I \angle \varphi \end{array}\right\} \tag{2.2.4}$$

最大值相量与有效值相量之间的关系为

$$\dot{I}_m = \sqrt{2}\dot{I} \tag{2.2.5}$$

注意:相量是能够表示正弦交流电的复数,而正弦交流电本身是时间的正弦函数,相量并不等于正弦交流电,例如 $\dot{I}_m = I_m \angle \varphi \neq I_m \sin(\omega t + \varphi)$,它们之间是对应关系。此外还要明确只有正弦交流电才能用相量表示,只有同频率的正弦交流电才能进行相量运算。

【例 2.2.1】　已知两正弦电流 $i_1 = 8 \sin(314t + 60°)\ \mathrm{A}$,$i_2 = 6 \sin(314t - 30°)\ \mathrm{A}$,试用复数计算电流 $i = i_1 + i_2$,并画出相量图。

【解】　此两正弦电流用相量形式表示为

$$\dot{I}_1 = \frac{8}{\sqrt{2}} \angle 60°\ \mathrm{A}$$

$$\dot{I}_2 = \frac{6}{\sqrt{2}} \angle -30°\ \mathrm{A}$$

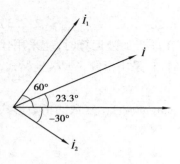

图 2.2.4　例 2.2.1 的相量图

则可得

$$\dot{I} = \dot{I}_1 + \dot{I}_2 = \frac{8}{\sqrt{2}} \angle 60° + \frac{6}{\sqrt{2}} \angle -30°$$

$$= 2\sqrt{2} + j2\sqrt{6} + \frac{3\sqrt{6}}{2} - j\frac{3\sqrt{2}}{2}$$

$$\approx 6.5 + j2.8 = 7.1 \angle 23.3° \text{ A}$$

$$i = 7.1\sqrt{2} \sin(314t + 23.3°)$$

$$= 10 \sin(314t + 23.3°) \text{ A}$$

电流 i 的相量如图 2.2.4 所示。

2.3　正弦交流电路的相量模型

由于电路的两种约束(即基尔霍夫定律和电路元件的伏安关系)是进行电路分析的两个基本依据,因此在介绍正弦稳态电路的相量分析法之前,首先要讨论基尔霍夫定律和电路元件伏安关系的相量形式。

2.3.1　基尔霍夫定律的相量形式

首先来看基尔霍夫电流定律(KCL)。

由第 1 章知,KCL 可用时域表达式表示为

$$\sum i = 0 \tag{2.3.1}$$

式(2.3.1)中的电流是电路中与任一节点关联或封闭面上的各支路电流。

对于正弦交流电路,由于各电流都是同频的正弦量,因此上式可写为

$$\sum i = \sum I_m \sin(\omega t + \varphi_i) = \sum \mathrm{Im}(\dot{I}_m e^{j\omega t}) = 0$$

或写为

$$\mathrm{Im}(e^{j\omega t} \sum \dot{I}_m) = 0 \tag{2.3.2}$$

由于式(2.3.2)对任意 t 成立,并且 $e^{j\omega t}$ 恒不为零,因此有

$$\sum \dot{I}_m = 0 \text{ 或 } \sum \dot{I} = 0 \tag{2.3.3}$$

这就是 KCL 的相量形式。它表示正弦交流电路中流出(或流入)任一节点或封闭面的各支路电流相量的代数和为零。

同理,对于正弦交流电路有

$$\sum \dot{U}_m = 0 \text{ 或 } \sum \dot{U} = 0 \tag{2.3.4}$$

这就是 KVL 的相量形式。它表示正弦交流电路中任一闭合回路的各支路电压相量的代数和为零。

必须注意的是,$\sum \dot{I}_m = 0$ 和 $\sum \dot{I} = 0$ 或 $\sum \dot{U}_m = 0$ 和 $\sum \dot{U} = 0$ 中所表示的是相量的代数和为

零,切不可误认为是最大值或有效值的代数和为零。

【例2.3.1】 如图2.3.1(a)所示电路节点上有 $i_1 = 2\sqrt{2}\ \sin 314t\text{A}$,$i_2 = 2\sqrt{2}\ \sin(314t+120°)$A。试求电流 i_3,并作出各电流相量的相量图。

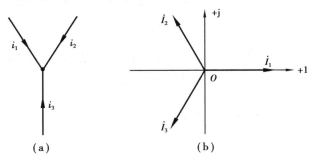

图2.3.1 例2.3.1的电路

【解】 为利用 KCL 的相量形式,先将已知电流变换为对应的相量,得

$$\dot{I}_1 = 2\angle 0°\ \text{A}$$

$$\dot{I}_2 = 2\angle 120°\ \text{A}$$

由 KCL 的相量形式得

$$\dot{I}_1 + \dot{I}_2 + \dot{I}_3 = 0$$

因此

$$\dot{I}_3 = -\dot{I}_1 - \dot{I}_2 = -2\angle 0° - 2\angle 120° = -2 + 1 - \text{j}\sqrt{3} = 2\angle -120°\ \text{A}$$

最后,根据 $\dot{I}_3$ 可写出对应的正弦量 i_3 为

$$i_3 = 2\sqrt{2}\ \sin(314t - 120°)\text{A}$$

各电流相量的相量图如图2.3.1(b)所示。

2.3.2 电路元件伏安关系的相量形式

(1)电阻元件伏安关系的相量形式

设电阻元件的时域模型如图2.3.2(a)所示,根据欧姆定律有

$$u = Ri \tag{2.3.5}$$

在正弦交流电路中,可令

$$u = \sqrt{2}U\ \sin(\omega t + \varphi_u) = \text{Im}\left[\sqrt{2}\dot{U}\text{e}^{\text{j}\omega t}\right] \tag{2.3.6}$$

$$i = \sqrt{2}I\ \sin(\omega t + \varphi_i) = \text{Im}\left[\sqrt{2}\dot{I}\text{e}^{\text{j}\omega t}\right] \tag{2.3.7}$$

将式(2.3.6)和式(2.3.7)代入式(2.3.5),得

$$\text{Im}\left[\sqrt{2}\dot{U}\text{e}^{\text{j}\omega t}\right] = R\text{Im}\left[\sqrt{2}\dot{I}\text{e}^{\text{j}\omega t}\right] = \text{Im}\left[\sqrt{2}R\dot{I}\text{e}^{\text{j}\omega t}\right]$$

上式对任意 t 都成立,因此可得

$$\dot{U} = R\dot{I} \tag{2.3.8}$$

此式即为正弦交流电路中,电阻元件伏安关系的相量形式。

由于 $\dot{U} = U\angle\varphi_u$,$\dot{I} = I\angle\varphi_i$,$R = R\angle0°$,则式 (2.3.8) 即为

$$U = RI \text{ 或 } U_m = RI_m \tag{2.3.9}$$

和

$$\varphi_u = \varphi_i \tag{2.3.10}$$

由式(2.3.9)和式(2.3.10)可得,正弦交流电路中,电阻上的电压和电流是同频同相的正弦量(如图2.3.2(b)所示),并且它们的有效值或振幅服从欧姆定律。电阻元件伏安关系的相量形式,可用图2.3.2(c)所示的电路模型表示,该模型通常称为电阻元件的相量模型。图2.3.2(d)给出了电阻电压和电流相量的相量图,由于两者同相,故它们在同一直线上。

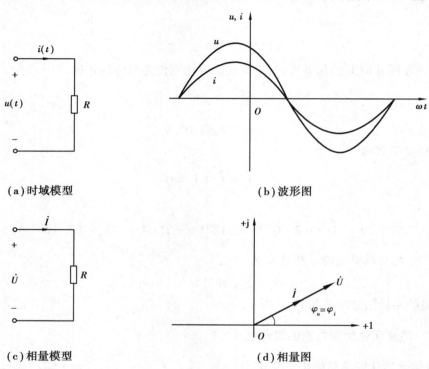

(a)时域模型　　　　　　　　　　(b)波形图

(c)相量模型　　　　　　　　　　(d)相量图

图2.3.2　电阻元件的正弦稳态特性

(2)电容元件伏安关系的相量形式

设电容元件的时域模型如图2.3.3(a)所示,根据电容元件的伏安关系有

$$i = C\frac{\mathrm{d}u}{\mathrm{d}t} \tag{2.3.11}$$

在正弦稳态电路中,可令

$$u = \sqrt{2}\,U\sin(\omega t + \varphi_u) = \mathrm{Im}[\sqrt{2}\,\dot{U}\mathrm{e}^{\mathrm{j}\omega t}] \tag{2.3.12}$$

$$i = \sqrt{2}\,I\sin(\omega t + \varphi_i) = \mathrm{Im}[\sqrt{2}\,\dot{I}\mathrm{e}^{\mathrm{j}\omega t}] \tag{2.3.13}$$

将式(2.3.12)和式(2.3.13)代入式(2.3.11),得

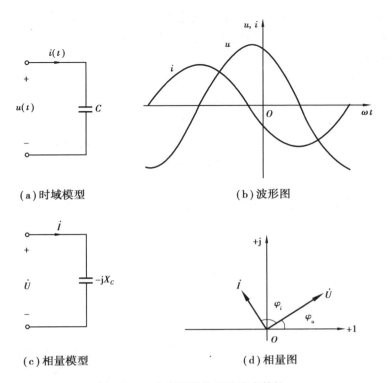

（a）时域模型　　　　　　　　（b）波形图

（c）相量模型　　　　　　　　（d）相量图

图 2.3.3　电容元件的正弦稳态特性

$$\text{Im}\left[\sqrt{2}\,\dot{I}\text{e}^{\text{j}\omega t}\right] = C\,\frac{\text{d}}{\text{d}t}\text{Im}\left[\sqrt{2}\,\dot{U}\text{e}^{\text{j}\omega t}\right] = \text{Im}\left[\sqrt{2}\,C\dot{U}\,\frac{\text{d}}{\text{d}t}\text{e}^{\text{j}\omega t}\right] = \text{Im}\left[\sqrt{2}\,\text{j}\omega C\dot{U}\text{e}^{\text{j}\omega t}\right]$$

上式对任意 t 都成立，因此可得

$$\dot{I} = \text{j}\omega C\dot{U} \ \text{或}\ \dot{U} = \frac{1}{\text{j}\omega C}\dot{I} \tag{2.3.14}$$

此式即为正弦稳态电路中，电容元件伏安关系的相量形式。

由于 $\dot{U} = U\angle\varphi_u$，$\dot{I} = I\angle\varphi_i$，$\text{j}\omega C = \omega C\angle 90°$，式（2.3.14）可表示为

$$I = \omega CU \ \text{或}\ \frac{U}{I} = \frac{U_m}{I_m} = \frac{1}{\omega C} \tag{2.3.15}$$

和

$$\varphi_i = \varphi_u + \frac{\pi}{2} \tag{2.3.16}$$

由式（2.3.15）和式（2.3.16）可得，正弦稳态电路中，相位上电容电流超前电压 $\dfrac{\pi}{2}$ rad（如图 2.3.3（b）所示），数值上电压与电流的有效值（或振幅）之比为 $\dfrac{1}{\omega C}$。在电路理论中，将此比值称为电容的电抗，简称容抗，单位为欧［姆］（Ω），记为 X_C，即

$$X_C = \frac{1}{\omega C} \tag{2.3.17}$$

容抗是表示电容元件在正弦稳态电路中阻碍电流能力大小的物理量。由于容抗 X_C 与频率成反比,频率越低,容抗越大,阻碍电流通过对能力越强。因此当 $\omega = 0$ 时,$X_C = \infty$,电容元件相当于开路,故具有隔直流作用。

利用容抗的定义,电容元件伏安关系的相量形式又可表示为

$$\dot{U} = -\,\mathrm{j}X_C\dot{I} \ \text{或} \ \dot{I} = \frac{\dot{U}}{-\,\mathrm{j}X_C} \tag{2.3.18}$$

电容元件伏安关系的相量形式,可用如图 2.3.3(c) 所示的电路模型表示,该模型通常称为电容元件的相量模型。图 2.3.3(d) 给出了电容电压和电流相量的相量图。

(3) 电感元件伏安关系的相量形式

设电感元件的时域模型如图 2.3.4(a) 所示,根据电感元件的伏安关系有

$$u = L\frac{\mathrm{d}i}{\mathrm{d}t} \tag{2.3.19}$$

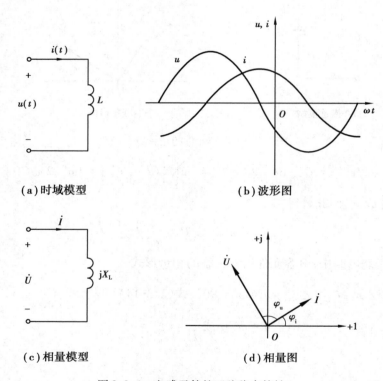

(a) 时域模型　　　　　　**(b) 波形图**

(c) 相量模型　　　　　　**(d) 相量图**

图 2.3.4　电感元件的正弦稳态特性

在正弦稳态电路中,可令

$$u = \sqrt{2}\,U\sin(\omega t + \varphi_u) = \mathrm{Im}[\sqrt{2}\,\dot{U}\mathrm{e}^{\mathrm{j}\omega t}] \tag{2.3.20}$$

$$i = \sqrt{2}\,I\sin(\omega t + \varphi_i) = \mathrm{Im}[\sqrt{2}\,\dot{I}\mathrm{e}^{\mathrm{j}\omega t}] \tag{2.3.21}$$

将式(2.3.20)和式(2.3.21)代入式(2.3.19),得

$$\mathrm{Im}[\sqrt{2}\,\dot{U}\mathrm{e}^{\mathrm{j}\omega t}] = L\frac{\mathrm{d}}{\mathrm{d}t}\mathrm{Im}[\sqrt{2}\,\dot{I}\mathrm{e}^{\mathrm{j}\omega t}] = \mathrm{Im}\Big[\sqrt{2}\,L\dot{I}\frac{\mathrm{d}}{\mathrm{d}t}\mathrm{e}^{\mathrm{j}\omega t}\Big] = \mathrm{Im}[\sqrt{2}\,\mathrm{j}\omega L\dot{I}\mathrm{e}^{\mathrm{j}\omega t}]$$

上式对任意 t 都成立,因此可得

$$\dot{U} = \mathrm{j}\omega L \dot{I} \ \text{或} \ \dot{I} = \frac{1}{\mathrm{j}\omega L}\dot{U} \tag{2.3.22}$$

此式即为正弦稳态电路中,电感元件伏安关系的相量形式。

由于 $\dot{U} = U\angle\varphi_u$,$\dot{I} = I\angle\varphi_i$,$\mathrm{j}\omega L = \omega L\angle 90°$,式(2.3.22)可表示为

$$U = \omega L I \ \text{或} \ \frac{U}{I} = \frac{U_{\mathrm{m}}}{I_{\mathrm{m}}} = \omega L \tag{2.3.23}$$

和

$$\varphi_u = \varphi_i + \frac{\pi}{2} \tag{2.3.24}$$

由式(2.3.23)和式(2.3.24)可得,正弦稳态电路中,相位上电感电压超前电流$\frac{\pi}{2}$rad(如图2.3.4(b)所示),数值上电压与电流的有效值(或振幅)之比为 ωL。在电路理论中,将此比值称为电感的电抗,简称感抗,单位为欧[姆](Ω),记为 X_L,即

$$X_L = \omega L \tag{2.3.25}$$

感抗是表示电感元件在正弦稳态电路中阻碍电流能力大小的物理量。由于感抗 X_L 与频率成正比,因此频率越低,感抗越小,阻碍电流通过的能力越弱。因此当 $\omega = 0$ 时,$X_L = 0$,故电感元件在直流电路中相当于短路。

利用感抗的定义,电感元件伏安关系的相量形式又可表示为

$$\dot{U} = \mathrm{j}X_L\dot{I} \ \text{或} \ \dot{I} = \frac{\dot{U}}{\mathrm{j}X_L} \tag{2.3.26}$$

电感元件伏安关系的相量形式,可用如图2.3.4(c)所示的电路模型表示,该模型通常称为电感元件的相量模型。图2.3.4(d)给出了电感电压和电流相量的相量图。

对于一个正弦稳态电路,若将电路中的所有电压和电流(包括电源和各支路电压或电流)都用它们对应的相量代替;将所有的电路元件都用它们的相量模型代替,则可得到原电路对应的相量模型。

【例2.3.2】　在图2.3.5所示的正弦稳态电路中,已知 $i(t) = 2\sqrt{2} \sin(100t - 120°)$ A,试求电感两端的电压 $u(t)$。

【解】　首先将电流 $i(t)$ 变换为对应的相量

$$\dot{I} = 2\angle -120° \ \text{A}$$

电感的感抗为

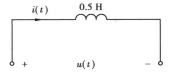

图 2.3.5　例 2.3.2 的电路

$$X_L = \omega L = 100 \times 0.5 = 50 \ \Omega$$

由电感元件伏安关系的相量形式可得

$$\dot{U} = \mathrm{j}X_L\dot{I} = \mathrm{j}50 \times 2\angle -120° = 50\angle 90° \times 2\angle -120° = 100\angle -30° \ \text{V}$$

故

$$u(t) = 100\sqrt{2} \sin(100t - 30°) \ \text{V}$$

【例2.3.3】　在图2.3.6所示正弦稳态电路中,已知 $u(t) = 60\sqrt{2} \sin 10^3 t$ V,$R = 15 \ \Omega$,$L = $

10 mH,$C = 50$ μF。试求电流 $i(t)$。

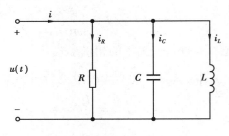

图 2.3.6　例 2.3.3 的电路

【解】 由题可知

$$\dot{U} = 60 \angle 0°$$

$$X_L = \omega L = 10^3 \times 10 \times 10^{-3} = 10 \ (\Omega)$$

$$X_C = \frac{1}{\omega C} = \frac{1}{10^3 \times 50 \times 10^{-6}} = 20 \ (\Omega)$$

利用 R、L 和 C 元件伏安关系的相量形式,可得各支路电流为

$$\dot{I}_R = \frac{\dot{U}}{R} = \frac{60 \angle 0°}{15} = 4 \angle 0° \ (\text{A})$$

$$\dot{I}_C = \frac{\dot{U}}{-jX_C} = \frac{60 \angle 0°}{-j20} = j3 \ (\text{A})$$

$$\dot{I}_L = \frac{\dot{U}}{jX_L} = \frac{60 \angle 0°}{j10} = -j6 \ (\text{A})$$

由 KCL 的相量形式,可得电流 $i(t)$ 的相量为

$$\dot{I} = \dot{I}_R + \dot{I}_C + \dot{I}_L = 4 + j3 - j6 = 4 - j3 = 5 \angle -36.9° \ (\text{A})$$

故

$$i(t) = 5\sqrt{2} \ \sin(10^3 t - 36.9°) \ (\text{A})$$

2.4　电阻、电感与电容元件串联交流电路

2-1 知识点

　　电阻、电容与电感元件串联的交流电路如图 2.4.1 所示。当电路两端加上正弦交流电压 u 时,电路中各元件将通过同一正弦交流电流 i,同时在各元件上分别产生电压 u_R、u_C 和 u_L。它们的参考方向如图 2.4.1 所示。根据 KVL

$$u = u_R + u_C + u_L$$

用相量表示,则

$$\dot{U} = \dot{U}_R + \dot{U}_C + \dot{U}_L = R\dot{I} - jX_C\dot{I} + jX_L\dot{I} = [R + j(X_L - X_C)]\dot{I} = (R + jX)\dot{I}$$

式中　　　　　　　　　　　　　　　　$X = X_L - X_C$　　　　　　　　　　　　　(2.4.1)

称为串联交流电路的电抗。再令

$$Z = R + jX \qquad (2.4.2)$$

称为串联交流电路的阻抗(impedance)。它只是一般的复数计算量,不是相量,因此,在字母 Z 的顶部不加小圆点。

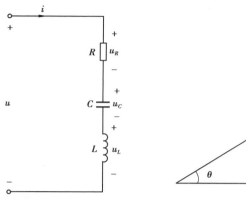

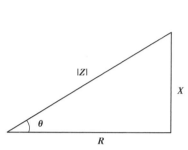

图 2.4.1　串联交流电路　　　　图 2.4.2　阻抗三角形

阻抗与其他复数一样,可以写成以下四种形式

$$Z = R + jX = |Z|(\cos\theta + j\sin\theta) = |Z|\mathrm{e}^{j\theta} = |Z|\angle\theta \qquad (2.4.3)$$

式中,R 是阻抗的实部,称为阻抗的电阻分量;X 是阻抗的虚部,称为阻抗的电抗分量;$|Z|$ 是 Z 的模,称为阻抗模(modulus of impedance),则

$$|Z| = \sqrt{R^2 + X^2} = \sqrt{R^2 + (X_L - X_C)^2} \qquad (2.4.4)$$

θ 是 Z 的辐角,称为阻抗角(impedance angle)。由式(2.4.4)可以看出:$|Z|$、R 和 X 三者之间符合直角三角形的关系,如图 2.4.2 所示。这一三角形称为阻抗三角形(impedance triangle)。

θ 可以利用阻抗三角形求得,即

$$\theta = \arctan\frac{X}{R} = \arccos\frac{R}{|Z|} = \arcsin\frac{X}{|Z|} \qquad (2.4.5)$$

上面讨论的串联电路,包含了三种性质不同的参数,是具有一般意义的典型电路。单一参数交流电路和只含两种参数的串联电路都可以视为 R、C、L 串联电路在 R、X_L、X_C 中某两个或一个等于零时的特例。例如,由式(2.4.2)、式(2.4.4)和式(2.4.5)可知,单一参数交流电路也就是理想无源元件的阻抗、阻抗模和阻抗角分别为

电阻元件 $Z = R$ 　　　$|Z| = R$ 　　　$\theta = 0°$

电容元件 $Z = -jX_C$ 　　$|Z| = X_C$ 　　$\theta = -90°$

电感元件 $Z = jX_L$ 　　　$|Z| = X_L$ 　　$\theta = 90°$

由前面的分析求得串联交流电路中电压与电流的相量关系为

$$\dot{U} = Z\dot{I} \qquad (2.4.6)$$

或写成

$$\dot{I} = \frac{\dot{U}}{Z} \qquad (2.4.7)$$

此式称为相量形式的交流电路欧姆定律(ohm's law of accircuit)。由于

$$Z = \frac{\dot{U}}{\dot{I}} = \frac{U \angle \varphi_u}{I \angle \varphi_i} = \frac{U}{I} \angle (\varphi_u - \varphi_i)$$

对照式(2.4.3),得到了串联交流电路中电压与电流的有效值之间及相位之间的关系分别为

$$\frac{U}{I} = |Z| \qquad (2.4.8)$$

$$\varphi_u - \varphi_i = \theta \qquad (2.4.9)$$

即电压与电流的有效值之比等于阻抗模,电压对电流的相位差等于阻抗角。式(2.4.8)也可以写成

$$I = \frac{U}{|Z|} \qquad (2.4.10)$$

此式通常也称为交流电路欧姆定律。

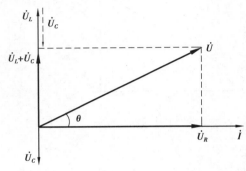

图 2.4.3　串联交流电路的相量图

上述电压与电流的关系还可以通过图 2.4.3 所示的相量图来表示。作图时,考虑到串联电路中各元件中通过的是同一电流,故选电流为参考相量比较方便,将它画在正实轴位置。然后根据 2.3 节中得到的各元件电压与电流的相位关系,画出 $\dot{U}_R$、$\dot{U}_C$ 和 $\dot{U}_L$,三者相量相加就得到了总电压 $\dot{U}$。利用相量图,可以得知各部分电压的有效值之间的关系为

$$U = \sqrt{U_R^2 + (U_L - U_C)^2}$$

由相量图还不难看到,由于总电压是各部分电压的相量和而不是代数和,因此,当电路中同时接有电容和电感时,总电压的有效值可能会小于电容或电感电压的有效值,总电压小于某部分电压,这在直流电路中是不可能出现的。

任何交流电路,只要 $\dot{U}$ 对 $\dot{I}$ 的相位差 θ 满足 $90° > \theta > 0$(电压超前于电流),即介于纯电感性电路和纯电阻性电路之间时,这种电路称为电感性电路,或者说电路是呈电感性的。如果 θ 满足 $-90° < \theta < 0°$(电压滞后于电流),即介于纯电容性电路和纯电阻性电路之间时,这种电路称为电容性电路,或者说电路是呈电容性的。

通过上述的分析可以知道,在串联交流电路中,当 $X_L > X_C$ 时,电路呈电感性;当 $X_L < X_C$ 时,电路呈电容性。当 $X_L = X_C$ 时,$\theta = 0$,电路为纯电阻性或简称为电阻性。这一特殊现象称为串联谐振。关于谐振的问题留待 2.8 节再详细讨论。

【例 2.4.1】　在图 2.4.4 所示电路中,已知 $U = 12 \text{ V}$,$R = 3 \text{ }\Omega$,$X_L = 4 \text{ }\Omega$。试求:(1)X_C 为何值时($X_C \neq 0$),开关 S 闭合前后,电流的有效值 I 不变。这时的电流是多少?　(2)X_C 为何值时,开关 S 闭合前电流 I 最大,这时的电流是多少?

【解】

①开关闭合前后电流的有效值 I 不变,说明开关闭合前后电路的阻抗模相等,即

$$\sqrt{R^2 + (X_L - X_C)^2} = \sqrt{R^2 + X_L^2}$$

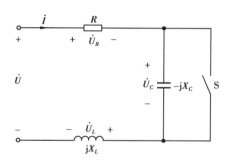

图 2.4.4　例 2.4.1 的电路

故

$$(X_L - X_C)^2 = X_L^2$$

由于 $X_C \neq 0$，因此求得

$$X_C = 2X_L = 2 \times 4 \ \Omega = 8 \ \Omega$$

$$|Z| = \sqrt{R^2 + X_L^2} = \sqrt{3^2 + 4^2} \ \Omega = 5 \ \Omega$$

$$I = \frac{U}{|Z|} = \frac{12}{5} \ \text{A}$$

② 开关闭合前，$X_C = X_L$ 时，$|Z|$ 最小，电流最大，故

$$X_C = X_L = 4 \ \Omega$$

$$|Z| = R = 3 \ \Omega$$

$$I = \frac{U}{|Z|} = \frac{12}{3} \ \text{A} = 4 \ \text{A}$$

2.5　阻抗的串联与并联

2-2 知识点

在交流电路中，阻抗的连接形式是多种多样的，其中最简单和最常用的是串联与并联。

2.5.1　阻抗的串联

图 2.5.1(a)所示是两个阻抗 Z_1 和 Z_2 串联的电路。根据基尔霍夫电压定律可写出它的相量表示式

$$\dot{U} = \dot{U}_1 + \dot{U}_2 = Z_1 \dot{I} + Z_2 \dot{I} = (Z_1 + Z_2) \dot{I} \tag{2.5.1}$$

两个串联的阻抗可用一个等效阻抗 Z 来代替，在同样电压的作用下，电路中电流的有效值和相位保持不变。根据图 2.5.1(b)所示的等效电路可写出

$$\dot{U} = Z \dot{I} \tag{2.5.2}$$

比较以上两式，则得

$$Z = Z_1 + Z_2 \tag{2.5.3}$$

因为一般

$$U \neq U_1 + U_2$$

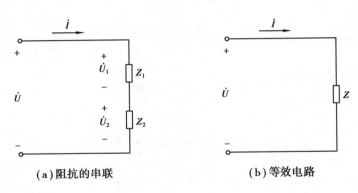

（a）阻抗的串联　　　　　（b）等效电路

图 2.5.1　抗阻的串联

即

$$|Z|I \neq |Z_1|I + |Z_2|I$$

所以

$$|Z| \neq |Z_1| + |Z_2|$$

由此可见，只有等效阻抗才等于各个串联阻抗之和。

【例 2.5.1】　在图 2.5.1(a)中，有两个阻抗 $Z_1 = (6.16+j9)\,\Omega$ 和 $Z_2 = (2.5-j4)\,\Omega$，它们串联

接在 $\dot{U} = 220\angle30°$ V 的电源上。试用相量计算电路中的电流 $\dot{I}$ 和各个阻抗上的电压 $\dot{U}_1$ 和 $\dot{U}_2$，并作相量图。

【解】　$Z = Z_1 + Z_2 = \left[(6.16+2.5)+j(9-4)\right]\Omega = (8.66+j5)\,\Omega = 10\angle30°\,\Omega$

$$\dot{I} = \frac{\dot{U}}{Z} = \frac{220\angle30°}{10\angle30°}\,\text{A} = 22\angle0°\,\text{A}$$

$$\dot{U}_1 = Z_1\dot{I} = (6.16+j9)22\,\text{V}$$
$$= 10.9\angle55.6° \times 22\,\text{V}$$
$$= 239.8\angle55.6°\,\text{V}$$

$$\dot{U}_2 = Z_2\dot{I} = (2.5-j4)22\,\text{V}$$
$$= 4.71\angle-58° \times 22\,\text{V}$$
$$= 103.6\angle-58°\,\text{V}$$

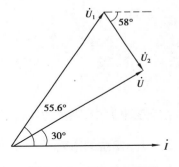

图 2.5.2　例 2.5.1 的图

可用 $\dot{U} = \dot{U}_1 + \dot{U}_2$ 验算。电流与电压的相量图如图 2.5.2 所示。

2.5.2　阻抗的并联

图 2.5.3(a)所示是两个阻抗 Z_1 和 Z_2 并联的电路。根据基尔霍夫电流定律可写出它的相量表示式

$$\dot{I} = \dot{I}_1 + \dot{I}_2 = \frac{\dot{U}}{Z_1} + \frac{\dot{U}}{Z_2} = \dot{U}\left(\frac{1}{Z_1} + \frac{1}{Z_2}\right) \tag{2.5.4}$$

两个并联的阻抗也可用一个等效阻抗 Z 来代替。根据图 2.5.3(b)所示的等效电路可写出

$$\dot{I} = \frac{\dot{U}}{Z} \tag{2.5.5}$$

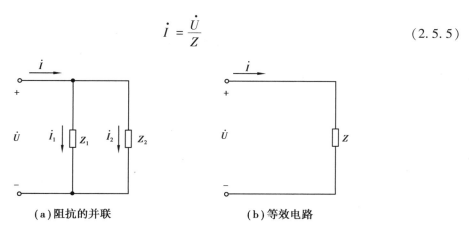

(a)阻抗的并联　　　　　　　(b)等效电路

图 2.5.3　阻抗的并联

比较上列两式,则得

$$\frac{1}{Z} = \frac{1}{Z_1} + \frac{1}{Z_2} \tag{2.5.6}$$

或

$$Z = \frac{Z_1 Z_2}{Z_1 + Z_2}$$

因为一般

$$I \neq I_1 + I_2$$

即

$$\frac{U}{|Z|} \neq \frac{U}{|Z_1|} + \frac{U}{|Z_2|}$$

所以

$$\frac{1}{|Z|} \neq \frac{1}{|Z_1|} + \frac{1}{|Z_2|}$$

由此可见,只有等效阻抗的倒数才等于各个并联阻抗的倒数之和。

【例 2.5.2】　在图 2.5.4 中,电源电压 $\dot{U} = 220\angle 0°$ V。试求:(1)等效阻抗 Z;(2)电流 $\dot{I}$、$\dot{I}_1$ 和 $\dot{I}_2$。

【解】　①等效阻抗:

$$Z = \left[50 + \frac{(100 + j200)(-j400)}{100 + j200 - j400} \right] \Omega$$
$$= (50 + 320 + j240)\Omega$$
$$= (370 + j240)\Omega$$
$$= 440\angle 33° \ \Omega$$

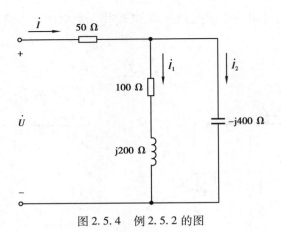

图 2.5.4　例 2.5.2 的图

②电流：

$$\dot{I} = \frac{\dot{U}}{Z} = \frac{220\angle 0°}{440\angle 33°} \mathrm{A}$$

$$= 0.5\angle -33°\ \mathrm{A}$$

$$\dot{I}_1 = \frac{-j400}{100 + j200 - j400} \times 0.5\angle -33°\ \mathrm{A}$$

$$= \frac{400\angle -90°}{224\angle -63.4°} \times 0.5\angle -33°\ \mathrm{A}$$

$$= 0.89\angle -59.6°\ \mathrm{A}$$

$$\dot{I}_2 = \frac{100 + j200}{100 + j200 - j400} \times 0.5\angle -33°\ \mathrm{A}$$

$$= \frac{224\angle 63.4°}{224\angle -63.4°} \times 0.5\angle -33°\ \mathrm{A}$$

$$= 0.5\angle 93.8°\ \mathrm{A}$$

2.6　正弦交流电路的功率

正弦交流电路的重要用途之一就是传递能量，因此，有关正弦交流电路功率的概念和计算是正弦交流电路分析的重要内容。

正弦稳态电路中，无源二端网络 N_0 如图 2.6.1（a）所示，设其端口电压和电流为关联参考方向

$$i = \sqrt{2}I \sin(\omega t + \varphi_i)$$

$$u = \sqrt{2}U \sin(\omega t + \varphi_u)$$

则网络 N_0 吸收的瞬时功率

$$p = ui = \sqrt{2}U \sin(\omega t + \varphi_u) \cdot \sqrt{2}I \sin(\omega t + \varphi_i)$$

$$= UI \cos(\varphi_u - \varphi_i) - UI \cos(2\omega t + \varphi_u + \varphi_i)$$

$$= UI \cos\theta - UI \cos(2\omega t + 2\varphi_i + \theta) \tag{2.6.1}$$

式(2.6.1)表明网络N_0的瞬时功率 p 由恒定分量 $UI\cos\theta$ 和正弦分量 $UI\cos(2\omega t+2\varphi_i+\theta)$ 两部分组成。图 2.6.1(b)给出了瞬时功率 p 随时间的变化曲线。由图可看出,由于电压和电流不同相,造成瞬时功率 p 时正时负,当 $p>0$ 时,网络 N_0 从外电路吸收能量;当 $p<0$ 时,网络 N_0 向外电路输出能量。因此网络 N_0 与外电路之间有能量的往返传递现象,这是由于网络 N_0 中存在储能元件的缘故。同时,虽然瞬时功率时正时负,但一个周期中 $p>0$ 的部分大于 $p<0$ 的部分,这是由于网络 N_0 中还存在电阻元件,网络 N_0 总体上仍耗能的结果。

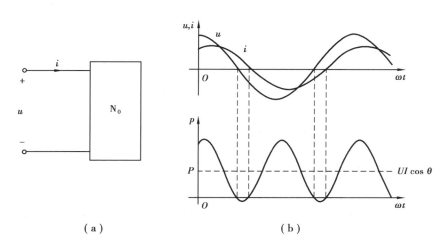

（a） （b）

图 2.6.1 二端网络的功率

瞬时功率随时间不断变化,因而实用价值不大。通常用瞬时功率在一个周期中的平均值即平均功率来度量正弦稳态电路的功率。平均功率又称为有功功率,或简称功率,记为 P,即

$$P = \frac{1}{T}\int_0^T p\,dt = UI\cos\theta \tag{2.6.2}$$

可见平均功率不仅取决于电压和电流的有效值,还与阻抗角有关。

在工程中还引用无功功率的概念,用大写字母 Q 表示,其定义为

$$Q \stackrel{\text{def}}{=\!=\!=} UI\sin\theta \tag{2.6.3}$$

它与能量的往返传递现象有关,由于这部分功率并没有消耗掉,故称为无功功率。

许多电力设备的容量是由它们的额定电流和额定电压的乘积决定的,为此引进了视在功率的概念,用大写字母 S 表示,其定义为

$$S \stackrel{\text{def}}{=\!=\!=} UI \tag{2.6.4}$$

有功功率、无功功率和视在功率都具有功率的量纲。为便于区分,有功功率 P 的单位用 W,无功功率 Q 的单位用 var(乏,即无功伏安),视在功率 S 的单位用 V·A(伏安)。

由式(2.6.2)～式(2.6.4)可知,三种功率之间的关系为

$$P = S\cos\theta \tag{2.6.5}$$

$$Q = S\sin\theta \tag{2.6.6}$$

$$S = \sqrt{P^2 + Q^2} \tag{2.6.7}$$

S、P、Q 三者之间符合直角三角形的关系,如图 2.6.2 所

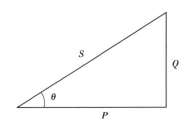

图 2.6.2 功率三角形

示。这一三角形称为功率三角形。

瞬时功率还可以改写为

$$p = UI \cos \theta - UI \cos(2\omega t + 2\varphi_i + \theta)$$
$$= UI \cos \theta - UI \cos \theta \cos(2\omega t + 2\varphi_i) + UI \sin \theta \sin(2\omega t + 2\varphi_i)$$
$$= UI \cos \theta \{1 - \cos[2(\omega t + \varphi_i)]\} + UI \sin \theta \sin[2(\omega t + \varphi_i)] \qquad (2.6.8)$$

如果二端网络 N_0 分别为 R、L、C 单个元件,则根据式(2.6.8)可以求得瞬时功率、有功功率和无功功率。

对于电阻 R,有 $\theta = \varphi_u - \varphi_i = 0$,所以瞬时功率

$$p = UI\{1 - \cos[2(\omega t + \varphi_i)]\}$$

它始终大于或等于零,它的最小值为零。这说明电阻一直在吸收能量,平均功率为

$$P_R = UI \cos \theta = RI^2 = \frac{U^2}{R}$$

P_R 表示电阻所消耗掉的功率。电阻的无功功率为零。

对于电感 L,有 $\theta = \varphi_u - \varphi_i = \dfrac{\pi}{2}$,所以瞬时功率

$$p = UI \sin \theta \sin[2(\omega t + \varphi_i)] = UI \sin[2(\omega t + \varphi_i)]$$

它的平均功率为零,所以不消耗能量,但是 p 正负交替变化,说明有能量的往返交换。电感的无功功率为

$$Q_L = UI \sin \theta = UI = \omega L I^2 = \frac{U^2}{\omega L}$$

对于电容 C,有 $\theta = \varphi_u - \varphi_i = -\dfrac{\pi}{2}$,所以瞬时功率

$$p = UI \sin \theta \sin[2(\omega t + \varphi_i)] = -UI \sin[2(\omega t + \varphi_i)]$$

它的平均功率为零,所以电容也不消耗能量,但是 p 正负交替变化,说明有能量的往返交换。电容的无功功率为

$$Q_C = UI \sin \theta = -UI = -\frac{1}{\omega C} I^2 = -\omega C U^2$$

如果二端网络 N_0 为 RLC 串联电路,它的阻抗为

$$Z = R + j\left(\omega L - \frac{1}{\omega C}\right), \theta = \arctan\left(\frac{X}{R}\right)$$

由于 $U = |Z|I, R = |Z| \cos \theta, X = |Z| \sin \theta$,故

$$P = UI \cos \theta = |Z|I^2 \cos \theta = RI^2$$

$$Q = UI \sin \theta = |Z|I^2 \sin \theta = \left(\omega L - \frac{1}{\omega C}\right)I^2 = Q_L + Q_C$$

根据阻抗角 θ 的定义,当 $\theta < 0$ 时,电流超前于电压,网络呈容性,$Q < 0$;当 $\theta > 0$ 时,电压超前于电流,网络呈感性,$Q > 0$;当 $\theta = 0$ 时,无源二端网络等效为纯电阻,$Q = 0$,此时网络与外电路无能量的往返交换,但其内部的电容和电感之间仍可存在能量的交换。

【例 2.6.1】 求图 2.6.3 所示电路的总有功功率、无功功率和视在功率。

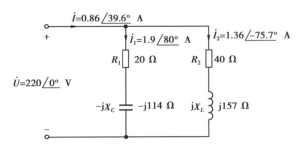

图 2.6.3　例 2.6.1 的电路

【解法 1】　由总电压总电流求总功率：

$$P = UI \cos \theta = 220 \times 0.86 \times \cos(0° - 39.6°)\,\mathrm{W} = 146\ \mathrm{W}$$

$$Q = UI \sin \theta = 220 \times 0.86 \times \sin(0° - 39.6°)\,\mathrm{var} = -121\ \mathrm{var}$$

$$S = \sqrt{P^2 + Q^2} = \sqrt{146^2 + (-121)^2}\ \mathrm{V \cdot A} = 190\ \mathrm{V \cdot A}$$

【解法 2】　由元件功率求总功率：

$$P = R_1 I_1^2 + R_2 I_2^2 = (20 \times 1.9^2 + 40 \times 1.36^2)\,\mathrm{W} = 146\ \mathrm{W}$$

$$Q = -X_C I_1^2 + X_L I_2^2 = (-114 \times 1.9^2 + 157 \times 1.36^2)\,\mathrm{var} = -121\ \mathrm{var}$$

$$S = \sqrt{P^2 + Q^2} = \sqrt{146^2 + (-121)^2}\ \mathrm{V \cdot A} = 190\ \mathrm{V \cdot A}$$

2.7　电路的功率因数

2-3 知识点

在交流电路中,有功功率与视在功率的比值用 λ 表示,称为电路的功率因数(power factor),即

$$\lambda = \frac{P}{S} = \cos \theta$$

因此,电压与电流的相位差 θ 又称为功率因数角(power-factor angle),它是由电路的参数决定的。在纯电容和纯电感电路中,$P = 0$,$Q = S$,$\lambda = 0$,功率因数最低;在纯电阻电路中,$P = S$,$Q = 0$,$\lambda = 1$,功率因数最高。

功率因数是一项重要的经济指标。功率因数太低,会引起下述两方面的问题：

(1)降低供电设备的利用率

容量 S_N 一定的供电设备能够输出的有功功率为

$$P = S_\mathrm{N} \cos \theta$$

$\cos \theta$ 越低,P 越小,设备越得不到充分利用。

(2)增加供电设备和输电线路的功率损耗

负载从电源取用的电流为

$$I = \frac{P}{U \cos \theta}$$

在 P 和 U 一定的情况下,$\cos \theta$ 越低,I 就越大,供电设备和输电线路的功率损耗也就越多。

目前,在各种用电设备中,属电感性的居多。例如工农业生产中广泛应用的异步电动机和日常生活中大量使用的日光灯等都属于电感性负载,而且它们的功率因数往往比较低,故提高电感性电路的功率因数会带来显著的经济效益。

电路的功率因数低,是因为无功功率多,使得有功功率与视在功率的比值小。由于电感性无功功率可以由电容性无功功率来补偿,所以提高电感性电路的功率因数除尽量提高负载本身的功率因数外,还可以采取与电感性负载并联适当电容的办法。这时电路的工作情况可以通过图 2.7.1 所示电路图和相量图来说明。并联电容前,电路的总电流就是负载的电流 $\dot{I}_L$,电路的功率因数就是负载的功率因数 $\cos\theta_L$。并联电容后,电路总电流 $\dot{I} = \dot{I}_C + \dot{I}_L$,电路的功率因数变为 $\cos\theta$。由于 $\theta < \theta_L$,所以 $\cos\theta > \cos\theta_L$。只要 C 值选得恰当,便可将电路的功率因数提高到希望的数值。并联电容后,负载的工作未受影响,它本身的功率因数并没有提高,提高的是整个电路的功率因数。

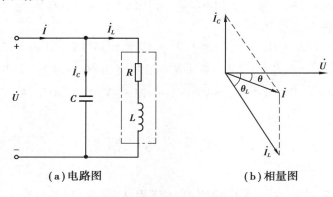

（a）电路图   （b）相量图

图 2.7.1　提高功率因数的方法

【例 2.7.1】　有一电感性负载接到 50 Hz、220 V 的交流电源上工作时,消耗的有功功率为 4.8 kW,功率因数为 0.5,试问应并联多大的电容才能将电路的功率因数提高到 0.95 ?

【解】　通过无功功率的变化求 C。

未并联电容时,电路的功率因数即负载的功率因数 $\lambda_L = \cos\theta_L = 0.5$,故

$$\theta_L = \arccos 0.5 = 60°$$

$$S_L = \frac{P}{\cos\theta_L} = \frac{4.8 \times 10^3}{0.5} \text{ V·A} = 9.6 \times 10^3 \text{V·A} = 9.6 \text{ kV·A}$$

$$Q_L = S_L \sin\theta_L = 9.6 \times 10^3 \sin 60° \text{ var} = 8.31 \times 10^3 \text{var} = 8.31 \text{ kvar}$$

并联电容后,有功功率不变,但功率因数 $\lambda = \cos\theta = 0.95$,故

$$\theta = \arccos 0.95 = 18.19°$$

$$S = \frac{P}{\cos\theta} = \frac{4.8 \times 10^3}{0.95} \text{ V·A} = 5.05 \times 10^3 \text{V·A} = 5.05 \text{ kV·A}$$

$$Q = S \sin\theta = 5.05 \times 10^3 \sin 18.19° \text{ var} = 1.58 \times 10^3 \text{var} = 1.58 \text{ kvar}$$

减少的无功功率是由电容提供的,故电容的无功功率的绝对值为

$$|Q_C| = |Q - Q_L| = |1.58 - 8.31| \text{ kvar} = 6.73 \text{ kvar}$$

电容中的电流

$$I_C = \frac{|Q_C|}{U} = \frac{6.73 \times 10^3}{220} \text{ A} = 30.59 \text{ A}$$

需要的容抗和电容为

$$X_C = \frac{U}{I_C} = \frac{220}{30.59} \Omega = 7.19 \Omega$$

$$C = \frac{1}{2\pi f X_C} = \frac{1}{2 \times 3.14 \times 50 \times 7.19} \text{ F} = 433 \times 10^{-6} \text{F} = 433 \text{ μF}$$

[分析与思考]　①电感性负载串联电容能否提高电路的功率因数,为什么不能采用? ②电感性负载并联电阻能否提高电路的功率因数,这种方法有什么缺点?

*2.8　电路中的谐振

在 2.4 节中曾经提到过谐振现象。谐振一方面在工业生产中有广泛的应用,例如用于高频淬火、高频加热以及收音机、电视机中;另一方面,谐振时会在电路的某些元件中产生较大的电压或电流,致使元件受损,在这种情况下又要注意避免工作在谐振状态。无论是利用它还是避免它,都必须研究它、认识它。

那么,什么是谐振呢? 在既有电容又有电感的电路中,当电源的频率和电路的参数符合一定的条件时,电路输入电压与输入电流的相位相同,整个电路呈电阻性,这种现象称为谐振(resonance)。

谐振时,由于 $\theta = 0$,因而 $\sin \theta = 0$,总无功功率 $Q = Q_L + Q_C = |Q_L| - |Q_C| = 0$。可见,谐振的实质就是电容中的电场能与电感中的磁场能相互转换,此增彼减,完全补偿。电场能和磁场能的总和时刻保持不变,电源不必与负载往返转换能量,只需供给电路中电阻所消耗的电能。

如果电路中的 $|Q_L| = |Q_C|$,且数值较大,P 数值较小,即电路中消耗的能量不多,却有比较多的能量在 L 和 C 中相互转换,这说明电路谐振的程度比较强;反之则说明电路谐振的程度比较弱。因此,通常用电路中电感或电容的无功功率的绝对值与电路中有功功率的比值来表示电路谐振的程度,即用 Q_f[①]表示,称为电路的品质因数(quality factor)或简称 Q 值,即国家标准 GB 31025—82 规定,品质因数用 P 表示。本书加下标 f 以避免与无功功率的符号混淆。

$$Q_f = \frac{|Q_L \text{ 或 } Q_C|}{P} \tag{2.8.1}$$

Q_f 是个无量纲的物理量,高限可达数百。

由于谐振电路的基本模型有串联和并联两种,因此,谐振也分为串联谐振(series resonance)和并联谐振(parallel resonance)两种。

2.8.1　串联谐振

R、C、L 串联电路如图 2.8.1(a)所示,由于电压 u 与电流 i 的相位差

$$\theta = \arctan \frac{X_L - X_C}{R}$$

当 $\theta=0°$ 时,电路产生谐振,因而产生串联谐振的条件是

$$X_L = X_C$$

即

$$\omega L = \frac{1}{\omega C}$$

改变 f(即改变 ω)或者 C,或者 L 均可以满足上式,使电路产生谐振,谐振角频率和谐振频率 f_n 分别用 ω_n 和 f_n 表示,由上式求得

$$\omega_n = \frac{1}{\sqrt{LC}} \tag{2.8.2}$$

$$f_n = \frac{1}{2\pi\sqrt{LC}} \tag{2.8.3}$$

谐振时的相量图如图 2.8.1(b)所示。串联谐振电路的品质因数

$$Q_f = \frac{Q_L}{P} = \frac{X_L I^2}{R I^2} = \frac{\omega_n L}{R} = \frac{1}{R}\sqrt{\frac{L}{C}} \tag{2.8.4}$$

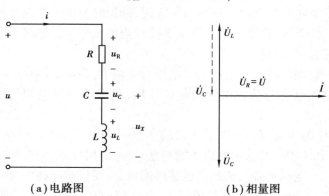

(a)电路图　　　　　　　　　　(b)相量图

图 2.8.1　串联谐振

归纳起来,串联谐振的特点如下:

① Q_L 与 Q_C 相互补偿,$Q=0$,$S=P$,$\lambda=1$。

② X_L 与 X_C 数值相等,$X=0$,L 和 C 串联部分相当于短路,$Z=|Z|=R$ 最小,$I=\dfrac{U}{R}$ 最大。

③ U_L 与 U_C 相互抵消,$U_X=0$,$U=U_R$。当 Q_f 很大时,U_L 和 U_C 将远大于 U 和 U_R,它们的比值为

$$\frac{U_L}{U} = \frac{U_C}{U} = Q_f$$

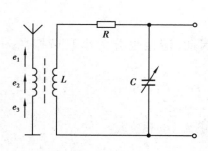

图 2.8.2　例 2.8.1 的电路

由于串联谐振有可能出现高电压,故又称电压谐振(voltage resonance)。在电力工程中,这种高电压可能击穿电容器或电感器的绝缘,因此要避免电压谐振或接近电压谐振的发生。在通信工程中恰好相反,由于其工作信号比较微弱,往往利用电压谐振来获得比较高的电压。

【例 2.8.1】　图 2.8.2 是收音机的接收电路,各

地电台所发射的无线电波在天线线圈中分别产生各自频率的微弱的感应电动势 e_1、e_2、…，调节可变电容器，使某一频率的信号发生串联谐振，从而使该频率的电台信号在输出端产生较大的输出电压，以起到选择收听该电台广播的目的。今已知 $L=0.25$ mH，C 在 $40\sim350$ pF 之间可调。求收音机可收听的频率范围。

【解】　当 $C=40$ pF 时

$$f = \frac{1}{2\pi\sqrt{LC}} = \frac{1}{2\pi\sqrt{0.25\times10^{-3}\times40\times10^{-12}}} \text{ Hz} = 1\,592\times10^{3}\text{Hz} = 1\,592\text{ kHz}$$

当 $C=350$ pF 时

$$f = \frac{1}{2\pi\sqrt{LC}} = \frac{1}{2\pi\sqrt{0.25\times10^{-3}\times350\times10^{-12}}} \text{ Hz} = 538\times10^{3}\text{Hz} = 538\text{ kHz}$$

所以可收听的频率范围是 $538\sim1\,592$ kHz。

2.8.2　并联谐振

现以图 2.8.3(a)所示的 R、C、L 并联电路来说明并联谐振的条件和特点，由于

$$\dot{I} = \dot{I}_R + \dot{I}_C + \dot{I}_L = \frac{1}{R} + \frac{1}{-jX_C} + \frac{1}{jX_L}$$

当 $X_L = X_C$ 时，$\dot{I}$ 与 $\dot{U}$ 相位相同，故这种并联电路的谐振条件和谐振频率的公式与串联谐振时相同。谐振时的相量图如图 2.8.3(b)所示。并联谐振电路的品质因数

$$Q_f = \frac{Q_L}{P} = \frac{\dfrac{U^2}{X_L}}{\dfrac{U^2}{R}} = \frac{R}{\omega_n L} = R\sqrt{\frac{C}{L}} \qquad (2.8.5)$$

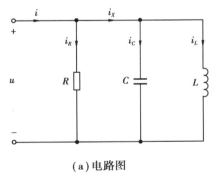
(a)电路图

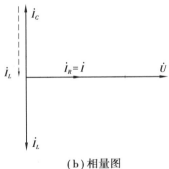
(b)相量图

图 2.8.3　并联谐振

归纳起来，并联谐振的特点如下：

① Q_L 与 Q_C 相互补偿，$Q=0$，$S=P$，$\lambda=1$。

② X_L 与 X_C 数值相等，$Z_{LC} = \dfrac{-jX_C \cdot jX_L}{jX_L - jX_C} \to \infty$，$L$ 和 C 并联部分相当于开路，$Z=|Z|=R$ 最大。

③ I_L 与 I_C 相互抵消，$I_X=0$，$I=I_R$。当 Q_f 很大时，I_L 和 I_C 将远大于 I 和 I_R，它们的比值

$$\frac{I_L}{I} = \frac{I_C}{I} = Q_f$$

由于 Q_f 一般远大于 1,并联谐振时 L 和 C 的支路电流有可能远大于总电流,因而并联谐振又称电流谐振(current resonance)。并联谐振在通信工程中也有广泛的应用。

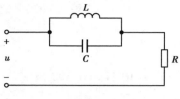

图 2.8.4 例 2.8.2 的电路

【例 2.8.2】 在图 2.8.4 所示电路中,外加电压含有 800 Hz 和 2 000 Hz 两种频率的信号。若要滤掉 2 000 Hz 的信号,使电阻 R 上只有 800 Hz 的信号。若 $L = 12$ mH,C 值应是多少?

【解】 只要使 2 000 Hz 的信号在 LC 并联电路中产生并联谐振,$Z_{LC} \to \infty$,该信号便无法通过,从而使 R 上有 800 Hz 的信号,由谐振频率的公式求得

$$C = \frac{1}{4\pi^2 f_n^2 L} = \frac{1}{4 \times 3.14^2 \times 2\,000^2 \times 12 \times 10^{-3}} \text{ F} = 0.53 \times 10^{-6} \text{F} = 0.53 \ \mu\text{F}$$

练习题

1. 正弦电流波形如习题图 2.1 所示。

(1)试求周期、频率、角频率;

(2)写出电流 $i(t)$ 的正弦函数式。

2. 已知某负载的电流和电压的有效值和初相位分别是 2 A、−30°和 36 V、45°,频率均为 50 Hz。(1)写出它们的瞬时值表达式;(2)画出它们的波形图;(3)指出它们的幅值、角频率以及二者之间的相位差。

3. 已知 $i = 12\sqrt{2} \ \sin(\omega t - 36°)$A,试写出表示它的有效值相量的四种形式。

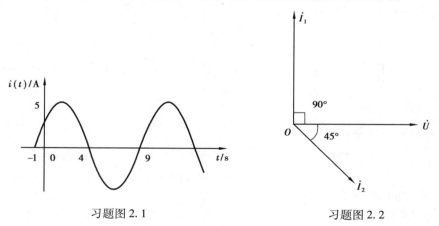

习题图 2.1   习题图 2.2

4. 习题图 2.2 所示的是电压和电流的相量图,并已知 $U = 220$ V,$I_1 = 10$ A,$I_2 = 5\sqrt{2}$ A,试分别用三角式及复数式表示各相量。

5. 已知 $\omega = 314$ rad/s,试写出下列相量所代表的正弦量:

(1) $\dot{I}_1 = 10 \angle \dfrac{\pi}{2}$ A;

（2）$\dot{I}_{2m} = 2\angle\dfrac{3}{4}\pi$ A；

（3）$\dot{U}_1 = 3+j4$ V；

（4）$\dot{U}_{2m} = 5+j5$ V。

6. 在习题图 2.3 所示部分电路中，已知 $i_{12} = \sin(\omega t - 30°)$ A，$i_{23} = \sin(\omega t + 90°)$ A，$i_{31} = \sin(\omega t - 150°)$ A，试求 i_1、i_2 和 i_3，并作出各个电流的相量图。

7. 在习题图 2.4 所示部分电路中，已知 $u_1 = 10\sin\omega t$ V，$u_2 = 10\sin(\omega t - 120°)$ V，$u_3 = 10\sin(\omega t + 120°)$ V，试求 u_{12}、u_{23} 和 u_{31}，并作出各个电压的相量图。

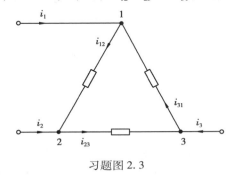

习题图 2.3　　　　　　　　　　　习题图 2.4

8. 已知习题图 2.5 所示电路中，$i_S = 10\sqrt{2}\sin 10^3 t$ A，$R = 0.5$ Ω，$L = 1$ mH，$C = 2\times10^{-3}$ F，试求电压 u。

9. 求串联交流电路中，下列三种情况下电路中的 R 和 X 各为多少？指出电路的性质和电压对电流的相位差。

（1）$Z = (6+j8)$ Ω；

（2）$\dot{U} = 50\angle 30°$ V，$\dot{I} = 2\angle 30°$ A；

（3）$\dot{U} = 100\angle -30°$ V，$\dot{I} = 4\angle 40°$ A。

2-4 习题 10
讲解

10. $R = 4$ Ω，$C = 353.86$ μF，$L = 19.11$ mH，三者串联后分别接于 220 V、50 Hz 和 220 V、100 Hz 的交流电源上。求上述两种情况下，电路的电流 $\dot{I}$，并分析该电路是电感性还是电容性的？

11. 求习题图 2.6 所示电路的阻抗 Z_{ab}。

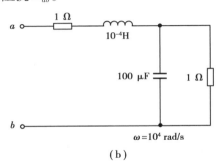

习题图 2.5

（a）　　　　　　　　　　　　　（b）

习题图 2.6

12. 在习题图 2.7 所示电路中，已知 $U = 220$ V，$\dot{U}_1$ 超前于 $\dot{U}$ 90°，超前于 $\dot{I}$ 30°，求 U_1 和 U_2。

2-5 习题13 讲解

13. 在习题图 2.8 所示电路中，$Z_1 = (2+j2)\,\Omega$，$Z_2 = (3+j3)\,\Omega$，$\dot{I}_S = 5\angle 0°$ A。求各支路电流 $\dot{I}_1$、$\dot{I}_2$ 和电流源的端电压 $\dot{U}$。

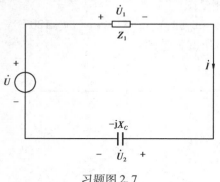

习题图 2.7
习题图 2.8 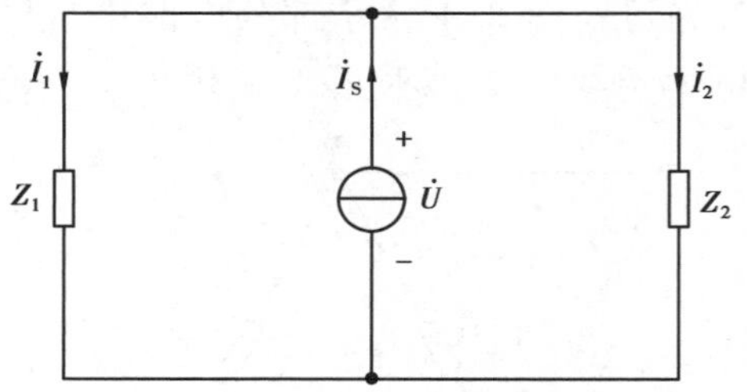

14. 试求习题图 2.9 所示电路中元件 R、L、C 吸收的有功功率、无功功率及电源提供的功率。

15. 一个 R、C、L 串联的交流电路，$R = 10\ \Omega$，$X_C = 8\ \Omega$，$X_L = 6\ \Omega$，通过该电路的电流为 21.5 A。求该电路的有功功率、无功功率和视在功率。

2-6 习题15 讲解

16. $Z_1 = 10\angle 30°\ \Omega$，$Z_2 = 10\angle -60°\ \Omega$，两者并联后接于 100 V 的交流电源上。求电路的总有功功率、无功功率和视在功率。

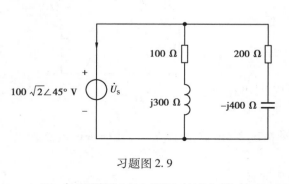
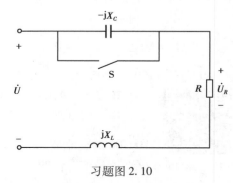

习题图 2.9
习题图 2.10

17. 在习题图 2.10 所示交流电路中，$U = 220$ V。S 闭合时，$U_R = 80$ V，$P = 320$ W；S 断开时，$P = 405$ W，电路为电感性，求 R、X_L 和 X_C。

18. 2 台单相交流电动机并联在 220 V 交流电源上工作，取用的有功功率和功率因数分别为 $P_1 = 1$ kW，$\lambda_1 = 0.8$；$P_2 = 0.5$ kW，$\lambda_2 = 0.707$。求总电流、总有功功率、无功功率、视在功率和总功率因数。

19. 今有 40 W 的日光灯一个，使用时灯管与镇流器（可近似地把镇流器看作纯电感）串联在电压为 220 V，频率为 50 Hz 的电源上。已知灯管工作时属于纯电阻负载，灯管两端的电压等于 110 V，试求镇流器的感抗与电感。这时电路的功率因数等于多少？若将功率因数提高到 0.8，应并联多大电容？

20. 有一电感性负载,额定功率 $P_N = 40$ kW,额定电压 $U_N = 380$ V,额定功率因数 $\lambda_N = 0.4$,现接到 50 Hz、380 V 的交流电源上工作。求:(1)负载的电流、视在功率和无功功率;(2)若与负载并联一电容,使电路总电流降到 120 A,此时电路的功率因数提高到多少? 并联的电容是多大?

21. 有一 R、C、L 串联电路,接于 100 V,50 Hz 的交流电源上。$R = 4$ Ω,$X_L = 6$ Ω,C 可以调节。试求:(1)当电路的电流为 20 A 时,电容是多少? (2)C 调节至何值时,电路的电流最大,这时的电流是多少?

22. 在习题图 2.11 所示电路中,$R = 80$ Ω,$C = 106$ μF,$L = 63.7$ mH,$\dot{U} = 220\angle 0°$ V。求:(1)$f = 50$ Hz 时的 $\dot{I}$;(2)f 为何值时,I 最小,这时的 $\dot{I}$ 是多少?

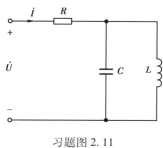

习题图 2.11

第 **3** 章
三相电源及其负载和功率

目前,电力系统普遍采用三相电源供电,三相电源供电的线路称为三相电路。本章主要讨论三相交流电的产生、三相电源和负载的连接方式以及对三相电路中的电压、电流和功率的计算。

3.1 三相电源

3.1.1 三相交流电动势的产生

如图 3.1.1 所示,在两磁极中间,放一个线圈,让线圈以 ω 的速度顺时针旋转,根据右手定则,线圈中产生感应电动势的方向是由 $A \rightarrow X$。合理设计磁极形状,使磁通按正弦规律分布,线圈两端便可得到单相交流电动势:

$$e_{AX} = \sqrt{2}E \sin \omega t \qquad (3.1.1)$$

如图 3.1.2 所示,在定子中放三个线圈,其方向是 $A \rightarrow X, B \rightarrow Y, C \rightarrow Z$。三线圈空间位置各差 120°,转子装有磁极并以 ω 的速度旋转,三个线圈中便产生三个频率相同、幅值相等而相位互差 120°的对称三相电动势:

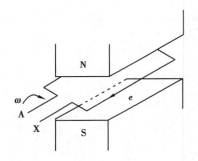

图 3.1.1 单相交流电动势的产生

$$\begin{cases} e_{XA} = E_m \sin \omega t \\ e_{YB} = E_m \sin(\omega t - 120°) \\ e_{ZC} = E_m \sin(\omega t - 240°) \end{cases}$$

$$= E_m \sin(\omega t + 120°)$$

$$(3.1.2)$$

式中,E_m 是电动势的最大值,它们的波形图如图 3.1.3(a)所示,若用有效值相量表示则为

$$\begin{cases} \dot{E}_A = E\angle 0° \\ \dot{E}_B = E\angle -120° \\ \dot{E}_C = E\angle 120° \end{cases} \qquad (3.1.3)$$

$$\dot{E}_A + \dot{E}_B + \dot{E}_C = 0 \qquad (3.1.4)$$

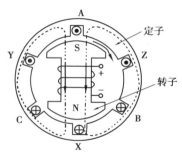

图 3.1.2　对称三相电动势的产生

式中,E 为电动势的有效值,相量图如图 3.1.3(b)所示。

相序是指三个交流电动势到达最大值(或零)的先后次序。显然,三相电源的相序为 A → B → C。

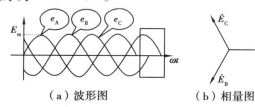

（a）波形图　　　　　（b）相量图

图 3.1.3　对称三相电动势

3.1.2　三相电源的星形连接

将三相绕组的三个末端 X、Y 和 Z 连接在一起后,与三个首端 A、B 和 C 一起向外引出四根供电线,如图 3.1.4 所示,或者只从三个首端向外引出三根供电线,这种连接方法称为三相电源的星形连接或 Y 形连接。就供电方式而言,前者称为三相四线制,后者称为三相三线制。

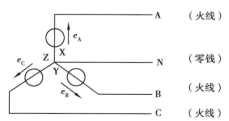

图 3.1.4　三相四线制供电

星形连接时,3 个绕组末端的连接点称为中性点,3 个首端 ABC 称为端点。由中性点引出的供电线称为中性线或零线,由端点 ABC 引出的三根供电线称为相线或端线,俗称火线。

采用三相四线制供电方式可以向用户提供两种电压:相电压和线电压。

相电压:相线(火线)与中线(零线)之间的电压。如图 3.1.5(a)所示,u_{AN}、u_{BN} 和 u_{CN} 均称为相电压(phase voltage)。

$$\begin{cases} u_{AN} = e_A \\ u_{BN} = e_B \\ u_{CN} = e_C \end{cases} \qquad (3.1.5)$$

59

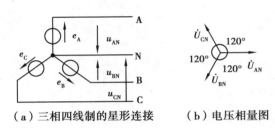

（a）三相四线制的星形连接　　（b）电压相量图

图3.1.5　三相电源的星形连接——相电压

由于三相电动势对称,三相绕组的内阻抗一般都很小,因而三个相电压也可以认为是对称的,其有效值用 U_P 表示,即 $U_{AN} = U_{BN} = U_{CN} = U_P$。以 $\dot{U}_{AN}$ 为参考相量,根据图3.1.5画出电压相量图,如图3.1.5(b)所示,可知

$$\begin{cases} \dot{U}_{AN} = U_P \angle 0° \\ \dot{U}_{BN} = U_P \angle -120° \\ \dot{U}_{CN} = U_P \angle +120° \end{cases} \tag{3.1.6}$$

线电压:相线(火线)与相线(火线)之间的电压。如图3.1.6(a)所示,u_{AB}、u_{BC} 和 u_{CA} 均称为线电压(line voltage)。

由图3.1.5(a)和图3.1.6(a)所示的线电压和相电压的参考方向,根据基尔霍夫电压定律,可以知道线电压与相电压之间的关系为

$$\begin{cases} \dot{U}_{AB} = \dot{U}_{AN} - \dot{U}_{BN} \\ \dot{U}_{BC} = \dot{U}_{BN} - \dot{U}_{CN} \\ \dot{U}_{CA} = \dot{U}_{CN} - \dot{U}_{AN} \end{cases} \tag{3.1.7}$$

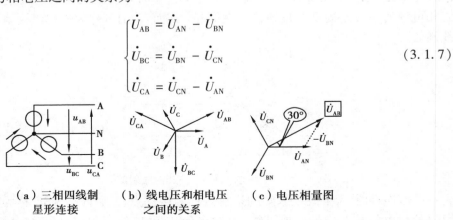

（a）三相四线制　　（b）线电压和相电压　　（c）电压相量图
　　星形连接　　　　　之间的关系

图3.1.6　三相电源的星形连接——线电压

如图3.1.6(b)所示,$\dot{U}_{AB}$ 线电压与之对应的相电压之间的关系可以表示为

$$\dot{U}_{AB} = \dot{U}_{AN} - \dot{U}_{BN} = \dot{U}_{AN} + (-\dot{U}_{BN}) \tag{3.1.8}$$

由此可以得到

$$\dot{U}_{AB} = \sqrt{3}\,\dot{U}_{AN} \angle 30° \tag{3.1.9}$$

同理可以得到

$$\begin{cases} \dot{U}_{BC} = \dot{U}_{BN} - \dot{U}_{CN} = \sqrt{3}\dot{U}_{BN} \angle 30° \\ \dot{U}_{CA} = \dot{U}_{CN} - \dot{U}_{AN} = \sqrt{3}\dot{U}_{CN} \angle 30° \end{cases} \qquad (3.1.10)$$

图 3.1.6(c) 所示是线电压的相量图, 可知线电压总是超前于对应的相电压 30°, 用公式可以表现为

$$\dot{U}_{L} = \sqrt{3}\dot{U}_{P} \angle 30° \qquad (3.1.11)$$

其中, $\dot{U}_{L}$ 是线电压, $\dot{U}_{P}$ 是相电压。

在日常生活与工农业生产中, 多数用户的电压等级为 $U_{P} = 220 \text{ V}$、$U_{L} = 380 \text{ V}$。

3.1.3　三相电源的三角形连接

将三相电源中每相绕组的首端依次与另一绕组的末端连接在一起, 形成闭合回路, 然后从 3 个连接点引出 3 根供电线(图 3.1.7), 这种连接方法称为三相电源的三角形连接或者△形连接。显然, 这种供电方式只能是三相三线制。

三相电源采用三角形连接时, 一个很重要的特点就是线电压就是对应的相电压, 即

$$\begin{cases} \dot{U}_{AB} = \dot{U}_{AX} \\ \dot{U}_{BC} = \dot{U}_{BY} \\ \dot{U}_{CA} = \dot{U}_{CZ} \end{cases} \qquad (3.1.12)$$

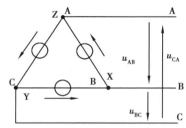
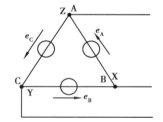

图 3.1.7　三相电源的三角形连接　　　　图 3.1.8　三相电源的三角形连接

由于在三角形连接的对称三相电源中, 线电压的有效值等于相电压的有效值, 因此可以得到

$$\dot{U}_{L} = \dot{U}_{P} \qquad (3.1.13)$$

【问题讨论】　如图 3.1.8 所示, 直流电源串接不行而三相交流电源可以, 为什么?

3.2　三相负载

负载是指连接在电路中电源两端的电子元件。只需要一相电源供电的负载叫单相负载, 如电灯、家用电器等。由三相电源同时供电的负载称为三相负载, 这类负载必须接在三相电源上才能工作, 如三相交流电动机、大功率三相电阻炉等。如果三相负载三个相的阻抗相等, 称

为对称三相负载;如果负载三个相的阻抗不相等,属于不对称三相负载。图 3.2.1 所示是三相电源供电给这两类负载的电路。

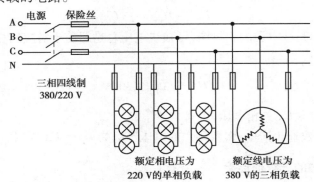

3-2 知识点

额定相电压为
220 V的单相负载

额定线电压为
380 V的三相负载

图 3.2.1　三相负载接线图

三相负载的基本连接方式也有星形连接和三角形连接两种。无论采用哪种连接方法,每相负载首末端之间的电压称为负载的相电压;两相负载首端之间的电压称为负载的线电压。每相负载中流过的电流称为负载的相电流,负载从供电线上取用的电流称为负载的线电流。

三相负载应该采用哪一种连接方式,要根据以下原则:

①电源提供的电压等于负载的额定电压。

②单相负载要尽可能均衡地分配到三相电源上。

3.2.1　三相负载的星形连接

图 3.2.2 是三相负载星形连接,它将三相负载的末端连接在一起,接到电源的中性线上,三相负载的三个首端分别接到电源的三根相线上。

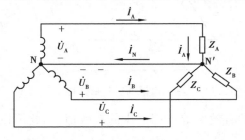

图 3.2.2　三相负载的星形连接

由图可知,三相负载星形连接的特点是:

①负载端的线电压等于电源的线电压;

②负载的相电压等于电源的相电压;

③线电流等于相电流;

④由基尔霍夫电流定律(KCL)可知中性线的电流为

$$\dot{I}_N = \dot{I}_A + \dot{I}_B + \dot{I}_C \qquad (3.2.1)$$

线电压的有效值与相电压有效值的关系为

$$U_L = \sqrt{3}\, U_P \qquad (3.2.2)$$

线电流的有效值与相电流的有效值的关系为

$$I_L = I_P \qquad (3.2.3)$$

三相负载是星形连接时,相电压与相电流的关系为

$$\begin{cases} \dot{I}_A = \dfrac{\dot{U}_A}{Z_A} \\[2mm] \dot{I}_B = \dfrac{\dot{U}_B}{Z_B} \\[2mm] \dot{I}_C = \dfrac{\dot{U}_C}{Z_C} \end{cases} \tag{3.2.4}$$

负载 Y 连接带中性线时,可将各相分别看作单相电路计算。

对于对称三相负载,因为三相电压对称,且 $Z_A = Z_B = Z_C$,由式(3.2.4)可知三相电流也对称。负载对称时,只需计算一相电流,其他两相电流可根据对称性直接写出。比如

$$\begin{cases} \dot{I}_A = 10 \angle 30° \ \text{A} \\[1mm] \dot{I}_B = 10 \angle -90° \ \text{A} \\[1mm] \dot{I}_C = 10 \angle +150° \ \text{A} \end{cases} \tag{3.2.5}$$

此时中性线电流为

$$\dot{I}_N = \dot{I}_A + \dot{I}_B + \dot{I}_C = 0 \tag{3.2.6}$$

负载对称时,中性线无电流,可省掉中性线。

【例 3.2.1】　一星形连接的三相电路如图 3.2.3 所示,电源电压对称。设电源线电压 $u_{AB} = 380\sqrt{2} \ \sin(314t+30°) \ \text{V}$。负载为电灯组,若 $R_A = R_B = R_C = 5 \ \Omega$,求线电流及中性线电流 I_N;若 $R_A = 5 \ \Omega$, $R_B = 10 \ \Omega$, $R_C = 20 \ \Omega$,求线电流及中性线电流 I_N。

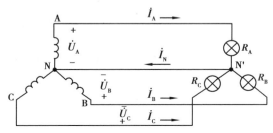

图 3.2.3　例 3.2.1 的电路

【解】　已知

$$\dot{U}_{AB} = 380 \angle 30° \ \text{V} \qquad\qquad \dot{U}_A = 220 \angle 0° \ \text{V}$$

线电流

$$\dot{I}_A = \frac{\dot{U}_A}{R_A} = \frac{220 \angle 0°}{5} \text{A} = 44 \angle 0° \ \text{A}$$

① 三相负载对称时

$$\dot{I}_B = 44 \angle -120° \text{A} \qquad\qquad \dot{I}_C = 44 \angle +120° \ \text{A}$$

中性线的电流为

$$\dot{I}_N = \dot{I}_A + \dot{I}_B + \dot{I}_C = 0$$

②三相负载不对称时

$$\dot{I}_B = \frac{\dot{U}_B}{R_B} = \frac{220\angle-120°}{10}\text{A} = 22\angle-120°\text{ A}$$

$$\dot{I}_C = \frac{\dot{U}_C}{R_C} = \frac{220\angle+120°}{20}\text{A} = 11\angle+120°\text{ A}$$

则中性线的电流为

$$\dot{I}_N = \dot{I}_A + \dot{I}_B + \dot{I}_C = 44\angle0°\text{A} + 22\angle-120°\text{A} + 11\angle+120°\text{ A}$$

$$= 29\angle-19°\text{ A}$$

【例 3.2.2】 求例 3.2.1 所示电路中性线断开时不对称负载的相电压及相电流。

【解】

$$\dot{U}_A = 220\angle0°\text{ V}$$

则节点电压为

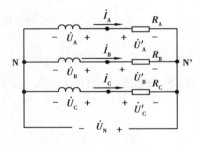

图 3.2.4 例 3.2.2 的电路

$$\dot{U}_N = \frac{\dfrac{\dot{U}_A}{R_A} + \dfrac{\dot{U}_B}{R_B} + \dfrac{\dot{U}_C}{R_C}}{\dfrac{1}{R_A} + \dfrac{1}{R_B} + \dfrac{1}{R_C}}$$

$$= \frac{\dfrac{220\angle0°}{5} + \dfrac{220\angle-120°}{10} + \dfrac{220\angle120°}{20}}{\dfrac{1}{R_A} + \dfrac{1}{R_B} + \dfrac{1}{R_C}}$$

$$= (78.6 - \text{j}27.2)\text{ V}$$

$$= 83.17\angle-19°\text{ V}$$

由图 3.2.4 可知

$$\dot{U}'_A = \dot{U}_A - \dot{U}_N = 144\angle11°\text{ V}$$

$$\dot{U}'_B = \dot{U}_B - \dot{U}_N = 249.4\angle-139°\text{ V}$$

$$\dot{U}'_C = \dot{U}_C - \dot{U}_N = 288\angle131°\text{ V}$$

$$\dot{I}_A = \frac{\dot{U}'_A}{R_A} = \frac{144\angle11°}{5}\text{ A} = 28.8\angle11°\text{ A}$$

$$\dot{I}_B = \frac{\dot{U}'_B}{R_B} = \frac{249.4\angle-139°}{10}\text{ A} = 24.94\angle-139°\text{ A}$$

$$\dot{I}_{\mathrm{C}} = \frac{\dot{U}'_{\mathrm{C}}}{R_{\mathrm{C}}} = \frac{288\angle 131°}{20}\mathrm{A} = 14.4\angle 131°\ \mathrm{A}$$

可见不对称三相负载做星形连接且无中性线时,三相负载的相电压不对称。

3.2.2　三相负载的三角形连接

图 3.2.5 所示为三相负载三角形连接的电路。三相负载的三角形连接就是将每相负载的首端都依次与另一相负载的末端连接在一起,形成闭合回路,然后将三个连接点分别接到三相电源的三根相线上。

三相负载三角形连接的电路中,流过每相负载的电流(相电流)是 $\dot{I}_{\mathrm{AB}}$、$\dot{I}_{\mathrm{BC}}$ 和 $\dot{I}_{\mathrm{CA}}$,流过端线的电流(线电流)是 $\dot{I}_{\mathrm{A}}$、$\dot{I}_{\mathrm{B}}$、$\dot{I}_{\mathrm{C}}$。

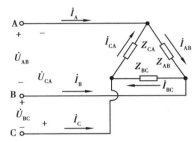

图 3.2.5　三相负载的三角形连接

由图可知,三相负载三角形连接的特点是:

①负载的相电压等于电源的线电压,即
$$U_{\mathrm{P}} = U_{\mathrm{L}}$$

②一般电源线电压对称,因此不论负载是否对称,负载相电压始终对称,即
$$U_{\mathrm{AB}} = U_{\mathrm{BC}} = U_{\mathrm{CA}} = U_{\mathrm{L}} = U_{\mathrm{P}} \tag{3.2.7}$$

③相电流:
$$\begin{cases} \dot{I}_{\mathrm{AB}} = \dfrac{\dot{U}_{\mathrm{AB}}}{\dot{Z}_{\mathrm{AB}}} \\[3mm] \dot{I}_{\mathrm{BC}} = \dfrac{\dot{U}_{\mathrm{BC}}}{\dot{Z}_{\mathrm{BC}}} \\[3mm] \dot{I}_{\mathrm{CA}} = \dfrac{\dot{U}_{\mathrm{CA}}}{\dot{Z}_{\mathrm{CA}}} \end{cases} \tag{3.2.8}$$

④线电流,由基尔霍夫电流定律可知:
$$\begin{cases} \dot{I}_{\mathrm{A}} = \dot{I}_{\mathrm{AB}} - \dot{I}_{\mathrm{CA}} \\ \dot{I}_{\mathrm{B}} = \dot{I}_{\mathrm{BC}} - \dot{I}_{\mathrm{AB}} \\ \dot{I}_{\mathrm{C}} = \dot{I}_{\mathrm{CA}} - \dot{I}_{\mathrm{BC}} \end{cases} \tag{3.2.9}$$

⑤负载对称时,相电流对称,即
$$I_{\mathrm{AB}} = I_{\mathrm{BC}} = I_{\mathrm{CA}} = I_{\mathrm{P}} = \frac{U_{\mathrm{P}}}{|Z|} \tag{3.2.10}$$

$$\varphi_{\mathrm{AB}} = \varphi_{\mathrm{BC}} = \varphi_{\mathrm{CA}} = \varphi = \arctan\frac{X}{R} \tag{3.2.11}$$

为此线电流也对称,即

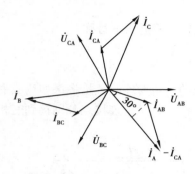

图 3.2.6　三相对称负载三角形连接时的相量图

$$I_A = I_B = I_C = I_L \qquad (3.2.12)$$

由相量图可求得

$$I_L = 2I_P \cos 30° = \sqrt{3}\,I_P \qquad (3.2.13)$$

线电流比相应的相电流滞后 30°。

结论:对称负载三角形连接时,线电流 $I_L = \sqrt{3}\,I_P$(相电流),且落后相应的相电流 30°。

【例 3.2.3】　有一电源为星形连接,而负载为三角形连接的对称三相电路,如图 3.2.6 所示。已知电源的相电压 $U_{PS} = 220$ V,负载每相阻抗模 $|Z| = 10$ Ω,求负载的相电流和线电流以及电源的线电流和相电流的有效值。

【解】　由于电源是星形连接,故电源的线电压为

$$U_{LS} = \sqrt{3}\,U_{PS} = 1.73 \times 220 \text{ V} = 380 \text{ V}$$

忽略供电线路的阻抗,则负载的线电压为

$$U_{LL} = U_{LS} = 380 \text{ V}$$

由于负载是三角形连接,故负载的相电压为

$$U_{PL} = U_{LL} = 380 \text{ V}$$

由公式(3.2.10)可得到负载的相电流为

$$I_{PL} = \frac{U_{PL}}{|Z|} = \frac{380}{10} \text{ A} = 38 \text{ A}$$

由于负载是三角形连接,由公式(3.2.13)知负载的线电流为

$$I_{LL} = \sqrt{3}\,I_{PL} = 1.73 \times 38 \text{ A} = 66 \text{ A}$$

由于电源只向一组三相负载供电,故电源的线电流为

$$I_{LS} = I_{LL} = 66 \text{ A}$$

由于电源是星形连接,故电源的相电流为

$$I_{PS} = I_{LS} = 66 \text{ A}$$

3.3　三相电路的功率

由交流电路的功率可以知道,有功功率代表电路消耗的功率,无功功率代表电路与电源之间往返交换的功率。因此,对三相电源和三相负载,无论负载是否对称,无论采用星形连接还是三角形连接,三相总有效功率应等于各相有功功率的算术和,总无功功率应等于各相无功功率的算术和。分别表示如下:

$$P = P_1 + P_2 + P_3 \qquad (3.3.1)$$

$$Q = Q_1 + Q_2 + Q_3 \qquad (3.3.2)$$

总视在功率为

$$S = \sqrt{P^2 + Q^2} \qquad (3.3.3)$$

无论负载为星形连接或三角形连接,当负载对称时,各相的有功功率、无功功率均相等,即

$$P_P = U_P I_P \cos \varphi_P$$

$$Q_P = U_P I_P \sin \varphi_P$$

从而得到总有功功率、无功功率和视在功率与相电压、相电流的关系为

$$P = 3 U_P I_P \cos \varphi_P$$

$$Q = 3 U_P I_P \sin \varphi_P$$

$$S = 3 U_P I_P \tag{3.3.4}$$

对称负载三角形连接时:

$$U_P = U_L , I_P = \frac{1}{\sqrt{3}} I_L$$

对称负载星形连接时:

$$U_P = \frac{1}{\sqrt{3}} U_L , I_P = I_L ;$$

代入公式(3.3.4)中,可得

$$P = \sqrt{3} U_L I_L \cos \varphi_P$$

$$Q = \sqrt{3} U_L I_L \sin \varphi_P \tag{3.3.5}$$

$$S = \sqrt{3} U_L I_L$$

【例 3.3.1】　有一三相电动机,每相的等效电阻 $R = 29\ \Omega$,等效感抗 $X_L = 21.8\ \Omega$,试求下列两种情况下电动机的相电流、线电流以及从电源输入的功率,并比较所得的结果。

①绕组连成星形,接于 $U_L = 380\ \text{V}$ 的三相电源上;

②绕组连成三角形,接于 $U_L = 220\ \text{V}$ 的三相电源上。

【解】　①
$$I_P = \frac{U_P}{|Z|} = \frac{220}{\sqrt{29^2 + 21.8^2}}\ \text{A} = 6.1\ \text{A}$$

$$P = \sqrt{3} U_L I_L \cos \varphi = \sqrt{3} \times 380 \times 6.1 \times \frac{29}{\sqrt{29^2 + 21.8^2}}\ \text{W}$$

$$= \sqrt{3} \times 380 \times 6.1 \times 0.8 = 3.2\ \text{kW}$$

②
$$I_P = \frac{U_P}{|Z|} = \frac{220}{\sqrt{29^2 + 21.8^2}}\ \text{A} = 6.1\ \text{A}$$

$$I_L = \sqrt{3} I_P = 10.5\ \text{A}$$

$$P = \sqrt{3} U_L I_L \cos \varphi = \sqrt{3} \times 220 \times 10.5 \times 0.8\ \text{W} = 3.2\ \text{kW}$$

比较①与②的结果:

有的电动机有两种额定电压,如 220/380 V。

当电源电压为 380 V 时,电动机的绕组应连接成星形;当电源电压为 220 V 时,电动机的绕组应连接成三角形。在三角形和星形两种连接法中,相电压、相电流以及功率都未改变,仅三角形连接情况下的线电流比星形连接情况下的线电流增大 $\sqrt{3}$ 倍。

【例 3.3.2】　线电压 U_l 为 380 V 的三相电源上,接有两组对称三相负载:一组是三角形连

接的电感性负载,每相阻抗 $Z_\triangle = 36.3 \angle 37° \ \Omega$;另一组是星形连接的电阻性负载,每相电阻 $R = 10 \ \Omega$,如图 3.3.1 所示。试求:

①各组负载的相电流;

②电路线电流;

③三相有功功率。

【解】 设 $\dot{U}_{AB} = 380 \angle 0° \ V$,则 $\dot{U}_A = 220 \angle -30° \ V$。

①各电阻负载的相电流:

由于三相负载对称,所以只需计算一相,其他两相可依据对称性写出。负载是三角形连接时,其相电流是

$$\dot{I}_{AB\triangle} = \frac{\dot{U}_{AB}}{Z_\triangle} = \frac{380 \angle 0°}{36.3 \angle 37°} \ A = 10.47 \angle -37° \ A$$

负载是星形连接时,其相电流是

$$\dot{I}_{AY} = \frac{\dot{U}_A}{R_Y} = 22 \angle -30° \ A$$

②电路线电流:

$$\dot{I}_{A\triangle} = 10.47\sqrt{3} \angle (-37° - 30°) = 18.13 \angle -67° \ A$$

$$\dot{I}_A = \dot{I}_{A\triangle} + \dot{I}_{AY} = 18.13 \angle -67° + 22 \angle -30° = 38 \angle -46.7° \ A$$

相电压与电流的相量图如图 3.3.2 所示。

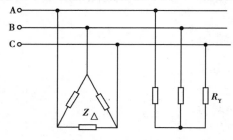

图 3.3.1 例 3.3.2 的电路

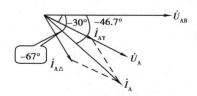

图 3.3.2 相电压与电流的相量图

③三相电路的有功功率:

$$P = P_\triangle + P_Y$$

$$= \sqrt{3} U_L I_L \cos \varphi_\triangle + \sqrt{3} U_L I_L \cos \varphi_Y$$

$$= \sqrt{3} \times 380 \times 18.13 \times 0.8 \ W + \sqrt{3} \times 380 \times 22 \ W$$

$$= 9\ 546 \ W + 14\ 480 \ W$$

$$\approx 2.4 \ kW$$

练习题

1. 已知星形联接的对称三相负载,每相阻抗为 $40\angle25°$ Ω;对称三相电源的线电压为 380 V。求负载相电流,并绘出电压、电流的相量图。

2. 某一对称三相负载,每相的电阻 $R=8$ Ω,$X_L=6$ Ω,连成三角形,接于线电压为 380 V 的电源上,试求其相电流和线电流的大小。

3. 现要做一个 15 kW 的电阻加热炉,用三角形接法,电源线电压为 380 V,问每相的电阻值为多少? 如果改用星形接法,每相电阻值又为多少?

4. 已知星形连接的对称三相负载,每相阻抗为 10 Ω;对称三相电源的线电压为 380 V。求负载相电流,并绘出电压、电流的相量图。

5. 对称星形连接的三相电路中,负载每相阻抗 $Z=(6+j8)\,$Ω,电源线电压有效值为 380 V,求三相负载的有功功率。

6. 星形连接的对称三相电路,已知 $\dot{I}_A=5\angle10°$A,$\dot{U}_{AB}=380\angle85°$V。求三相总功率 P。

7. 有一台三相交流电动机,定子绕组接成星形,接在线电压为 380 V 的电源上。已测得线电流 $I_L=6.6$ A,三相功率 $P=3.3$ kW,试计算电动机每相绕组的阻抗 Z 和参数 R、X_L。

3-3 习题 8 讲解

8. 已知电路如习题图 3.1 所示。电源电压 $U_L=380$ V,每相负载的阻抗为 $R=X_L=X_C=10$ Ω。

(1)该三相负载能否称为对称负载? 为什么?

(2)计算中线电流和各相电流。

(3)求三相总功率。

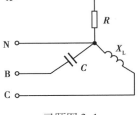

习题图 3.1

9. 一台三相交流电动机,定子绕组星形连接于 $U_L=380$ V 的对称三相电源上,其线电流 $I_L=2.2$ A,$\cos\varphi=0.8$,试求每相绕组的阻抗 Z。

10. 已知对称三相交流电路,每相负载的电阻为 $R=8$ Ω,感抗为 $X_L=6$ Ω。

(1)设电源电压为 $U_L=380$ V,求负载星形连接时的相电流、相电压和线电流,并画相量图;

(2)设电源电压为 $U_L=220$ V,求负载三角形连接时的相电流、相电压和线电流,并画相量图。

11. 三相对称负载三角形连接,其线电流 $I_L=5.5$ A,有功功率 $P=7\ 760$ W,功率因数 $\cos\varphi=0.8$,求电源的线电压 U_L、电路的无功功率 Q 和每相阻抗 Z。

3-4 习题 11 讲解

12. 对称三相负载星形连接,已知每相阻抗为 $Z=31+j22$ Ω,电源线电压为 380 V,求三相交流电路的有功功率、无功功率、视在功率和功率因数。

13. 对称三相电源,线电压 $U_L=380$ V,对称三相感性负载作三角形连接。若测得线电流 $I_L=17.3$ A,三相功率 $P=9.12$ kW,求每相负载的电阻和感抗。

14. 三相异步电动机的三个阻抗相同的绕组连接成三角形,接于线电压 $U_L=380$ V 的对称三相电源上。若每相阻抗 $Z=8+j6$ Ω,试求此电动机工作时的相电流 I_P、线电流 I_L 和三相电路有功功率。

第 **4** 章
变压器

变压器是一种静止的电气设备,它利用电磁感应原理将一种电压等级的交流电能转变成另一种电压等级的交流电能。学习变压器不仅要理解磁场的基本物理量的意义,了解磁性材料的基本知识及磁路的基本定律,会分析计算交流铁芯线圈电路,还要了解变压器的基本结构、工作原理、运行特性和绕组的同极性端,理解变压器额定值的意义;掌握变压器电压、电流和阻抗变换作用;了解三相电压的变换方法和原、副绕组常用的连接方式,为今后学习自动控制电器打下基础。

4.1 磁路及其分析方法

4.1.1 磁场的基本物理量

磁场是电流、运动电荷、磁体或变化电场周围空间存在的一种特殊形态的物质。由于磁体的磁性来源于电流,电流是电荷的运动,故概括地说,磁场是由运动电荷或变化电场产生的。磁场的情况可形象地用磁感线来描述。磁感线(Magnetic Induction Line)是在磁场中画一些曲线(用虚线或实线表示),使曲线上任何一点的切线方向都跟这一点的磁场方向相同(且磁感线互不交叉)。磁感线是闭合曲线。规定小磁针的北极所指的方向为磁感线的方向。磁铁周围的磁感线都是从 N 极出来进入 S 极,在磁体内部磁感线从 S 极到 N 极。

在对磁场进行分析和计算时常用到的基本物理量有:磁感应强度、磁通、磁场强度、磁导率等。

（1）**磁感应强度**

磁感应强度:表示磁场内某点磁场强弱和方向的物理量。它是一个矢量,用 B 表示。

磁感应强度的方向:电流产生的磁场,B 的方向用右手螺旋定则确定;永久磁铁磁场,在磁铁外部,B 的方向是由 N 极到 S 极。

磁感应强度的大小:用该点磁场作用于 1 m 长,通有 1 A 电流且垂直于该磁场的导体上的力 F 来衡量,即

$$B = F/(lI) \tag{4.1.1}$$

磁感应强度的单位：

国际单位制为特［斯拉］（T）。

［T］＝Wb/m²（韦伯/米²）

均匀磁场：各点磁感应强度大小相等，方向相同的磁场，也称匀强磁场。

（2）磁通

磁感应强度 B 与垂直于该磁场方向的面积 S 的乘积，称为通过该面积的磁通，用 Φ 表示，即

$$\Phi = BS \qquad 或 \quad B = \Phi/S \tag{4.1.2}$$

由公式（4.1.2）可知，磁感应强度在数值上可以看成与磁场方向垂直的单位面积所通过的磁通，故又称磁通密度，简称磁密。

磁通的单位：

国际单位制为韦［伯］（Wb）。

［Wb］＝伏·秒

（3）磁场强度

磁场强度 H 是计算磁场时所引用的一个物理量，是一个矢量。

单位：

国际单位制为安每米（A/m）。

磁场强度方向与产生磁场的电流方向之间符合右手螺旋定则。

借助磁场强度建立了磁场与产生该磁场的电流之间的关系。

（4）磁导率

磁导率是表示磁场媒质磁性的物理量，是衡量物质的导磁能力，用符号 μ 表示。μ、B、H 的关系为

$$\mu = \frac{B}{H} \tag{4.1.3}$$

磁导率的单位为亨/米（H/m）

真空的磁导率为常数，用 μ_0 表示，有

$$\mu_0 = 4\pi \times 10^{-7} \text{ H/m} \tag{4.1.4}$$

相对磁导率：任一种物质的磁导率 μ 和真空的磁导率 μ_0 的比值，用 μ_r 表示，

$$\mu_r = \frac{\mu}{\mu_0} \tag{4.1.5}$$

由公式（4.1.3）和公式（4.1.5）可知

$$\mu_r = \frac{\mu H}{\mu_0 H} = \frac{B}{B_0} \tag{4.1.6}$$

可见，相对磁导率也就是当磁场媒质是某种物质时某点的磁感应强度与在同样电流值下真空时该点的磁感应强度之比值。

4.1.2　磁性材料的磁性能

在物质的分子中，由于电子环绕原子核运动和本身自转运动而形成分子电流，相应产生分子电流磁场。由于不同物质的分子电流磁场的属性不同，使物质呈现为磁性物质和非磁性物质。

磁性材料主要指铁、镍、钴及其合金等。在此主要介绍其磁性能。

磁性物质内部形成许多小区域,其分子间存在的一种特殊的作用力使每一区域内的分子磁场排列整齐,显示磁性,称这些小区域为磁畴,如图4.1.1(a)所示。

在没有外磁场作用的普通磁性物质中,各个磁畴排列杂乱无章,磁场互相抵消,整体对外不显磁性。

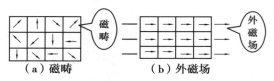

图 4.1.1　磁畴及外磁场

在外磁场如图4.1.1(b)所示的作用下,磁畴方向发生变化,使之与外磁场方向趋于一致,物质整体显示出磁性来,称为磁化。即磁性物质能被磁化。

非磁性物质没有磁畴结构,不具有磁化特性。

（1）**高导磁性**

磁性材料的 $\mu_r \gg 1$,可达数百、数千乃至数万之值。磁性材料能被强烈磁化,具有很高的导磁性能。磁性材料在外磁场作用下,磁畴转向与外磁场相同的方向,产生一个很强的与外磁场同方向的磁化磁场,磁性物质内的磁感应强度大大增加,即磁性物质被强烈磁化。磁力线集中于磁性物质中通过。

磁性物质的高导磁性被广泛地应用于电工设备中,如电机、变压器及各种铁磁元件的线圈中都放有铁芯,可实现用小的励磁电流产生较大的磁通和磁感应强度。

（2）**磁饱和性**

磁性物质由于磁化所产生的磁化磁场不会随着外磁场的增强而无限增强。当外磁场增大到一定程度时,磁性物质全部磁畴的磁场方向都转向与外部磁场方向一致,磁化磁场的磁感应强度达到饱和值,如图4.1.2所示。

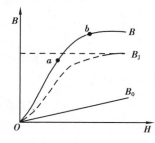

图 4.1.2　磁场的磁化曲线

B_J:磁场内磁性物质的磁化磁场的磁感应强度曲线;

B_0:磁场内不存在磁性物质时的磁感应强度直线;

B:为 B_J 曲线和 B_0 直线的纵坐标相加,即磁场的 $B—H$ 磁化曲线。

$B—H$ 磁化曲线的特征:

oa 段:B 与 H 几乎成正比地增加;

ab 段:B 的增加缓慢下来;

b 点以后:B 增加很少,达到饱和。

有磁性物质存在时,B 与 H 不成正比,磁性物质的磁导率 μ 不是常数,随 H 而变,如图4.1.3所示。

有磁性物质存在时,Φ 与 I 不成正比。

磁性物质的磁化曲线在磁路计算上极为重要,其为非线性曲线,实际中可通过实验得出。

（3）**磁滞性**

当铁芯线圈中通有交变电流(大小和方向都变化)时,铁芯受到交变磁化。在电流变化一次时,磁感应强度 B 随磁场强度 H 而变化,如图4.1.4所示。

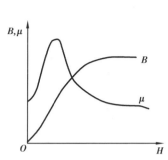

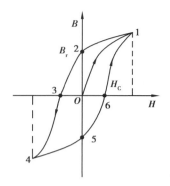

图 4.1.3　有磁性物质存在时,μ 随 H 的变化曲线　　　　图 4.1.4　磁滞回线

磁滞性:磁性物质中,当 H 已减到零时而 B 并未回到零,这种磁感应强度滞后于磁场强度变化的性质称为磁性物质的磁滞性。

磁滞回线:在铁芯反复交变磁化的情况下,表示 B 与 H 变化关系的闭合曲线(如图 4.1.4 所示 1-2-3-4-5-6-1)称为磁滞回线。

剩磁感应强度(剩磁):当线圈中电流减到零值(即 $H=0$)时,铁芯在磁化时所获得的磁性还未完全消失。这时铁芯中保留的磁感应强度称为剩磁感应强度 B_r(剩磁)。

矫顽磁力:如果要使铁芯的剩磁消失,通常改变线圈中的励磁电流方向,也就是改变磁场强度 H 的方向来进行反向磁化。使 $B=0$ 的 H 值称为矫顽磁力 H_C。

磁性物质不同,其磁滞回线和磁化曲线也不同,如图 4.1.5 所示。

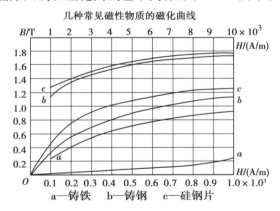

图 4.1.5　磁化曲线

4.1.3　磁性物质的分类

按磁性物质的磁性能,磁性材料分为三种类型:

(1)**软磁材料**

软磁材料具有较小的矫顽磁力,磁滞回线较窄,一般用来制造电机、电器及变压器等的铁芯。常用的有铸铁、硅钢、坡莫合金即铁氧体等。

(2)**永磁材料**

永磁材料具有较大的矫顽磁力,磁滞回线较宽,一般用来制造永久磁铁。常用的有碳钢及铁镍铝钴合金等。

（3）**矩磁材料**

矩磁材料具有较小的矫顽磁力和较大的剩磁，磁滞回线接近矩形，稳定性良好。在计算机和控制系统中用作记忆元件、开关元件和逻辑元件。常用的有镁锰铁氧体等。

4.1.4　磁路的分析方法

磁路的欧姆定律是分析磁路的基本定律。现以图4.1.6所示的磁路来介绍定律的内容。

假设环形线圈如图，其中媒质是均匀的，磁导率为 μ，试计算线圈内部的磁通 Φ。

在物理学中已学过全电流定律（law of total current），其内容是：在磁路中，沿任一闭合路径，磁场强度的线积分等于与该闭合路径交链的电流的代数和，用公式表示为

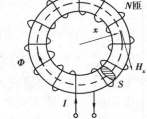

图4.1.6　磁路欧姆定律

$$\oint H \mathrm{d}l = \sum I \qquad (4.1.7)$$

设磁路的平均长度为 l，则有

$$NI = Hl = \frac{B}{\mu}l = \frac{\Phi}{\mu S}l \qquad (4.1.8)$$

即

$$\Phi = \frac{NI}{\dfrac{l}{\mu S}} = \frac{F}{R_{\mathrm{m}}} \qquad (4.1.9)$$

式中，$F = NI$ 为磁通势，由其产生磁通；R_{m} 称为磁阻，表示磁路对磁通的阻碍作用；l 为磁路的平均长度；S 为磁路的截面积。

若某磁路的磁通为 Φ，磁通势为 F，磁阻为 R_{m}，则

$$\Phi = \frac{F}{R_{\mathrm{m}}} \qquad (4.1.10)$$

此即磁路的欧姆定律。

将磁路和电路进行比较，可以得到表4.1.1。

表4.1.1　磁路与电路比较

磁　路	电　路
磁通势 F	电动势 E
磁通 Φ	电流 I
磁阻 $R_{\mathrm{m}} = \dfrac{l}{\mu S}$	电阻 $R = \dfrac{l}{rS}$
$\Phi = \dfrac{F}{R_{\mathrm{m}}} = \dfrac{NI}{\dfrac{l}{\mu S}}$	$I = \dfrac{E}{R} = \dfrac{E}{\dfrac{l}{rS}}$

（1）磁路分析的特点

①在处理电路时不涉及电场问题，在处理磁路时离不开磁场的概念。

②在处理电路时一般可以不考虑漏电流，在处理磁路时一般都要考虑漏磁通。

③磁路欧姆定律和电路欧姆定律只是在形式上相似。由于 μ 不是常数，其随励磁电流而变，磁路欧姆定律不能直接用来计算，它只能用于定性分析。

④在电路中，当 $E=0$ 时，$I=0$；在磁路中，由于有剩磁，当 $F=0$ 时，Φ 不为零。

⑤磁路的基本物理量单位较复杂，学习时应注意。

（2）磁路的分析计算

1）主要任务

预先选定磁性材料中的磁通 Φ（或磁感应强度），按照所定的磁通、磁路各段的尺寸和材料，求产生预定的磁通所需要的磁通势 $F=NI$，确定线圈匝数和励磁电流。

2）基本公式

设磁路由不同材料或不同长度和截面积的 n 段组成，则基本公式为

$$NI = H_1 l_1 + H_2 l_2 + \cdots + H_n l_n \tag{4.1.11}$$

即

$$NI = \sum_{i=1}^{n} H_i l_i \tag{4.1.12}$$

3）基本步骤（由磁通 Φ 求磁通势 $F=NI$）

①求各段磁感应强度 B_i，各段磁路截面积不同，通过同一磁通 Φ，故有

$$B_1 = \frac{\Phi}{S_1}, B_2 = \frac{\Phi}{S_2}, \cdots, B_n = \frac{\Phi}{S_n} \tag{4.1.13}$$

②求各段磁场强度 H_i。

根据各段磁路材料的磁化曲线 $B_i = f(H_i)$，求 $B_1, B_2, \cdots\cdots$ 相对应的 $H_1, H_2, \cdots\cdots$

③计算各段磁路的磁压降（$H_i l_i$）

④根据下式求出磁通势（NI）

$$NI = \sum_{i=1}^{n} H_i l_i$$

【例 4.1.1】 一个具有闭合均匀的铁芯线圈，其匝数为 300，铁芯中的磁感应强度为 0.9 T，磁路的平均长度为 45 cm。试求：①铁芯材料为铸铁时线圈中的电流；②铁芯材料为硅钢片时线圈中的电流。

【解】 ①用铸铁材料，$B=0.9$ T 时。据磁化曲线，查出磁场强度 $H=9\,000$ A/m，则

$$I = \frac{Hl}{N} = \frac{9\,000 \times 0.45}{300} = 13.5 \text{ A}$$

②用硅钢片材料，$B=0.9$ T 时，据磁化曲线，查出磁场强度 $H=260$ A/m，则

$$I = \frac{Hl}{N} = \frac{260 \times 0.45}{300} = 0.39 \text{ A}$$

分析本例：

①由于所用铁芯材料的不同，要得到同样的磁感应强度，则所需要的磁通势或励磁电流的大小相差较大。因此，采用磁导率高的铁芯材料，可使线圈的用铜量大为降低。

②在上面两种情况下,如线圈中通有同样大小的电流 0.39 A,则铁芯中的磁场强度是相等的,都是 260 A/m。

从磁化曲线可查出,铸铁时 $B=0.05$ T,硅钢片时 $B=0.9$ T,两者相差 17 倍,磁通也相差 17 倍。如要得到相同的磁通,则铸铁铁芯的截面积必须增加 17 倍,因此,采用磁导率高的铁芯材料,可使铁芯的用铁量大为降低。

4.2　电磁铁

电磁铁是利用通电的铁芯线圈吸引衔铁或保持某种机械零件、工件于固定位置的一种电气设备。当电源断开时,电磁铁的磁性消失,衔铁或其他零件即被释放。电磁铁衔铁的动作可使其他机械装置发生联动。

电磁铁根据使用电源的类型分为直流电磁铁和交流电磁铁。直流电磁铁主要用直流电源励磁,交流电磁铁主要用交流电源励磁。

电磁铁由线圈、铁芯及衔铁三部分组成,常见的结构形式如图 4.2.1 所示。

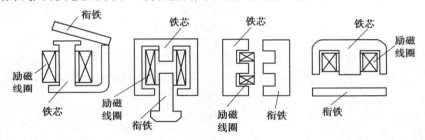

图 4.2.1　电磁铁常见的结构形式

4.2.1　直流电磁铁

(1)结构特点

一般为加工方便,套有线圈部分的铁芯常做成圆柱形,线圈绕成圆筒形,材料都是用整块的铸钢、软钢或工程纯铁等制成。

(2)直流铁芯线圈电路

图 4.2.2 是直流电磁铁的原理图。直流电磁铁电路是一个直流铁芯线圈电路。

1)电磁关系

工作时,励磁线圈加上直流电压,直流电流通过励磁线圈产生不随时间变化的恒定磁通,不会在线圈中产生感应电动势。

2)电压电流关系

线圈的电感在直流电路中相当于短路,线圈的电流 I 只与线圈电压 U 和电阻 R 有关,即

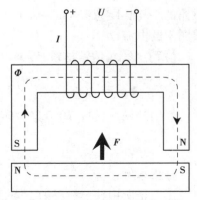

图 4.2.2　直流电磁铁

$$I = \frac{U}{R} \tag{4.2.1}$$

3）功率损耗

电路消耗的功率也只有线圈电阻消耗的功率，即

$$P = UI = RI^2 = \left| \frac{U^2}{R} \right| \tag{4.2.2}$$

（3）电磁吸力

电磁铁吸力的大小与气隙的截面积 S_0 及气隙中的磁感应强度 B_0 的平方成正比。基本公式为

$$F = \frac{10^7}{8\pi} B_0^2 S_0 \tag{4.2.3}$$

式中，B_0 的单位是特［斯拉］；S_0 的单位是平方米；F 的单位是牛［顿］（N）。

线圈通电后，产生主磁通 Φ。Φ 越大，则 B_0 越大，电磁吸力越大。直流电磁铁在衔铁吸合前和吸合后，电磁吸力的大小是不同的。若不考虑衔铁吸合瞬间的过渡过程，由公式（4.2.1）可知，吸合前后 I 不会发生变化，因而磁路的磁通势也不会变化。但是在吸合前，空气隙存在；吸合后，空气隙消失。因而吸合后的电磁吸力比吸合前大得多。

4.2.2　交流电磁铁

（1）结构特点

交流电磁铁中，为了减少铁损，铁芯由钢片叠成；直流电磁铁的磁通不变，无铁损，铁芯用整块软钢制成。

交流电磁铁的吸力在零与最大值之间脉动。衔铁以两倍电源频率在颤动，引起噪声，同时触点容易损坏。为了消除这种现象，在磁极的部分端面上套一个分磁环（或称短路环）。工作时，在分磁环中产生感应电流，其阻碍磁通的变化，在磁极端面两部分中的磁通 Φ_1 和 Φ_2 之间产生相位差，相应两部分的吸力不同时为零，实现消除振动和噪声，如图 4.2.3 所示。

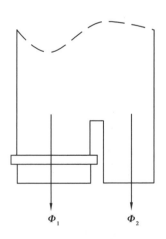

图 4.2.3　短路环

（2）交流铁芯线圈电路

1）电磁关系

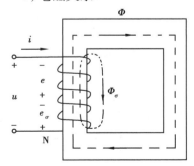

图 4.2.4　交流电磁铁

通过铁芯闭合的磁通是主磁通 Φ，Φ 与 i 不是线性关系。经过空气或其他非导磁媒质闭合的磁通是漏磁通 Φ_σ，可知

$$\begin{cases} u \rightarrow i(Ni) \\ e = -N \dfrac{\mathrm{d}\Phi}{\mathrm{d}t} \end{cases} \tag{4.2.4}$$

$$e_\sigma = -N \frac{\mathrm{d}\Phi_\sigma}{\mathrm{d}t} = -L_\sigma \frac{\mathrm{d}i}{\mathrm{d}t} \tag{4.2.5}$$

其中，$\Phi_\sigma \propto i$，铁芯线圈的漏磁电感 $L_\sigma \dfrac{N\Phi_\sigma}{i} =$ 常数。

77

2）电压电流关系

根据 KVL

$$u = Ri - e_\sigma - e = Ri + L_\sigma \frac{\mathrm{d}i}{\mathrm{d}t} + (-e) \qquad (4.2.6)$$

式中，R 是线圈导线的电阻，L_σ 是漏磁电感。

当 u 是正弦电压时，其他电压、电流、电动势可视作正弦量，则电压、电流关系的相量式为

$$\dot{U} = R\dot{I} + (-\dot{E}_\sigma) + (-\dot{E}) = R\dot{I} + \mathrm{j}X_\sigma\dot{I} + (-\dot{E}) \dot{U} = R\dot{I} + \mathrm{j}X_\sigma\dot{I} + (-\dot{E}) \qquad (4.2.7)$$

设主磁通 $\Phi = \Phi_\mathrm{m}\sin \omega t$，

$$e = -N\frac{\mathrm{d}\Phi}{\mathrm{d}t} = -N\frac{\mathrm{d}}{\mathrm{d}t}(\Phi_\mathrm{m}\sin \omega t)$$

$$= -N\omega\Phi_\mathrm{m}\cos \omega t = 2\pi fN\Phi_\mathrm{m}\sin(\omega t - 90°)$$

$$= E_\mathrm{m}\sin(\omega t - 90°)$$

可见，e 在相位上滞后于 Φ 90°，它的有效值为

$$E = \frac{E_\mathrm{m}}{\sqrt{2}} = \frac{2\pi fN\Phi_\mathrm{m}}{\sqrt{2}} = 4.44fN\Phi_\mathrm{m} \qquad (4.2.8)$$

由于线圈电阻 R 和感抗 X_σ（或漏磁通 Φ_σ）较小，其电压降也较小，与主磁电动势 E 相比可忽略，故有

$$\dot{U} \approx -\dot{E} \qquad (4.2.9)$$

$$U \approx E = 4.44fN\Phi_\mathrm{m} = 4.44fNB_\mathrm{m}S \qquad (4.2.10)$$

式中，B_m 是铁芯中磁感应强度的最大值，单位为 T；S 是铁芯截面积，单位为 m^2。

3）功率损耗

交流铁芯线圈的功率损耗主要有铜损和铁损两种。

铜损（P_Cu）：在交流铁芯线圈中，线圈电阻 R 上的功率损耗称铜损，用公式表示为

$$P_\mathrm{Cu} = RI^2$$

其中，R 是线圈的电阻；I 是线圈中电流的有效值。

铁损（P_Fe）：在交流铁芯线圈中，处于交变磁通下的铁芯内的功率损耗称铁损。它与铁芯内磁感应强度的最大值 B_m 的平方成正比。

铁损由磁滞和涡流产生。

①磁滞损耗（P_h）：由磁滞所产生的能量损耗称为磁滞损耗。

磁滞损耗的大小是单位体积内的磁滞损耗正比于磁滞回线的面积和磁场交变的频率 f。磁滞损耗转化为热能，引起铁芯发热。

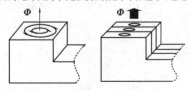

图 4.2.5 涡流损耗

减少磁滞损耗的措施：选用磁滞回线狭小的磁性材料制作铁芯。变压器和电机中使用的硅钢等材料的磁滞损耗较低。设计时，应适当选择值以减小铁芯饱和程度。

②涡流损耗（P_e）。

涡流：交变磁通在铁芯内产生感应电动势和电流，称为涡流，如图 4.2.5 所示。涡流在垂直于磁通的平面内环流。

涡流损耗:由涡流所产生的功率损耗。

涡流损耗转化为热能,引起铁芯发热。

减少涡流损耗措施:提高铁芯的电阻率(通常由于硅钢片)。铁芯用彼此绝缘的钢片叠成,把涡流限制在较小的截面内。

铁芯线圈交流电路的有功功率为

$$P = UI\cos\varphi = RI^2 + P_{Fe} \tag{4.2.11}$$

（3）电磁吸力

在交流电磁铁中,由于磁通是交变的,因此电磁吸力的大小是随时间变化的,其瞬时值 f,如图 4.2.6 所示。交流电磁铁电磁吸力的大小通常用平均吸力来衡量。由于衔铁在吸合前和吸合后,线圈电压的大小和频率没有发生变化,因此主磁通的最大值基本不变。因此电磁吸力的最大值和平均值也基本不变。由于衔铁吸合前磁阻大,吸合后磁阻小,因此,吸合前的磁通势要比吸合后的磁通势要大,也就是说励磁电流在衔铁吸合前大,吸合后小。一般来说,交流电磁铁的起动机(衔铁吸合前的电流)比工作电流(衔铁吸合后的电流)大几倍到几十倍。所以,在衔铁频繁开、合的情况下,交流电磁铁励磁线圈中的冲击电流很大,励磁线圈很容易因为过热而损坏。因此,交流电磁铁以及由它组成的继电器、接触器等每小时允许的操作次数在产品目录中有明确的规定,选用时必须注意。

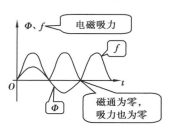

图 4.2.6 交流电磁铁的吸力

【例 4.2.1】 一铁芯线圈,加上 12 V 直流电压时,电流为 1 A;加上 110 V 交流电压时,电流为 2 A,消耗的功率为 88 W。求后一种情况下线圈的铜损耗、铁损耗和功率因数。

【解】 由直流电压和电流求得线圈的电阻为

$$R = \frac{U}{I} = \frac{12}{1}\,\Omega = 12\,\Omega$$

由交流电流求得线圈的铜损耗为

$$P_{Cu} = RI^2 = 12 \times 2^2\,W = 48\,W$$

由有功功率和铜损耗求得线圈的铁损耗为

$$P_{Fe} = P - P_{Cu} = (88 - 48)\,W = 40\,W$$

功率因数为

$$\lambda = \cos\varphi = \frac{P}{UI} = \frac{88}{110 \times 2} = 0.4$$

4.3 变压器的基本结构

4-1 变压器基本结构

4.3.1 主要部件

（1）铁芯

铁芯是变压器最基本的组成部件之一,是变压器的磁路部分,变压器的一、二次绕组都在铁芯上。为提高磁路导磁系数和降低铁芯内涡流损耗,铁芯通常用厚 0.35 mm、表面绝缘的硅钢片制成。铁芯分铁芯柱和铁轭两部分,铁芯柱上套绕组,铁轭将铁芯连接起来,使之形成闭合磁路。为防止运行中变压器铁芯、夹件、压圈等金属部件感应悬浮电位过高而造成放电,这些部件均需单点接地。为了方便试验和故障查找,大型变压器一般将铁芯和夹件分别通过两个套管引出接地。

（2）绕组

绕组也是变压器最基本的部件之一。它是变压器的电路部分,一般用绝缘纸包裹的铜线或者铝线绕成。接到高压电网的绕组为高压绕组,接到低压电网的绕组为低压绕组。大型电力变压器采用同心式绕组。它是将高、低压绕组同心地套在铁芯柱上。通常低压绕组靠近铁芯,高压绕组在外侧。这主要是从绝缘要求容易满足和便于引出高压分接开关来考虑的。变压器高压绕组常采用连续式结构,绕组的盘(饼)和盘(饼)之间有横向油道,起绝缘、冷却、散热作用。

4.3.2 常用变压器的分类

（1）按相数分

变压器按相数分为单相变压器和三相变压器。单相变压器主要用于单相负荷和三相变压器组。三相变压器主要用于三相系统的升、降电压。

（2）按冷却方式分

变压器按冷却方式可分为干式变压器和油浸式变压器。干式变压器如图 4.3.1(a)所示,主要依靠空气对流进行冷却。油浸式变压器如图 4.3.1(b)所示,主要依靠油作冷却介质,如油浸自冷、油浸风冷、油浸水冷、强迫油循环风冷等。

（a）树脂浇注干式变压器　　　　（b）三相油浸配电变压

图 4.3.1　按照冷却方式分类的变压器

（3）按结构分

芯式变压器:绕组包围铁芯,如图 4.3.2(a)所示。此类变压器用铁量较少,结构简单,绕组的安装和绝缘比较容易,多用于容量较大的变压器中。

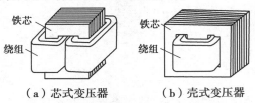

（a）芯式变压器　　　　（b）壳式变压器

图 4.3.2　按照结构分类的变压器

壳式变压器:铁芯包围绕组,如图 4.3.2(b)所示。此类变压器用铜量较少,多用于小容量变压器中。

(4)按用途分

电力变压器:用于输配电系统的升、降电压。

仪用变压器:如电压互感器、电流互感器,用于测量仪表和继电保护装置。

试验变压器:能产生所需电压,对电气设备进行试验,如图 4.3.3 所示。

特种变压器:如电炉变压器、整流变压器、调整变压器等。

(5)按绕组形式分

双绕组变压器:用于连接电力系统中的两个电压等级。

三绕组变压器:一般用于电力系统区域变电站中,连接三个电压等级。

图 4.3.3 试验变压器

自耦变电压器:用于连接不同电压的电力系统,也可作为普通的升压或降后变压器用。

4.4 变压器的工作原理

变压器是一种常见的电气设备,在电力系统和电子线路中应用广泛。变压器的主要功能有:在电力系统中主要起变电压的作用,在电流互感器中主要起变电流的作用,在电子线路的匹配中主要起变阻抗的作用。

在能量传输过程中,当输送功率 $P = UI\cos\varphi$ 及负载功率因数 $\cos\varphi$ 一定时,电压增大,电流减小,由 $\Delta P = I_2 R$ 可知电能损耗小,电流减小还可使得输电线的截面积减小,节省金属材料。

图 4.4.1 是具有两个线圈的单相变压器(single-phase transformer)的结构图。整个变压器由绕组(原绕组和副绕组)和铁芯所组成。原绕组也叫初级绕组或一次绕组,是接电源的绕组;副绕组也叫次级绕组或二次绕组,是接负载的绕组,它们的作用是构成了电路。铁芯是由厚为 0.35 mm 或 0.5 mm 的高导磁硅钢片叠成,主要作用是形成磁路。原、副绕组互不相连,能量的传递靠磁耦合进行。

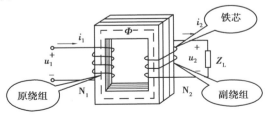

图 4.4.1 单相变压器结构图

4.4.1　电磁关系

（1）空载运行情况

图 4.4.2 是变压器空载运行时的电路图。此时，变压器的一次绕组接交流电源，二次绕组是开路。当一次绕组两端加上交流电压 u_1 时，绕组中通过交流电流 i_0，在铁芯中产生既与一次绕组交链、又与二次绕组交链的主磁通 Φ，还会产生少量仅与一次绕组交链的、经空气等非磁性物质闭合的一次绕组漏磁通 $\Phi_{\sigma1}$。主磁通在一次绕组中产生感应电动势 e_1，可表示为

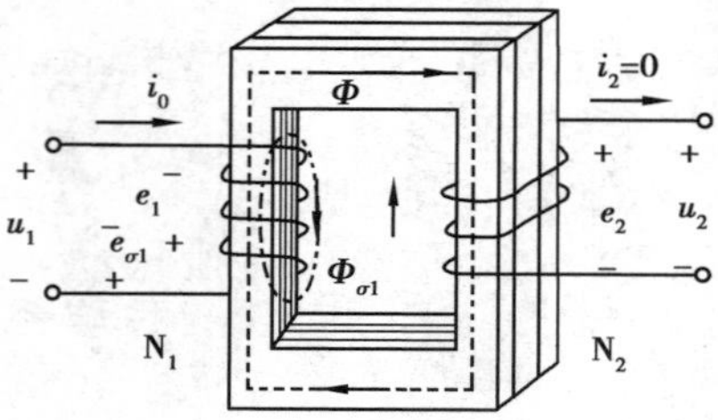

$$e_1 = -N_1 \frac{\mathrm{d}\Phi}{\mathrm{d}t} \qquad (4.4.1)$$

主磁通 Φ 除了在一次绕组中产生 e_1 外，还会在二次绕组中产生感应电动势 e_2。由于二次绕组是开路，因此不会产生感应电流，则

$$e_2 = -N_2 \frac{\mathrm{d}\Phi}{\mathrm{d}t} \qquad (4.4.2)$$

图 4.4.2　空载运行时的电路图

漏磁通 $\Phi_{\sigma1}$ 在一次绕组中产生感应电动势 $e_{\sigma1}$，表示为

$$e_{\sigma1} = -L_{\sigma1} \frac{\mathrm{d}i_0}{\mathrm{d}t} \qquad (4.4.3)$$

空载时，铁芯中主磁通 Φ 是由一次绕组磁通势产生的。

（2）带负载运行情况

图 4.4.3 是变压器带负载运行时的电路图。此时，变压器的一次绕组接交流电源，二次绕组接负载。当一次绕组两端加上交流电压 u_1 时，绕组中通过交流电流 i_1，在铁芯中产生既与一次绕组交链、又与二次绕组交链的主磁通 Φ，还会产生少量与一次绕组交链的、经空气等非磁性物质闭合的一次绕组漏磁通 $\Phi_{\sigma1}$ 和少量与二次绕组交链的、经空气等非磁性物质闭合的二次绕组漏磁通 $\Phi_{\sigma2}$。主磁通在一次绕组中产生感应电动势 e_1，公式同（4.4.1）。

主磁通 Φ 除了在一次绕组中产生 e_1 外，还会在二次绕组中产生感应电动势 e_2，公式同（4.4.2）。由于二次绕组接负载，因此产生感应电流 i_2。

漏磁通 $\Phi_{\sigma1}$ 在一次绕组中产生感应电动势 $e_{\sigma1}$，表示同公式（4.4.3）。

漏磁通 $\Phi_{\sigma2}$ 在一次绕组中产生感应电动势 $e_{\sigma2}$，表示为

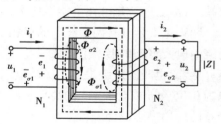

图 4.4.3　带负载运行时的电路图

$$e_{\sigma2} = -L_{\sigma2} \frac{\mathrm{d}i_2}{\mathrm{d}t} \qquad (4.4.4)$$

有载时，铁芯中主磁通 Φ 是由一次、二次绕组磁通势共同产生的合成磁通。

4.4.2　电压变换

变压器在工作时，假定施加的是正弦交流电压。

4-2 变压器电磁关系

4-3 变压器电压、电流和阻抗变换

（1）一次、二次侧主磁通感应电动势

主磁通按正弦规律变化，设为 $\Phi = \Phi_m \sin \omega t$，则

$$
\begin{aligned}
e_1 &= - N_1 \frac{\mathrm{d}\Phi}{\mathrm{d}t} = - N_1 \frac{\mathrm{d}}{\mathrm{d}t}(\Phi_m \sin \omega t) \\
&= - N_1 \omega \Phi_m \cos \omega t \\
&= E_{1m} \sin(\omega t - 90°)
\end{aligned}
\tag{4.4.5}
$$

有效值

$$
E_1 = \frac{E_{1m}}{\sqrt{2}} = \frac{2\pi f N_1 \Phi_m}{\sqrt{2}} = 4.44 f \Phi_m N_1
\tag{4.4.6}
$$

同理可以得到

$$
e_2 = E_{2m} \sin(\omega t - 90°)
\tag{4.4.7}
$$

$$
E_2 = 4.44 f \Phi_m N_2
\tag{4.4.8}
$$

（2）一次、二次侧电压

变压器一次侧等效电路如图 4.4.4 所示。

根据 KVL

$$
\begin{aligned}
\dot{U}_1 &= R_1 \dot{I}_1 - \dot{E}_{\sigma 2} - \dot{E}_1 \\
&= R_1 \dot{I}_1 + jX_1 \dot{I}_1 - \dot{E}_1
\end{aligned}
\tag{4.4.9}
$$

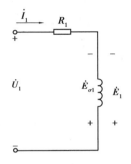

图 4.4.4　变压器一次
线圈侧等效电路图

式中，R_1 为一次侧绕组的电阻；$X_1 = \omega L_{\sigma 1}$ 为一次侧绕组的感抗（漏磁感抗，由漏磁产生）。由于电阻 R_1 和感抗 X_1（或漏磁通）较小，其两端的电压也较小，与主磁电动势 E_1 比较可忽略不计，则

$$
\dot{U}_1 \approx - \dot{E}_1 \rightarrow U_1 \approx E_1 = 4.44 f \Phi_m N_1
\tag{4.4.10}
$$

对二次侧，根据 KVL：

$$
\begin{aligned}
\dot{E}_2 &= R_2 \dot{I}_2 - \dot{E}_{\sigma 2} + \dot{U}_2 \\
&= R_2 \dot{I}_2 + jX_2 \dot{I}_2 + \dot{U}_2
\end{aligned}
\tag{4.4.11}
$$

式中，R_2 为二次绕组的电阻；$X_2 = \omega L_{\sigma 2}$ 为二次绕组的感抗；U_2 为二次绕组的端电压。

变压器空载时：

$$
I_2 = 0, \ U_2 = U_{20} = E_2 = 4.44 f \Phi_m N_2
\tag{4.4.12}
$$

式中，U_{20} 为变压器空载电压。

故有

$$
\frac{U_1}{U_{20}} \approx \frac{E_1}{E_2} \approx \frac{N_1}{N_2} = K
\tag{4.4.13}
$$

K 为匝数比，由公式可以知道，改变匝数比就可以改变输出电压。

（3）变压器的外特性

当一次侧电压 U_1 和负载功率因数 $\cos \varphi_2$ 保持不变时，二次侧输出电压 U_2 和输出电流 I_2 的关系：$U_2 = f(I_2)$，称为变压器的外特性，用曲线表示为如图 4.4.5 所示。

变压器向常见的电感性负载供电时，负载功率因数越低，U_2 下降越多。U_2 随电流 I_2 的变

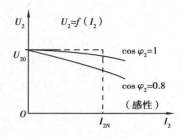

图 4.4.5　变压器的外特性

化程度通常用电压调整率来表示,其定义为:在一次绕组电压为额定值,负载功率因数不变的情况下,变压器从空载到满载(电流等于额定电流),二次绕组电压变化的数值 $U_{20}-U_2$ 与空载电压(即额定电压 U_2)的比值的百分数,用 $\Delta U\%$ 表示为

$$\Delta U\% = \frac{U_{20} - U_2}{U_{20}} \times 100\% \qquad (4.4.14)$$

其中, U_{20} 是一次侧加额定电压、二次侧开路时,二次侧的输出电压。

一般供电系统希望要硬特性(随 I_2 的变化, U_2 变化不大),电压变化率约在 5% 左右。

(4)三相电压的变换

图 4.4.6 是三相变压器的电路图。三相变压器的结构由高压绕组和低压绕组所组成。其中, U_1 、V_1 、W_1 是高压绕组的首端, U_2 、V_2 、W_2 是高压绕组的尾端;u_1 、v_1 、w_1 是低压绕组的首端, u_2 、v_2 、w_2 是低压绕组的尾端。

三相变压器的连接方式有:Y/Y、Y/Y$_0$ 、Y$_0$/Y、Y/△、Y$_0$/△,常用的是 Y/Y$_0$ 三相配电变压器和 Y$_0$/△高压、超高压供电系统。

1)三相变压器 Y/Y$_0$ 连接

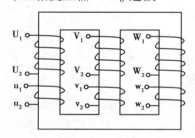

图 4.4.6　三相变压器电路图

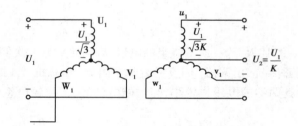

图 4.4.7　三相变压器 Y/Y$_0$ 连接

图 4.4.7 是三相变压器 Y/Y$_0$ 的电路图。可知,线电压之比为

$$\frac{U_1}{U_2} = \frac{\sqrt{3}\,U_{P1}}{\sqrt{3}\,U_{P2}} = \frac{U_{P1}}{U_{P2}} = K \qquad (4.4.15)$$

2)三相变压器 Y$_0$/△ 连接

图 4.4.8 是三相变压器 Y$_0$/△的电路图。可知,线电压之比为

$$\frac{U_1}{U_2} = \frac{\sqrt{3}\,U_{P1}}{U_{P2}} = \sqrt{3}\,\frac{U_{P1}}{U_{P2}} = \sqrt{3}\,K \qquad (4.4.16)$$

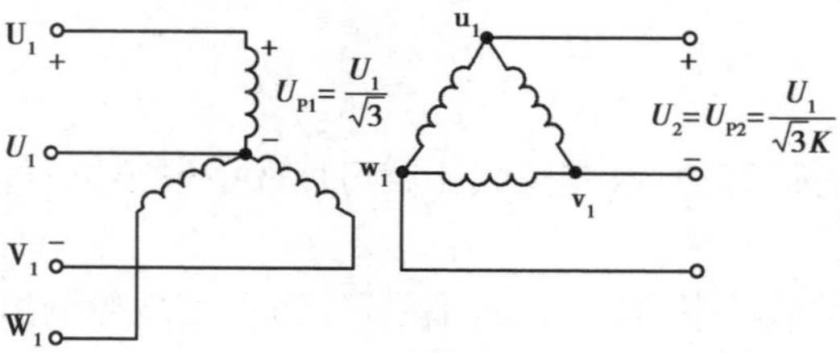

图 4.4.8　三相变压器 Y$_0$/△连接

【**例** 4.4.1】　某单相变压器的额定电压为 10 000/230 V，接在 10 000 V 的交流电源上向一电感性负载供电，电压调整率为 0.03，求变压器的电压比、空载和满载时的二次电压。

【**解**】　变压器的电压比为

$$K = \frac{U_{1N}}{U_{2N}} = \frac{10\ 000}{230} = 43.5$$

空载时的二次电压为

$$U_{20} = U_{2N} = 230\ V$$

满载时的二次电压为

$$U_2 = U_{2N}(1 - V_R) = 230 \times (1 - 0.03)\ V = 223\ V$$

4.4.3　电流变换

由图 4.4.3 可知

$$\dot{I}_2 = \frac{\dot{U}_2}{\dot{Z}_2} \tag{4.4.17}$$

不论变压器空载还是有载，一次绕组上的阻抗压降均可忽略，故有

$$U_1 \approx E_1 = 4.44 f \Phi_m N_1 \tag{4.4.18}$$

当 U_1、f 不变，则 Φ_m 基本不变，近于常数。即铁芯中主磁通的最大值 Φ_m 在变压器空载和有载时基本是恒定的。主磁通在空载时的大小为 $i_0 N_1$，在有载的时候大小为 $i_1 N_1 + i_2 N_2$。可得磁势平衡式

$$i_1 N_1 + i_2 N_2 = i_0 N_1$$
$$i_1 N_1 = i_0 N_1 - i_2 N_2 \tag{4.4.19}$$

由公式可以得到：$i_0 N_1$ 提供产生 Φ_m 的磁势；$i_2 N_2$ 提供用于补偿 $i_2 N_2$ 的磁势。

一般情况下，$I_0 \approx (2 \sim 3)\% I_1 N$ 很小可忽略。可知

$$i_1 N_1 \approx - i_2 N_2$$

$$\dot{I}_1 N_1 \approx - \dot{I}_2 N_2$$

$$I_1 N_1 \approx I_2 N_2$$

$$\frac{I_1}{I_2} \approx \frac{N_2}{N_1} \frac{1}{K} \tag{4.4.20}$$

一次、二次侧电流与匝数成反比。

【**例** 4.4.2】　在例 4.4.1 中，$|Z| = 0.966\ \Omega$ 时正好满载，求该变压器的电流。

【**解**】　由公式可知

$$I_2 = \frac{U_2}{|Z|} = \frac{223}{0.966}\ A = 224\ A$$

$$I_1 = \frac{I_2}{K} = \frac{224}{43.5}\ A = 5.15\ A$$

4.4.4　阻抗变换

变压器具有阻抗变换的作用。如图 4.4.9(a) 所示，当变压器接入阻抗模为 |Z| 的负载时，

如果一次绕组、二次绕组的漏阻抗和空载电流可以忽略,则

$$|Z'| = \frac{U_1}{I_1} = \frac{KU_2}{I_2/K} = K^2 \frac{U_2}{I_2} = K^2 |Z| \tag{4.4.21}$$

U_1 和 I_1 之比相当于从变压器一次绕组看进去的等效阻抗模 $|Z'|$,如图 4.4.9(b)所示。可见,变压器一次绕组的等效阻抗模为二次绕组所带负载的阻抗模的 K^2 倍。

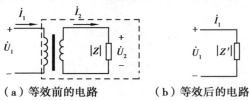

（a）等效前的电路　　　　　　　（b）等效后的电路

图 4.4.9　变压器的阻抗电路

【例 4.4.3】　如图 4.4.10(a)所示,交流信号源的电动势 $E = 120$ V,内阻 $R_0 = 800$ Ω,负载为扬声器,其等效电阻为 $R_L = 8$ Ω。

①当 R_L 折算到原边的等效电阻 $R'_L = R_0$ 时,求变压器的匝数比和信号源输出的功率;

②当将负载直接与信号源连接时,信号源输出多大功率?

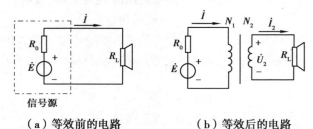

（a）等效前的电路　　　　　　　（b）等效后的电路

图 4.4.10　变压器的阻抗电路

【解】　等效后的电路如图 4.4.10(b)所示。

①变压器的匝数比应为

$$K = \frac{N_1}{N_2} = \sqrt{\frac{R'_L}{R_L}} = \sqrt{\frac{800}{8}} = 10$$

信号源的输出功率为

$$P = \left(\frac{E}{R_0 + R'_L}\right)^2 \times R'_L = \left(\frac{120}{800 + 800}\right)^2 \times 800 = 4.5 (\text{W})$$

②将负载直接接到信号源上时,输出功率为

$$P = \left(\frac{E}{R_0 + R_L}\right)^2 \times R_L = \left(\frac{120}{800 + 800}\right)^2 \times 800 = 0.176 (\text{W})$$

由此可知,在接入变压器以后,输出功率大大提高,满足了最大功率输出的条件:$R'_L = R_0$。电子线路中,常利用阻抗匹配实现最大输出功率。

4.4.5　功率传递

变压器的损耗包括铜损和铁损两部分。

铜损(P_{Cu}):绕组导线电阻的损耗,与负载大小(正比于电流平方)有关,故铜损耗又称为

可变损耗。

铁损(P_{Fe})：交变的主磁通在铁芯中产生的磁滞损耗和涡流损耗。其中，磁滞损耗与铁芯内磁感应强度的最大值 B_m 的平方成正比，与负载大小无关。在变压器工作时，一次绕组电压的有效值和频率不变，主磁通基本上不变，铁损耗也基本上不变，故铁损耗又称为不变损耗。

变压器的效率为

$$\eta = \frac{P_2}{P_1} = \frac{P_2}{P_2 + \Delta P_{Cu} + \Delta P_{Fe}} \tag{4.4.22}$$

其中，P_2 是输出功率，P_1 是输入功率。变压器从电源输入的有功功率和向负载输出的有功功率分别为

$$P_1 = U_1 I_1 \cos \varphi_1 \tag{4.4.23}$$
$$P_2 = U_2 I_2 \cos \varphi_2 \tag{4.4.24}$$

在变压器工作时，一次绕阻、二次绕组的视在功率为

$$S_1 = U_1 I_1 \tag{4.4.25}$$
$$S_2 = U_2 I_2 \tag{4.4.26}$$

变压器铭牌上给出的变压器容量是二次绕组的额定视在功率。不过通常一次绕组和二次绕组的视在功率设计时基本相同，即

$$S_N = U_{1N} I_{1N} = U_{2N} I_{2N} \tag{4.4.27}$$

一般 $\eta \geqslant 95\%$，负载为额定负载的 $(50 \sim 75)\%$ 时，η 最大。

【例 4.4.4】　有一带电阻负载的三相变压器，其额定数据为：$S_N = 100$ kV·A，$U_{1N} = 6\ 000$ V，$f = 50$ Hz。$U_{2N} = U_{20} = 400$ V，绕组连接成 Y/Y$_0$。由试验测得：$P_{Fe} = 600$ W，额定负载时的 $P_{Cu} = 2\ 400$ W。

试求：①变压器的额定电流；

②满载和半载时的效率。

【解】　①额定电流

$$I_{1N} = \frac{S_N}{\sqrt{3}\ U_{1N}} = \frac{100 \times 10^3}{\sqrt{3} \times 6\ 000} = 9.62 (A)$$

$$I_{2N} = \frac{S_N}{\sqrt{3}\ U_{2N}} = \frac{100 \times 10^3}{\sqrt{3} \times 400} = 144 (A)$$

②满载和半载时的效率

$$\eta_1 = \frac{P_2}{P_2 + P_{Fe} + P_{Cu}}$$

$$= \frac{100 \times 10^3}{100 \times 10^3 + 600 + 2\ 400} = 97.1\%$$

$$\eta_{\frac{1}{2}} = \frac{\frac{1}{2} \times 100 \times 10^3}{\frac{1}{2} \times 100 \times 10^3 + 600 + \left(\frac{1}{2}\right)^2 \times 2\ 400} = 97.6\%$$

4.5 三相电力变压器

电力工业中,输配电都采用三相制。变换三相交流电电压,则用三相变压器,其结构如图 4.5.1(a)所示。把三个单相变压器拼合在一起,便组成了一个三相变压器,如图 4.5.1(b)。三相变压器工作原理与单相变压器相同。

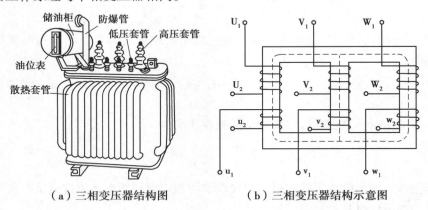

（a）三相变压器结构图　　　　（b）三相变压器结构示意图

图 4.5.1　三相变压器

高压绕组分别用 U_1U_2、V_1V_2、W_1W_2 表示。低压绕组分别用 u_1u_2、v_1v_2、w_1w_2 表示。根据电力网的线电压及原绕组额定电压的大小,可以将原绕组分别接成星形或三角形。根据供电需要,副绕组也可以接成三相四线制星形或三角形。

三相变压器的额定容量为

$$S_N = \sqrt{3}\,U_{2N}I_{2N} \approx \sqrt{3}\,U_{1N}I_{1N} \tag{4.5.1}$$

练习题

4-4 习题 1 和
习题 8 讲解

1. 收音机中的变压器,一次绕组为 1 200 匝,接在 220 V 交流电源上后,得到 5 V、6.3 V 和 350 V 三种输出电压。求 3 个二次绕组的匝数。

2. 已知变压器的二次绕组有 400 匝,一次绕组和二次绕组的额定电压为 220/55 V。求一次绕组的匝数。

3. 已知某单相变压器 S_N = 50 kV·A,U_{1N}/U_{2N} = 6 600/230 V,空载电流为额定电流的 3%,铁损耗为 500 W,满载铜损耗 1 450 W。向功率因数为 0.85 的负载供电时,满载时的二次侧电压为 220 V。求:(1)一、二次绕组的额定电流;(2)空载时的功率因数;(3)电压变化率;(4)满载时的效率。

4. 某单相变压器容量为 10 kV·A,额定电压为 3 300/220 V。如果向 220 V、60 W 的白炽灯供电,白炽灯能装多少盏? 如果向 220 V、40 W、功率因数为 0.5 的日光灯供电,日光灯能装多少盏?

5. 某 50 kV·A、6 600/220 V 单相变压器,若忽略电压变化率和空载电流。求:(1)负载是 220 V、40 W、功率因数为 0.5 的 440 盏日光灯时,变压器一、二次绕组的电流是多少? (2)上述负载是否已使变压器满载? 若未满载,还能接入多少盏 220 V、40 W、功率因数为 1 的白炽灯?

6. 某收音机的输出变压器,一次绕组的匝数为 230,二次绕组的匝数为 80,原配接 8 Ω 的扬声器,现改用 4 Ω 的扬声器,问二次绕组的匝数应改为多少?

7. 电阻值为 8 Ω 的扬声器,通过变压器接到 $E = 10$ V、$R_0 = 250$ Ω 的信号源上。设变压器一次绕组的匝数为 500,二次绕组的匝数为 100。求:(1)变压器一次侧的等效阻抗模 $|Z|$; (2)扬声器消耗的功率。

8. 一自耦变压器,一次绕组的匝数 $N_1 = 1\,000$,接到 220 V 交流电源上,二次绕组的匝数 $N_2 = 500$,接到 $R = 4$ Ω、$X_L = 3$ Ω 的感性负载上。忽略漏阻抗压降。求:(1)二次侧电压 U_2; (2)输出电流 I_2;(3)输出的有功功率 P_2。

9. 某三绕组变压器,三个绕组的额定电压和容量分别为 220 V 和 150 V·A,127 V 和 100 V·A,36 V 和 50 V·A。求这三个绕组的额定电流。

10. 某三相变压器 $S_N = 50$ kV·A,$U_{1N}/U_{2N} = 10\,000/440$ V,Y,y_n 接法。求高、低压绕组的额定电流。

第 **5** 章
电动机

电机的种类很多,本章主要重点介绍目前最广泛应用的三相异步电动机。学习三相异步电动机要了解三相交流异步电动机的基本构造和转动原理;理解三相交流异步电动机的转矩和机械特性,掌握启动的基本方法,了解调速的方法;理解三相交流异步电动机铭牌数据的意义。培养学生分析和解决问题的能力,为今后的学习和工作打下坚实的基础。

5.1 概 述

异步电动机又称感应电动机,是由气隙旋转磁场与转子绕组感应电流相互作用产生电磁转矩,从而实现机电能量转换为机械能量的一种交流电机。异步电动机按照转子结构分为鼠笼式、绕线式。电动机运行的异步电机,因其转子绕组电流是感应产生的,又称感应电动机。异步电动机是各类电动机中应用最广、需要量最大的一种。在中国,异步电动机的用电量约占总负荷的60%。

5.1.1 基本特点

与其他电机相比,异步电动机的结构简单,制造、使用、维护方便,运行可靠性高,质量轻,成本低,其转子绕组不需与其他电源相连,其定子电流直接取自交流电力系统。以三相异步电动机为例,与同功率、同转速的直流电动机相比,前者质量只及后者的二分之一,成本仅为三分之一。异步电动机还容易按不同环境条件的要求,派生出各种系列产品。它还具有接近恒速的负载特性,能满足大多数工农业生产机械拖动的要求。

其局限性是:转速与其旋转磁场的同步转速有固定的转差率(见异步电机),因而调速性能较差,在要求有较宽广的平滑调速范围的使用场合(如传动轧机、卷扬机、大型机床等),不如直流电动机经济、方便。此外,异步电动机运行时,从电力系统吸取无功功率以励磁,这会导致电力系统的功率因数变差。因此,在大功率、低转速场合(如拖动球磨机、压缩机等)不如用同步电动机合理。

5.1.2　应用

由于异步电动机生产量大,使用面广,要求其必须有繁多的品种、规格与各种机械配套。因此,异步电动机的设计、生产特别要注意标准化、系列化、通用化。在各类系列产品中,以产量最大、使用最广的三相异步电动机系列为基本系列;此外还有若干派生系列(在基本系列基础上作部分改变导出的系列)、专用系列(为特殊需要设计的具有特殊结构的系列)。

异步电动机的种类繁多,有防爆型三相异步电动机,ys 系列三相异步电动机,y、y2 系列三相异步电动机,YVP 系列变频调速电动机等。

5.2　三相异步电动机的构造

三相异步电动机的种类很多,但各类三相异步电动机的基本结构是相同的,它们都由定子和转子这两大基本部分组成,在定子和转子之间具有一定的气隙。此外,还有端盖、轴承、接线盒、吊环等其他附件,如图 5.2.1 所示。

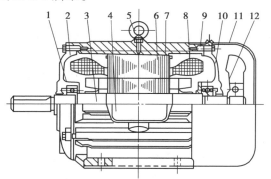

5-1 三相异步电动机
的基本结构

图 5.2.1　封闭式三相笼型异步电动机结构图
1—轴承;2—前端盖;3—转轴;4—接线盒;5—吊环;6—定子铁芯;
7—转子;8—定子绕组;9—机座;10—后端盖;11—风罩;12—风扇

图 5.2.2 是一台三相鼠笼型异步电动机的外形图。

图 5.2.2　三相鼠笼型异步电动机的外形图

其主要部件如图 5.2.3 所示。

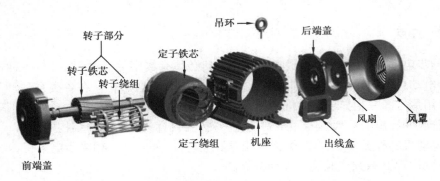

图 5.2.3　三相鼠笼型异步电动机主要部件拆分图

5.2.1　定子部分

定子是用来产生旋转磁场的。三相电动机的定子一般由外壳、定子铁芯、定子绕组等部分组成。

（1）外壳

三相电动机外壳包括机座、端盖、轴承盖、接线盒及吊环等部件。

机座:铸铁或铸钢浇铸成型,它的作用是保护和固定三相电动机的定子绕组。中、小型三相电动机的机座还有两个端盖支承着转子,它是三相电动机机械结构的重要组成部分。通常,机座的外表要求散热性能好,所以一般都铸有散热片。

端盖:用铸铁或铸钢浇铸成型,它的作用是把转子固定在定子内腔中心,使转子能够在定子中均匀地旋转。

轴承盖:也是用铸铁或铸钢浇铸成型的,它的作用是固定转子,使转子不能轴向移动,另外起存放润滑油和保护轴承的作用。

接线盒:一般是用铸铁浇铸,其作用是保护和固定绕组的引出线端子。

吊环:一般是用铸钢制造,安装在机座的上端,用来起吊、搬抬三相电动机。

（2）定子铁芯

定子铁芯及冲片的示意图如图 5.2.4 所示,异步电动机定子铁芯是电动机磁路的一部分,由 0.35 ~ 0.5 mm 厚表面涂有绝缘漆的薄硅钢片叠压而成。由于硅钢片较薄而且片与片之间是绝缘的,所以减少了由于交变磁通通过而引起的铁芯涡流损耗。铁芯内圆有均匀分布的槽口,用来嵌放定子绕圈。

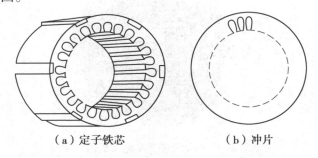

（a）定子铁芯　　　　　（b）冲片

图 5.2.4　定子铁芯及冲片示意图

（3）**定子绕组**

定子绕组是三相电动机的电路部分,如图 5.2.5 所示。三相电动机有三相绕组,通入三相对称电流时,就会产生旋转磁场。三相绕组由 3 个彼此独立的绕组组成,且每个绕组又由若干线圈连接而成。每个绕组即为一相,每个绕组在空间相差 120°电角度。线圈由绝缘铜导线或绝缘铝导线绕制。中、小型三相电动机多采用圆漆包线,大、中型三相电动机的定子线圈则用较大截面的绝缘扁铜线或扁铝线绕制后,再按一定规律嵌入定子铁芯槽内。定子三相绕组的 6 个出线端都引至接线盒上,首端分别标为 U_1,V_1,W_1,末端分别标为 U_2,V_2,W_2。这 6 个出线端在接线盒里的排列如图 5.2.6 所示,可以接成星形或三角形。

图 5.2.5　定子绕组

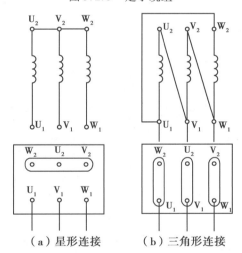

（a）星形连接　　（b）三角形连接

图 5.2.6　定子绕组的连接示意图

5.2.2　转子部分

转子是电机中可以转动的部分,如图 5.2.7 所示。包括以下几部分:

（1）**转子铁芯**

它是用 0.5 mm 厚的硅钢片叠压而成,套在转轴上,作用和定子铁芯相同,一方面作为电动机磁路的一部分;另一方面用来安放转子绕组。

（2）**转子绕组**

异步电动机的转子绕组分为绕线形与笼形两种,由此分为绕线转子异步电动机与笼形异步电动机。

图 5.2.7　转子

1）绕线形绕组

与定子绕组一样,转子绕组也是一个三相绕组,一般接成星形,三相引出线分别接到转轴上的 3 个与转轴绝缘的集电环上,通过电刷装置与外电路相连,这就有可能在转子电路中串接电阻或电动势以改善电动机的运行性能,如图 5.2.8 和图 5.2.9 所示。

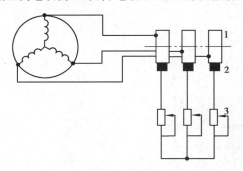

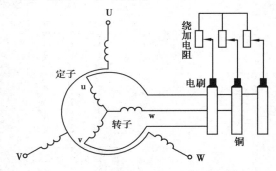

图 5.2.8　绕线型转子与外加变阻器的连接　　　　图 5.2.9　绕线转子绕组连接示意图
　　　　1—集电环;2—电刷;3—变阻器

2）转子绕组

转子铁芯的每一个槽中插入一根铜条,在铜条两端各用一个铜环(称为端环)把导条连接起来,称为铜排转子,如图 5.2.10(a)所示。也可用铸铝的方法,把转子导条和端环风扇叶片用铝液一次浇铸而成,称为铸铝转子,如图 5.2.10(b)所示。100 kW 以下的异步电动机一般采用铸铝转子。

5.2.3　其他部分

其他部分包括端盖、风扇等。端盖可起防护作用,其上还装有轴承,用以支撑转子轴。风扇则用来通风冷却电动机。三相异步电动机的定子与转子之间的空气隙,一般仅为 0.2 ~ 1.5 mm。气隙太大,电动机运行时的功率因数降低;气隙太小,使装配困难,运行不可靠,高次谐波磁场增强,从而使附加损耗增加以及使启动性能变差。

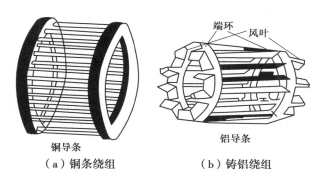

（a）铜条绕组　　　　**（b）铸铝绕组**

图 5.2.10 鼠笼型转子绕组

5.3 三相异步电动机的工作原理

5-2 三相异步电动机
工作原理

　　三相异步电动机的基本工作原理：在定子绕组中通入三相交流电，所产生的旋转磁场与转子绕组中的感应电流相互作用产生的电磁力形成电磁转矩，驱动转子转动，从而使电动机工作。

5.3.1　三相交流电机的旋转磁场

　　三相异步电动机转子之所以会旋转、实现能量转换，是因为转子气隙内有一个旋转磁场。下面来讨论旋转磁场的产生。

　　如图 5.3.1 所示，U_1U_2，V_1V_2，W_1W_2 为三相定子绕组，在空间彼此相隔 120°，接成 Y 形。三相绕组的首端 U_1，V_1，W_1 接在三相对称电源上，有三相对称电流通过三相绕组。设电源的相序为 U，V，W，初相角为零，波形如图 5.3.2 所示。

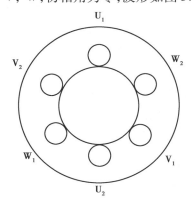

图 5.3.1　二级旋转磁场

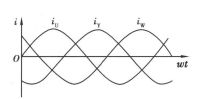

图 5.3.2　三相交流电流波形图

假设

$$i_U = \sin \omega t$$
$$i_V = \sin(\omega t - 120°)$$
$$i_W = \sin(\omega t + 120°)$$

为了分析方便,假设电流为正值时,在绕组中从始端流向末端;电流为负值时,在绕组中从末端流向首端。

(1)旋转磁场的产生

当 $\omega t=0$ 的瞬间,$i_U=0$,U_1U_2 绕组中没有电流,$i_V<0$,实际方向与参考方向相反,即电流从末端 V_2 流入,从首端 V_1 流出;$i_W>0$,实际方向与参考方向相同,即电流从首端 W_1 流入,从末端 W_2 流出。根据"右手螺旋定则",三相电流所产生磁场的方向,如图5.3.3(a)所示,是一个二级磁场,上边是 N 极,磁感线穿出定子铁芯;下边是 S 极,磁感线进入定子铁芯。

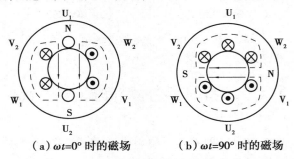

（a）$\omega t=0°$ 时的磁场　　　　（b）$\omega t=90°$ 时的磁场

图5.3.3　两极旋转磁场示意图

当 $\omega t=90°$ 时,$i_U>0$,即电流从首端 U_1 流入,从末端 U_2 流出;$i_V<0$,即电流从首端 V_2 流入,从末端 V_1 流出。$i_W<0$,即电流从末端 W_2 流入,从首端 W_1 流出。它们产生的合磁场的方向如图5.3.3(b)所示,仍是一个二级磁场,但合成磁场的位置已经顺时针旋转了90°。

同理还可以得到其他时刻的合成磁场,从而证明了合成磁场在空间是旋转的。

(2)旋转磁场的转速

旋转磁场的转速称为同步转速,用 n_0 表示。那么如何改变旋转磁场的转速呢? 我们引入极对数(p)的概念。

以 Y 形接法为例,当每相绕组只有一个线圈时,按图5.3.4放入定子槽内,合成的旋转磁场只有一对磁极,则极对数为1,即 $p=1$。

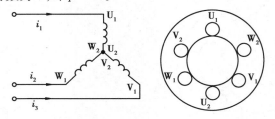

图5.3.4　每相绕组有一个线圈,只有一对磁极

以 Y 形接法为例,将每相绕组都改用两个线圈串联组成。

按图5.3.5放入定子槽内。形成的磁场则是两对磁极,即 $p=2$。

$p=1$ 时:电流变化一周,旋转磁场转一圈;电流每秒钟变化50周,旋转磁场转50圈;电流每分钟变化(50×60)周,旋转磁场转3 000圈。

$p=2$ 时:电流变化一周,旋转磁场转半圈;电流每秒钟变化25周,旋转磁场转50圈;电流每分钟变化(25×60)周,旋转磁场转1 500圈。

p 为任意值时:三相异步电动机的同步转速

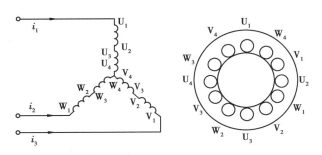

图 5.3.5　每相绕组有两个线圈,有两对磁极

$$n_0 = \frac{60f}{p} \qquad (5.3.1)$$

$f = 50$ Hz 时,不同极对数时的同步转速见表 5.3.1。

表 5.3.1　不同极对数的同步转速

p	1	2	3	4	5	6
$n_0/(\text{r} \cdot \text{min}^{-1})$	3 000	1 500	1 000	750	600	500

（3）旋转磁场的转向

其旋转方向取决于三相电流的相序,如图 5.3.6 所示。

旋转磁场是沿着 $U_1 \rightarrow V_1 \rightarrow W_1$,与三相绕组中的三相电流的相序 $L_1 \rightarrow L_2 \rightarrow L_3$ 一致。

5.3.2　工作原理

用右手定则判断转子绕组中感应电流的方向,用左手定则判断转子绕组受到的电磁力的方向。电动机工作原理如图 5.3.7 所示。

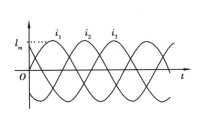

图 5.3.6　三相电流的相序

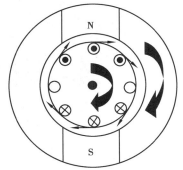

图 5.3.7　工作原理示意图

原理:定子旋转磁场以速度 n_0 切割转子导体感生电动势(发电机右手定则),在转子导体中形成电流,使导体受电磁力作用形成电磁转矩,推动转子以转速 n 顺 n_0 方向旋转(电动机左手定则),并从轴上输出一定大小的机械功率(n 不能等于 n_0)。特点:①电动机内必须有一个以 n_0 速度旋转的磁场(实现能量转换的前提)。②电动运行时 n 恒不等于 n_0(异步)(必要条件 $n < n_0$)。③建立转矩的电流由感应产生(感应名称的来源)。

流过电流的转子导体在磁场中要受到电磁力作用,力 F 的方向可用左手定则确定,电磁力作用于转子导体上,对转轴形成电磁转矩,使转子按照旋转磁场的方向旋转起来,转速为 n。

三相电动机的转子转速 n 始终不会加速到旋转磁场的转速 n_1。因为只有这样,转绕组与旋转磁场之间才会有相对运动而切割磁力线,转子绕组导体中才能产生感应电动势和电流,从而产生电磁转矩,使转子按照旋转磁场的方向继续旋转。由此可见 $n_1 \neq n$,且 $n < n_1$,是异步电动机工作的必要条件,"异步"的名称也由此而来。

5.4 三相异步电动机的铭牌数据

5-3 三相异步电动机
铭牌数据

5.4.1 型号

用以表明电动机的系列、几何尺寸和极数。

例如:

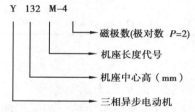

电动机的铭牌如图 5.4.1 所示。

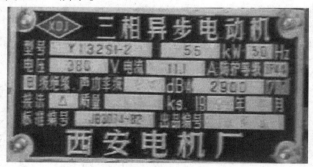

图 5.4.1 电动机的铭牌

异步电动机产品名称代号见表 5.4.1。

表 5.4.1 异步电动机产品名称代号

产品名称	新代号	汉字意义	老代号
异步电动机	Y	异	J、JO
绕线型异步电动机	YR	异绕	JR、JRO
防爆型异步电动机	YB	异爆	JB、JBO
高启动转矩异步电动机	YQ	异起	JQ、JQO

5.4.2　接法

定子三相绕组的连接方法如图 5.4.2 所示。通常电机容量<3 kW 为 Y 连接;电机容量>4 kW 为三角形连接。

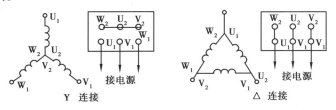

图 5.4.2　定子三相绕组的连接方法

5.4.3　额定电压

额定电压是指电动机在额定运行时定子绕组上应加的线电压值。

例如:380/220 V、Y/△是指线电压为 380 V 时采用 Y 连接;线电压为 220 V 时采用△连接。

说明:一般规定,电动机的运行电压不能高于或低于额定值的 5%。因为在电动机满载或接近满载情况下运行时,电压过高或过低都会使电动机的电流大于额定值,从而使电动机过热。

三相异步电动机的额定电压有 380 V、3 000 V 及 6 000 V 等。

5.4.4　额定电流

额定电流是指电动机在额定运行时定子绕组的线电流值。

例如:Y/△6.73/11.64 A 表示星形连接下电机的线电流为 6.73 A;三角形连接下线电流为 11.64 A。两种接法下相电流均为 6.73 A。

5.4.5　额定功率与效率

额定功率是指电机在额定运行时轴上输出的机械功率 P_2,它不等于从电源吸取的电功率 P_1。

$$P_1 = \sqrt{3}\, U_N I_N \cos\varphi$$

$$\eta = \frac{P_2}{P_1}$$

鼠笼电机 $\eta = 72\% \sim 93\%$。

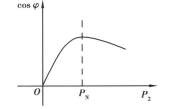

图 5.4.3　额定功率因数变化图

5.4.6　功率因数

三相异步电动机的功率因数较低,在额定负载时为 0.7~0.9。空载时功率因数很低,只有 0.2~0.3。额定负载时,功率因数最高。

注意:实用中应选择容量适合的电机,防止出现"大马拉小车"的现象。

5.4.7 额定转速

额定转速是指电机在额定电压、额定负载下运行时的转速。

转差率 s 表示转子转速 n 与磁场转速 n_0 之间的差别程度。

$$额定转差率\ s_N = \frac{n_0 - n_N}{n_0}$$

如 $n_N = 1\ 440$ 转/分，$s_N = 0.04$。

5.4.8 绝缘等级

绝缘等级指电机绝缘材料能够承受的极限温度等级，分为 A、E、B、F、H 五级，A 级最低（105 ℃），H 级最高（180 ℃），具体见表 5.4.2。

表 5.4.2 绝缘材料能够承受的极限温度等级

绝缘等级	A	E	B	F	H
级限温度/℃	105	120	130	155	180

5.4.9 工作方式

三种基本方式：连续运行、短时运行和断续运行。

5.4.10 防护等级

电气设备（额定电压不大于 72.5 kV）的外壳第一位特征数字表示防止固定异物进入的等级：0—无防护，1—固定异物直径大于 50 mm，2—固定异物直径大于 12 mm，3—固定异物直径大于 2.5 mm，4—固定异物直径大于 1.0 mm，5—防尘，6—尘密。第二位特征数字表示防水的等级：0—无防护，1—垂直滴水，2—倾角 75 ~ 90°滴水，3—淋水，4—溅水，5—防喷射水，6—防止大浪的影响，7—短时间浸水，8—连续浸水。

5.5　三相异步电动机的选择

5.5.1 功率的选择

功率选得过大不经济，选得过小电动机容易因过载而损坏。

①对于连续运行的电动机，所选功率应等于或略大于生产机械的功率。

②对于短时工作的电动机，允许在运行中有短暂的过载，故所选功率可等于或略小于生产机械的功率。

5.5.2 种类和形式的选择

（1）种类的选择

一般应用场合应尽可能选用笼型电动机。只有在需要调速、不能采用笼型电动机的场合才选用绕线型电动机。

（2）结构形式的选择

根据工作环境的条件选择不同的结构形式，如开启式、防护式、封闭式电动机。

5.5.3　电压和转速的选择

根据电动机的类型、功率以及使用地点的电源电压来决定。

Y 系列笼型电动机的额定电压只有 380 V 一个等级。大功率电动机才采用 3 000 V 和 6 000 V。

5.5.4　种类的选择

选择电动机的种类是从交流或直流、机械特性、调速与启动性能、维护及价格等方面来考虑的。如果没有特殊要求，一般都应采用交流电动机。绕线型电动机的基本性能与笼型相同。其特点是启动性能较好，并可在不大的范围内平滑调速。但是它的价格较笼型电动机贵，维护也较为不便。

5.5.5　结构形式的选择

①防护式：代号为 IP23，电动机的机座和端盖下方有通风孔，散热好，能防止水滴和铁屑等杂物从上方落入电动机内，但潮气和灰尘仍可进入。

②封闭式：代号为 IP44，电动机的机座和端盖上均无顶风孔，完全是封闭的。外部的潮气和灰尘不易进入电动机，多用于灰尘多、潮湿、有腐蚀性气体、易引起火灾等恶劣环境中。

③密封式：代号为 IP68，电动机的密封程度高，外部的气体和液体都不能进入电动机内部，可以浸在液体中使用，如潜水泵电动机。

④防爆式：电动机不但有严密的封闭结构，外壳又有足够的机械强度，适用于有易燃、易爆气体的场所，如矿井、油库和煤气站等。

5.5.6　安装形式的选择

各种生产机械因整体设计和传动方式的不同，而在安装结构上对电动机也会有不同的要求。国产三相异步电动机的结构形式主要有卧式和立式两种。

5.6　三相异步电动机的转矩与机械特性

5.6.1　转矩

转矩是转子中各载流导体在旋转磁场的作用下，受到电磁力所形成的转矩之总和。

$$T = K \frac{sR_2}{R_2^2 + (sX_{20})^2} \cdot U_1^2 \tag{5.6.1}$$

其中，K 是常数，与电机的结构有关。X_{20} 是转子静止时，转子导体的漏感抗。

①T 与定子每相绕组电源电压成正比。U_1 降低→T 快速降低。

②当电源电压 U_1 一定时,T 是转差率 s 的函数。

③转子导体电阻 R_2 的大小对 T 有影响。绕线式异步电动机可外接电阻来改变转子电阻 R_2,从而改变转矩。

5.6.2 转矩特性曲线

根据转矩公式(5.6.1)得转矩特性曲线,如图 5.6.1 和图 5.6.2 所示。

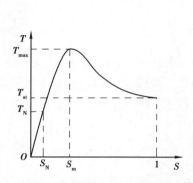

图 5.6.1 转矩特性曲线图

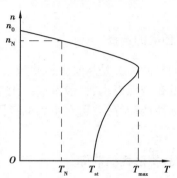

图 5.6.2 机械特性曲线图

5.6.3 三个重要转矩

(1)额定转矩 T_N

额定转矩是指电动机在额定负载时的转矩。

$$T_N = 9\ 550\ \frac{P_N(千瓦)}{n_N(转／分)} \tag{5.6.2}$$

如某普通机床的主轴电机(Y132M-4 型)的额定功率为 7.5 kW,额定转速为 1 440 r/min,则额定转矩为

$$T_N = 9\ 550\ \frac{P_N}{n_N} = 9\ 550\ \frac{7.5}{1\ 440} = 49.7(N \cdot m)$$

(2)最大转矩 T_{max}

最大转矩表示电动机带动最大负载的能力。

$$T_{max} = K\ \frac{U_1^2}{2X_{20}} \tag{5.6.3}$$

①$T_{max} \propto U_1^2$,$U_1 \downarrow \rightarrow T_{max} \downarrow\downarrow$。当 U_1 一定时,T_{max} 为定值。

②过载系数(能力):

$$\lambda = \frac{T_{max}}{T_N}$$

一般三相异步电动机的过载系数为 $\lambda = 1.8 \sim 2.2$。

③工作时必须使转子轴上机械负载转矩 $T_2 < T_{max}$,否则电机将严重过热而烧坏。

（3）**启动转矩** T_{st}

启动转矩表示电动机启动时的转矩。启动时，$n = 0$，$s = 1$

$$T_{st} = K \frac{R_2 U_1^2}{R_2^2 + X_{20}^2} \qquad (5.6.4)$$

①$T_{st} \propto U_1^2$，$U_1 \downarrow \rightarrow T_{st} \downarrow\downarrow$。

②T_{st} 与 R_2 有关，适当使 R_2 增大则 T_{st} 增大。对绕线式电机改变转子附加电阻 R'_2，可使 $T_{st} = T_{max}$。

T_{st} 体现了电动机带载启动的能力。若 T_{st} 大于 T_2 电机能启动，否则不能启动。

③启动能力：

$$K_{st} = \frac{T_{st}}{T_N}$$

（4）U_1 和 R_2 变化对机械特性的影响

U_1 变化对机械特性的影响如图 5.6.3 和图 5.6.4 所示。

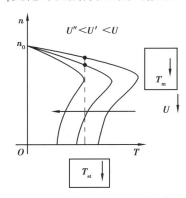

图 5.6.3　U_1 变化对机械特性的影响

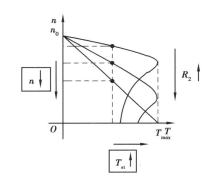

图 5.6.4　R_2 变化对机械特性的影响

（5）**电动机的运行分析**

稳定运行区：$T_2 \uparrow \rightarrow n \downarrow \rightarrow s \uparrow \rightarrow T_2 \uparrow$，如图 5.6.5 所示。

电动机的电磁转矩可以随负载的变化而自动调整，这种能力称为自适应负载能力。

硬特性：负载变化时，转速变化不大，运行特性好。

不同场合应选用不同的电机。如金属切削，选硬特性电机；重载启动，则选软特性电机。

软特性：负载增加时转速下降较快，但启动转矩大，启动特性好。

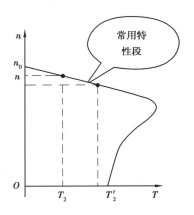

图 5.6.5　电动机的运行分析

5.7　三相异步电动机的启动

5.7.1　启动性能

启动初始瞬间，$n=0$，$s=1$。

①启动电流 I_{st} 大，为 $4\sim7I_N$。频繁启动会使电动机过热。

过大的启动电流在短时间内会在线路上造成较大的电压降落，影响邻近负载的正常工作。

②启动转矩 T_{st} 不大，虽然启动时转子电流较大，但转子的功率因数很低，不能满载启动。

电磁转矩：

$$T = K_T \Phi I_2 \cos \varphi_2$$

5.7.2　启动方法

（1）直接启动

直接启动是在启动时把电动机的定子绕组直接接入电网。特点：启动转矩小；启动电流大，比额定值大 $4\sim7$ 倍；影响同一电网上其他负载的正常工作。

优点：简单、方便、经济、启动过程快，适用于中小型笼型异步电动机。

（2）降压启动

启动时降低电动机的电源电压，待电动机转速接近稳定转速时，再把电压恢复正常。

1）星形—三角形（Y-△）换接启动

它只适用于电动机在工作时定子绕组为 △ 接法。

Y 接法：$I_{LY} = I_{PY} = \dfrac{U_{PY}}{|Z|} = \dfrac{U_L}{\sqrt{3}\,|Z|}$

△ 接法：$I_{L\triangle} = \sqrt{3}\,P_\triangle = \dfrac{\sqrt{3}\,U_{P\triangle}}{|Z|} = \dfrac{\sqrt{3}\,U_L}{|Z|}$

$$\frac{I_{LY}}{I_{L\triangle}} = \frac{1}{3}$$

$$\frac{T_{stY}}{T_{st\triangle}} = \frac{\left(\dfrac{U_L}{\sqrt{3}}\right)^2}{U_L^{\,2}} = \frac{1}{3}$$

启动电流和启动转矩都降低为直接启动时的 $1/3$。

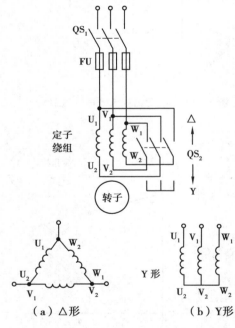

（a）△形　　　　　（b）Y形

图 5.7.1　星形—三角形（Y-△）换接启动

2）自耦降压启动

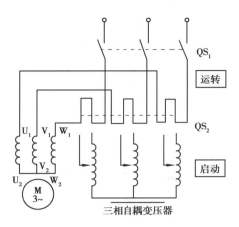

图 5.7.2　自耦降压启动

3）转子串电阻启动

绕线型电动机启动时,可在转子绕组中串联电阻,以减小启动电流,如图 5.7.3 所示。

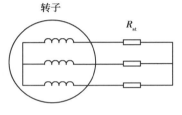

图 5.7.3　转子串电阻启动

【例 5.7.1】　有一 Y 225-4 型三相异步电动机,其额定数据见表 5.7.1。试求:①额定电流;②额定转差率 s_N;③额定转矩 T_N、最大转矩 T_{max}、启动转矩 T_{st}。

表 5.7.1

功率	转速	电压	效率	功率因数	I_{st}/I_N	T_{st}/T_N	T_{max}/T_N
45 kW	1 480 r/min	380 V	92.3%	0.88	7.0	1.9	2.2

【解】

①4～100 kW 的电动机通常是 380 V,△连接。

$$I_N = \frac{P_2 \times 10^3}{\sqrt{3}\, U \cos \varphi \eta} = \frac{45 \times 10^3}{\sqrt{3} \times 380 \times 0.88 \times 0.923} A = 84.2\ A$$

②由已知 $n = 1\,480$ r/min,可知电动机是 4 极的,即 $p = 2, n_0 = 1\,500$ r/min。

$$s_N = \frac{n_0 - n}{n_0} = \frac{1\,500 - 1\,480}{1\,500} = 0.013$$

③

$$T_N = 9\,550 \frac{P_2}{n} = 9\,550 \frac{45}{1\,480}\ N \cdot m = 290.4\ N \cdot m$$

$$T_{max} = \left(\frac{T_{max}}{T_N}\right) T_N = 2.2 \times 290.4\ N \cdot m = 638.9\ N \cdot m$$

$$T_{st} = \left(\frac{T_{st}}{T_N}\right) T_N = 1.9 \times 290.4\ N \cdot m = 551.8\ N \cdot m$$

【例 5.7.2】　在上题中:①如果负载转矩为 510.2 N·m,试问在 $U = U_N$ 和 $U' = 0.9U_N$ 两种情况下电动机能否启动? ②采用 Y-△换接启动时,求启动电流和启动转矩。又当负载转矩为

额定转矩 T_N 的 80% 和 50% 时,电动机能否启动?

【解】 ①在 $U = U_N$ 时,$T_{st} = 551.8$ N·m > 510.2 N·m,所以能启动。

在 $U' = 0.9U_N$ 时,$T'_{st} = 0.92 \times 551.8$ N·m $= 447$ N·m < 510.2 N·m,所以不能启动。

② $$I_{st\triangle} = 7I_N \times 84.2 \text{ A} = 589.4 \text{ A}$$

$$I_{stY} = \frac{1}{3}I_{st\triangle} = \frac{1}{3} \times 589.4 \text{ A} = 196.5 \text{ A}$$

$$I_{stY} = \frac{1}{3}T_{st\triangle} = \frac{1}{3} \times 551.8 \text{ N·m} = 183.9 \text{ N·m}$$

在 80% 额定转矩时,

$$\frac{T_{stY}}{T_N \times 80\%} = \frac{183.9}{290.4 \times 80\%} = \frac{183.9}{232.3} < 1$$

不能启动。

在 50% 额定转矩时,

$$\frac{T_{stY}}{T_N \times 50\%} = \frac{183.9}{290.4 \times 50\%} = \frac{183.9}{145.2} > 1$$

可以启动。

5.8 三相异步电动机的调速

调速就是在一定的负载下,根据生产的需要人为地改变电动机的转速。调速性能的好坏往往影响到生产机械的工作效率和产品质量。

典型直流调速拖动系统的特点:发电机电动机组;带有交磁放大机的发电机电动机组;晶闸管电动机调速系统。这种系统存在的主要缺点是:①存在机械磨损,噪声大,寿命短,维护困难;②存在换向火花,运行环境受到限制,在易燃、易爆等恶劣环境中不能使用;③结构复杂,难以制造大容量、高转速、高电压的直流电动机;④造价高。

交流调速拖动系统可以扩大交流电机的容量,提高交流电机的转速和电压;交流电机,特别是鼠笼型电机,其设置环境的适应性广,维护省力,结构简单,坚固耐用,运行噪声小,惯性小;由于高性能、高精度的新型调速系统不断出现和发展,完全可以得到同直流调速系统一样好的性能指标;造价低。

异步电机的转速:

$$n = n_1(1-s) = \frac{60f}{p}(1-s) \tag{5.8.1}$$

由此可见,交流调速可以通过改变转差率 s 来改变电机的转速;可以通过改变磁极对数 p 来改变同步转速;可以通过改变频率 f 来改变同步转速。对于同步电机的调速可以用改变供电频率的方法实现。

改变电动机的机械特性,将固有特性改变为人为特性,从而在负载不变的情况下得到不同的转速。因此,三相异步电动机的调速方法有以下几种:

5.8.1　变极调速

（1）变极方法

绕组改接后，使其中一半绕组中的电流改变了方向，从而改变了极对数，称为电流反向变极法。其变极原理如图 5.8.1 所示。

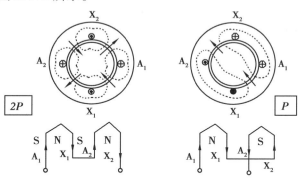

图 5.8.1　变极原理图

（2）三相绕组的换接方法

三相绕组的换接方法有低速倍极数 Δ 接法，高速少极数 YY 接法（图 5.8.2）和低速倍极数 Y 接法，高速少极数 YY 接法（图 5.8.3）。换接后相序发生了变化。为保持高速与低速时电机的转向不变，应将 B、C 两相的出线端交换。

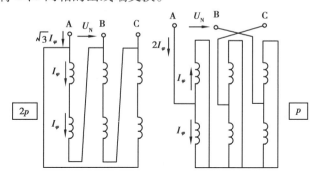

图 5.8.2　变△-YY 变极调速

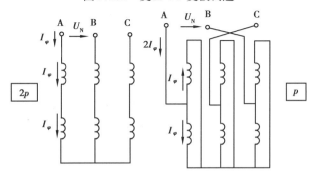

图 5.8.3　变 Y-YY 变极调速

（3）**容许输出**

电动机输出功率为

$$P_2 = \eta P_1 = \sqrt{3}\, U_L I_L \cos\varphi\eta \tag{5.8.2}$$

假设 $\cos\varphi\eta = \cos st$，则

$$P_2 \propto U_L I_L$$

忽略 P_{Cu} 和 P_{Fe}，则

$$P_T = P_1 - (P_{Cu} + P_{Fe}) \approx P_1 \tag{5.8.3}$$

转矩

$$T = 9\,550\frac{P_T}{n_1} \propto \frac{U_L I_L}{n_1} \propto U_L I_{LP}$$

为了使调速时电动机得到充分利用，在高、低速运行时，电动机绕组内均流过额定电流。

对于低速倍极数 Y 接法，高速少极数 YY 接法，极对数 p 减少50%，此时为恒转矩转速，如式（5.8.4）所示。

$$\frac{T_Y}{T_{YY}} = \frac{U_L I_N(2P)}{U_L(2I_N)P} = 1 \tag{5.8.4}$$

对于低速倍极数 △ 接法，高速少极数 YY 接法，极对数 p 减少50%，此时既不是恒转矩调速，也不是恒功率调速，但比较接近于恒功率调速，如式（5.8.5）和式（5.8.6）所示。

$$\frac{T_\triangle}{T_{YY}} = \frac{U_L\sqrt{3}\,I_N(2P)}{U_L(2I_N)P} = \sqrt{3} \approx 2 \tag{5.8.5}$$

$$\frac{P_{2\triangle}}{P_{2YY}} = \frac{U_L \cdot \sqrt{3}\,I_N}{U_L \cdot 2I_N} = \frac{\sqrt{3}}{2} = 0.866 \approx 1 \tag{5.8.6}$$

（4）**机械特性**

对于低速倍极数 Y 接法，高速少极数 YY 接法，工作点的变动为 A→B→C。由于临界转差率 s_m 不变，而同步转速 n_0 增加一倍。$\Delta n = n_0 - n_m = (1-s_m)n_0 = s_m n_0$ 增加一倍，最大转矩 T_m（$= \dfrac{m_1 p U_1^2}{4\pi f_1[\pm r_1 + \sqrt{r_1^2 + (x_1 + x_2')^2}]}$）增加一倍，特性上半部分平行。其机械特性如图5.8.4所示。

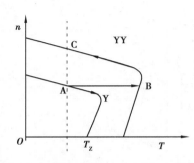

图5.8.4　Y-YY 变极调速机械特性

对于低速倍极数 △ 接法，高速少极数 YY 接法，工作点的变动为 A→B→C。由于临界转差率 s_m 不变，而同步转速 n_0 增加一倍。$\Delta n = n_0 - n_m = (1-s_m)n_0 = s_m n_0$ 增加一倍，最大转矩 T_m（$= \dfrac{m_1 p U_1^2}{4\pi f_1[\pm r_1 + \sqrt{r_1^2 + (x_1 + x_2')^2}]}$）减小至 $\dfrac{2}{3}$，特性上半部分平行。其机械特性如图5.8.5所示。

（5）**调速性能**

从调速范围上来讲，双速电机的调速范围为2，多速电机的调速范围为3~4；调速平滑性较差，属于有级调速，通过变极和变压结合应用可改善；从允许输出上来讲，对于不

同的变极方法,调速特性也不同,这样可以适应不同的负载;从经济性上来讲,设备简单,运行效率和功率因数高。

5.8.2　变频调速

异步电动机采用变频调速,可以获得很大的调速范围、很好的调速平滑性和足够硬度的机械特性。由异步电动机的转速式(5.8.1)可知,当转差率变化不大时,n 基本上与 f_1 成正比,如有频率可平滑调节的供电设备,即可平滑地调节异步电动机的转速。为保证电机的稳定运行,应维持电机的过载能力不变。

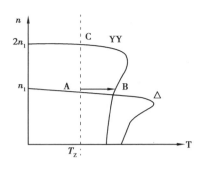

图 5.8.5　△-YY 变极调速机械特性

额定频率称为基频 f_N,变频调速时,可以从基频向上调,也可以从基频向下调。

(1)变频调速的控制方式

由公式 $\dot{U}_1 = -\dot{E}_1 + \dot{I}_1 Z_1$ 可知,忽略定子漏抗 $U_1 = E_1 = 4.44 f_1 N_1 k_{W1} \Phi_m$。

改变频率分频率减小和频率增大两种情况:

若 f_1 减小(小于 f_N),则 Φ_m 增大,磁路更饱和,P_{Fe} 增大,$\cos \varphi$ 减小。应要求 Φ_m 不能变,则保持 $\dfrac{U_1}{f_1} = 4.44 f_1 N_1 k_{W1} \Phi_m = \text{const}$;

若 f_1 增大(大于 f_N),则 Φ_m 减小,T 减小,电机得不到充分利用;若保持 $\dfrac{U_1}{f_1} = \text{const}$,则 $U_1 > U_N$,不允许,故应保持 $U_1 = U_N$。

①从基频向下变频调速 $f_1 < f_N$,保持 $\dfrac{U_1}{f_1} = \text{const}$。

因为保持 $\dfrac{U_1}{f_1} = \text{const}$,根据 $U_1 = E_1 = 4.44 f_1 N_1 k_{W1} \Phi_m$,$\Phi_m$ 基本保持不变,$T = C_T \Phi_m I_{2N} \cos \varphi_2$ 保持不变,属于恒转矩调速。而 $P = T\Omega \propto n$,其调速的机械特性如图 5.8.6 所示。

②从基频向上变频调速 $f_1 > f_N$,保持 $U_1 = U_N$。

保持 $U_1 = U_N$,根据 $U_1 = E_1 = 4.44 f_1 N_1 k_{W1} \Phi_m$,$\Phi_m$ 与 f_1(或 n)成反比,$T = C_T \Phi_m I_{2N} \cos \varphi_2$ 与转速 n 成反比。而 $P = T\Omega$ 基本保持不变,属于恒功率调速,其调速的机械特性如图 5.8.7 所示。

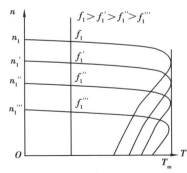

图 5.8.6　从基频向下变频调速机械特性

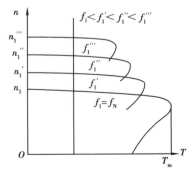

图 5.8.7　从基频向上变频调速机械特性

（2）变频调速的性能

从基频向下调速,为恒转矩调速方式;从基频向上调速,近似为恒功率调速方式。变频调速的范围大;转速稳定性好;初期投资大,需要专用的变频装置,但运行费用不高,效率高;频率可以连续调节,变频调速为无级调速。

5.8.3　能耗转差调速

能耗转差调速的特点是在调速过程中产生较大的转差功率 $P_S = SP_T$,并消耗在转子回路或转差离合器中。

（1）绕线型异步电动机转子串电阻调速

1）调速原理

转子串电阻后,I_2' 减小,T 减小,n 减小,S 增大,SE_2 增大,I_2' 增大,T 增大,直至平衡点,在新的转差率下稳定运行。

2）机械特性

对于恒转矩负载,n_1 不变,T_m 不变,$S_m \propto (r_2 + R_S)$,外串电阻越大,则机械特性越软,如图 5.8.8 所示。

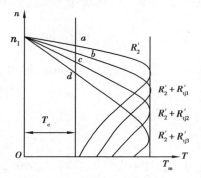

图 5.8.8　绕线电机转子串电阻调速

3）调速电阻的计算

转子串电阻调速时,如果保持电机转子电流为额定值,必有

$$I_2 = I_{2N} = \frac{E_2}{\sqrt{\left(\dfrac{r_2}{s_N}\right)^2 + x_{2\sigma}^2}} = \frac{E_2}{\sqrt{\left(\dfrac{r_2 + R_S}{s}\right)^2 + x_{2\sigma}^2}}$$

（5.8.7）

$$\frac{r_2}{s_N} = \frac{r_2 + R_S}{s} = 常数 \qquad (5.8.8)$$

对于特定条件 $T = T_N$ 时,由转速 n_N（对应转差率为 S_N）调速到转速 n（对应转差率为 S）,则需外串电阻 R_S 为

$$R_S = \left(\frac{S}{S_N} - 1\right) r_2 \qquad (5.8.9)$$

此式仅在额定转矩时有效。

4）调速性能及应用

调速范围的上限为 n_N,下限受转差率的限制,一般仅为 $2 \sim 3$。

其容许输出为

$T = C_T \Phi_m I_{2N} \cos \varphi_2$

当 $U_1 = \mathrm{con}\ st, \Phi_m = \mathrm{con}\ st$ 时,

$$I_2 = I_{2N} = \frac{E_2}{\sqrt{\left(\dfrac{r_2}{s_N}\right)^2 + x_{2\sigma}^2}} = \frac{E_2}{\sqrt{\left(\dfrac{r_2 + R_S}{s}\right)^2 + x_{2\sigma}^2}} = \cos st$$

$$\cos \varphi_2 = \frac{\dfrac{r_2 + R_\mathrm{S}}{S}}{\sqrt{\left(\dfrac{r_2 + R_\mathrm{S}}{S}\right)^2 + x_2^2}} = \frac{\dfrac{r_2}{S_\mathrm{N}}}{\sqrt{\left(\dfrac{r_2}{S_\mathrm{N}}\right)^2 + x_2^2}} = \cos \varphi_{2\mathrm{N}} \quad T = C_\mathrm{T} \varPhi_\mathrm{m} I_{2\mathrm{N}} \cos \varphi_2 = \mathrm{con}\, st$$

所示 $T = C_\mathrm{T} \varPhi_\mathrm{m} I_{2\mathrm{N}} \cos \varphi_2 = \mathrm{con}\, st$ 属于恒转矩调速方式。

从平滑性上来讲,调速级数少,平滑性差。

从经济性上来讲,转子串电阻调速时,转子损耗的功率即为转差功率

$$P_\mathrm{Cu} = P_\mathrm{S} = S P_\mathrm{T} = 3 I_2^2 (r_2 + R_\mathrm{S}) \tag{5.8.10}$$

不计机械损耗,则输出功率为

$$P_2 = (1 - S) P_\mathrm{T} \tag{5.8.11}$$

调速时,转子电路的效率为

$$\eta = \frac{P_2}{P_2 + P_\mathrm{S}} = \frac{(1 - S) P_\mathrm{T}}{(1 - S) P_\mathrm{T} + S P_\mathrm{T}} = 1 - S \tag{5.8.12}$$

N 减小,η 减小,经济性差。

(2)改变定子电压调速

1)调速原理与方法

调速原理与转子串电阻的调速原理相似,调压方法有:定子串接饱和电抗器;采用晶闸管调压器;改变定子绕组接线方法。

2)调速性能

降压调速范围小,只能往下调。

允许输出既非恒转矩,又非恒功率调速,见式(5.8.13)。

$$T = \frac{P_\mathrm{T}}{\Omega_1} = \frac{3 I_2'^2 \dfrac{r_2'}{S}}{\Omega_1} \propto \frac{1}{S} \tag{5.8.13}$$

3)机械特性

如图 5.8.9 所示,转速低于 n_m 的机械特性部分,对恒转矩负载不能稳定运行,因此不能用于调速,调速范围很小。若为通风机负载,转速低于 n_m 时可以稳定运行,调速范围扩大了。

从平滑性上来讲,平滑地改变定子电压,则能平滑地调节转速。

从经济性上来讲,因为 S 增大,P_Cu 增大,所以经济性差。

【例 5.8.1】　一台绕线型三相异步电动机,其技术数据为:$P_\mathrm{N} = 75$ kW,$n_\mathrm{N} = 720$ r/min,$U_\mathrm{N} = 380$ V,$I_\mathrm{N} = 220$ A,$E_{2\mathrm{N}} = 213$ V,$K_\mathrm{T} = 2.4$,拖动恒转矩负载 $T_\mathrm{Z} = 0.85 T_\mathrm{N}$,要求电动机的转速为 540 r/min。

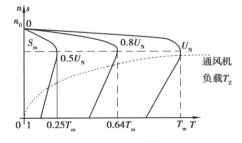

图 5.8.9　机械特性

①当采用转子串电阻调速时,求每相串入的电阻值 R。

②能否采用降低电源电压调速?

③当采用变频调速,保持 u/f 为常数时,求频率与电压各为多少?

【解】 ①转子回路串电阻值的计算。

额定转差率 $\qquad s_N = \dfrac{n_1 - n_N}{n_1} = \dfrac{750 - 720}{750} = 0.04$

转子每相电阻 $\qquad r_2 = \dfrac{s_N E_{2N}}{\sqrt{3}\, I_{2N}} = \dfrac{0.04 \times 213}{\sqrt{3} \times 220}\ \Omega = 0.022\ 4\ \Omega$

$n = 540\ \text{r/min}$ 时的转差率

$$s = \frac{n_1 - n}{n} = \frac{750 - 540}{750} = 0.28$$

转子回路每相串入附加调速电阻 R：

$$R_S = \left(\frac{S}{S_N} - 1 \right) r_2 = \left(\frac{0.28}{0.04} - 1 \right) \times 0.022\ 4\ \Omega = 0.134\ 4\ \Omega$$

②降低电源电压调速。

$$S_m = S_N \left(K_T + \sqrt{K_T^2 - 1} \right) = 0.04 \times \left(2.4 + \sqrt{2.4^2 - 1} \right) = 0.183$$

由于 S_m 不变，S 等于 0.28，大于 S_m，对恒转矩负载不能稳定运行，故不能采用降压调速的方法。（降压调速的范围是 $0 \sim S_m$）。

③变频调速，$u/f = $ 常数时的计算。

当 $T_Z = 0.85 T_N$ 时，在固有机械特性上运行的转差率为 S，

$$T = T_Z = \frac{2 T_m}{\dfrac{S}{S_m} + \dfrac{S_m}{S}}$$

$$0.85 T_N = \frac{2 \times 2.4 \times T_N}{\dfrac{S}{0.183} + \dfrac{0.183}{S}}$$

可求得 $S = 0.033$。

运行时转速降为

$$\Delta n = s n_1 = 0.033 \times 750\ \text{r/min} = 25\ \text{r/min}$$

变频后人工机械特性的同步转速为

$$n_1 = n + \Delta n = (540 + 25)\ \text{r/min} = 565\ \text{r/min}$$

$u/f = $ 常数，恒转矩调速，且 $\Delta n = $ 常数，所以，机械特性的近似直线部分不同频率时互相平行。

$$s = \frac{\Delta n}{n_1} = k \frac{1}{f_1}$$

$$\frac{n_1}{f_1} = \frac{\Delta n}{k} = 常数$$

变频的频率及相应电压为

$$f' = \frac{n_1'}{n_1} f_N = \frac{565}{750} \times 50\ \text{Hz} = 37.67\ \text{Hz}$$

$$U' = \frac{f'}{f_N} U_N = \frac{n_1'}{n_1} U_N = \frac{565}{750} \times 380\ \text{V} = 286.3\ \text{V}$$

练习题

1. 有一台六极三相绕线式异步电动机,在 $f=50$ Hz 的电源上带额定负载动运行,其转差率为 0.02,求定子磁场的转速及频率和转子磁场的频率和转速。

2. Y180L-4 型电动机的额定功率为 22 kW,额定转速为 1 470 r/min,频率为 50 Hz,最大电磁转矩为 314 · 6 N · m。试求电动机的过载系数 λ。

3. 已知 Y180M-4 型三相异步电动机,其额定数据见习题表 5.1。

　　求:(1)额定电流 I_N;

　　　　(2)额定转差率 S_N;

　　　　(3)额定转矩 T_N,最大转矩 T_M、启动转矩 T_{st}。

5-5 习题 3 讲解

习题表 5.1

额定功率/kW	额定电压/V	满载时			启动电流	启动转矩	最大转矩	接法
		转速/(r · min⁻¹)	效率/%	功率因数	额定电流	额定转矩	额定转矩	
18.5	380	1 470	91	0.86	7.0	2.0	2.2	△

4. 某 4.5 kW 三相异步电动机的额定电压为 380 V,额定转速为 950 r/min,过载系数为 1.6。求:(1)T_N、T_M;(2)当电压下降至 300 V 时,能否带额定负载运行?

5. 在额定工作情况下的三相异步电动机,已知其转速为 960 r/min,试问电动机的同步转速是多少? 有几对磁极对数? 转差率是多大?

6. Y225-4 型三相异步电动机的技术数据如下:380 V、50 Hz、△接法、定子输入功率 $P_{1N}=$ 48.75 kW、定子电流 $I_{1N}=84.2$ A、转差率 $S_N=0.013$,轴上输出转矩 $T_N=290.4$ N · m。求: (1)电动机的转速 n_2;(2)轴上输出的机械功率 P_{2N};(3)功率因数 $\cos \varphi_N$;(4)效率 η_N。

7. 四极三相异步电动机的额定功率为 30 kW,额定电压为 380 V,三角形接法,频率为 50 Hz。在额定负载下运动时,其转差率为 0.02,效率为 90%,电流为 57.5 A。试求:(1)转子旋转磁场对转子的转速;(2)额定转矩;(3)电动机的功率因数。

8. Y180L-4 型电动机的额定功率为 22 kW,额定转速为 1 470 r/min,频率为 50 Hz,最大电磁转矩为 314.6 N · m。试求电动机的进载系数 λ。

9. 四极三相异步电动机的额定功率为 30 kW,额定电压为 380 V,$T_{st}/T_N=1.2$,$I_{st}/I_N=7$, 三角形接法,频率为 50 Hz。在额定负载下运动时,其转差率为 0.02,效率为 90%,电流为 57.5 A,如果采用自耦变压器降压启动,而使电动机的启动转矩为额定转矩的 85%。试求: (1)自耦变压器的变比;(2)电动机的启动电流和线路上的启动电流。

10. 三相异步电动机正在运行时,转子突然被卡住,这时电动机的电流会如何变化? 对电动机有何影响?

11. 有一台三相异步电动机,其技术数据见习题表 5.2。

习题表 5.2

| 型号 | P_N/kW | U_N/V | 满载时 | | | | I_{st}/I_N | T_{st}/T_N | T_{max}/T_N |
			n_N /(r·min^{-1})	I_N/A	$\eta_N \times 100\%$	cos φ			
Y132S-6	3	220/380	960	12.8/7.2	83	0.75	6.5	2.0	2.0

(1)线电压为 380 V 时,三相定子绕组应如何接?

(2)求 n_0,p,S_N,T_N,T_{st},T_{max} 和 I_{st};

(3)额定负载时电动机的输入功率是多少?

第 **6** 章
电气自动控制

6.1 开关电器

控制电路都是由用电设备、控制电器和保护电器组成的。用来控制用电设备工作状态的电器称为控制电器,用来保护电源和用电设备的电器称为保护电器。在低压供电系统中使用的电器称为低压电器。它又分为手动电器和自动电器。刀开关和低压断路器都是手动电器。

刀开关(knife switch)是过去常用的手动控制电器。图 6.1.1 是利用刀开关对三相笼型异步电动机进行启停手动控制的电路,图中 QB 为刀开关,FA 是熔断器,用作短路保护。

熔断器(fuse)通常由熔体和外壳两部分组成。熔体(熔丝或熔片)是由电阻率较高的易熔合金组成,如铅锡合金等。使用时将它串联在被保护的电路中。在电路正常工作时,熔体不应熔断;而一旦发生短路故障,很大的短路电流通过熔断器,熔体过热而迅速熔断,把电路切断,从而达到保护电路及电气设备的目的。熔体熔断所需要的时间与通过熔体的电流大小有关。

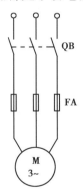

图 6.1.1 刀开关手动控制电路

一般来说,当通过熔体的电流等于或小于其额定电流的 1.25 倍时,可长期不熔断;超过其额定电流的倍数越大则熔断时间越短。熔体的额定电流从 2 A 至 600 A 有 20 多种,可供用户选用。

为安全起见,目前已不允许用胶盖瓷底刀开关直接控制电动机的启停,取而代之的是应用广泛的低压断路器。

断路器(circuit breaker)又称空气开关或自动开关,它兼有刀开关和熔断器的作用,在低压配电电路中可用作电路的短路保护和过载保护。断路器的外形图和原理如图 6.1.2(a)和(b)所示。当操作手柄将触点扳到闭合位置时,电动机接通电源。当电路发生短路或严重过载时,由于电流很大,电磁铁克服反作用力弹簧的拉力吸下衔铁,锁钩被推向上,松开拉杆,触点在断开弹簧的作用下迅速断开而完成保护。只要调整反作用力弹簧的拉力,就可以调整动作电流的大小。断路器在动作后,不必像熔断器那样更换熔体,故障排除后,若需要重新启动电动机,只要通过操作手柄合上触点即可。

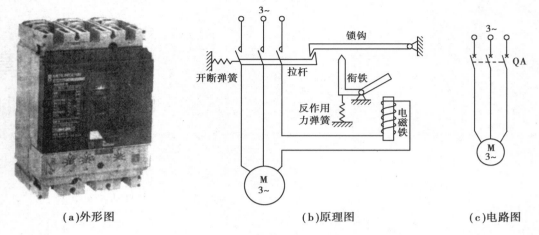

图 6.1.2　低压断路器

断路器内装有灭弧装置,切断电流的能力大,开断时间短,工作安全可靠,而且体积小,所以,目前应用非常广泛,已经在很多场合取代了刀开关。图 6.1.2(c)是利用断路器对三相笼型异步电动机进行启停手动控制的电路图。

手动控制电器比较简单、经济,但电动机容量越大,开关的体积也越大,操作也就越费力,而且不能频繁和远距离操作。为了解决手动控制电器的缺点,可以采用接触器和继电器等自动控制电器进行自动控制。

6.2　电机启停自动控制

笼型电动机的启停自动控制电路是控制电路中最简单、最常用的一种电路。它是在手动启停控制电路的基础上增加按钮、交流接触器和热继电器等几种自动控制电器而构成的。

6.2.1　按钮

按钮(push button)的外形和结构原理如图 6.2.1 所示。在未按下按钮帽时,上面的一对静触片被动触片接通而处于闭合状态,称为动断(常闭)触点(break contact);下面的一对静触片未被动触片接通而处于断开状态,称为动合(常开)触点(make contact)。用手按下按钮帽时,动触片下移,于是动断触点先断开,动合触点后闭合;松开按钮帽时,在复位弹簧的作用下,动触点自动复位使得动合触点先断开,动断触点后闭合。使用时可视需要只选其中的动合触点或动断触点,也可以两者同时选用。

按钮的种类很多,除上述这种复合按钮外,还有其他形式。例如,有的按钮只有一组动合或动断触点,也有的是由两个或三个复合按钮组成的双联或三联按钮。有的按钮还装有信号灯,以显示电路的工作状态。按钮触点的接触面积都很小,额定电流通常不超过 5 A。

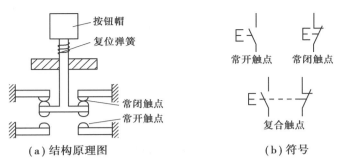

（a）结构原理图　　　　　　　　　　　**（b）符号**

图 6.2.1　按钮

6.2.2　交流接触器

交流接触器（AC contactor）是利用电磁吸力工作的自动控制电器。它主要是由电磁铁和触点组两部分组成。电磁铁的铁芯分上、下两部分，下铁芯是固定不动的静铁芯，上铁芯是可以上下移动的动铁芯（衔铁）。电磁铁的线圈（吸引线圈）装在静铁芯上。每个触点组包括静触点和动触点两部分，动触点与动铁芯直接连在一起。线圈通电时，在电磁吸力的作用下，动铁芯带动动触点一起下移，使同一触点组中的动触点和静触点有的闭合，有的断开。当线圈断电后，电磁吸力消失，动铁芯在弹簧的作用下复位，触点组也恢复到原先的状态。

按状态的不同，接触器的触点分为动合触点和动断触点两种。接触器在线圈未通电时的状态称为释放状态（drop out state）；线圈通电、铁芯吸合时的状态称为吸合状态（pick up state）。接触器处于释放状态时断开，而处于吸合状态时闭合的触点称为动合触点；反之称为动断触点。

接触器触头按通断能力可分为主触头和辅助触头。主触头主要用于通断较大电流的电路（此电路称主电路），它的体积较大，一般由 3 对常开触头组成。辅助触头主要用于通断较小电流的电路（此电路称控制电路），它的体积较小，有常开触头和常闭触头之分。接触器按通入电流类型的不同可分为交流接触器和直流接触器。交流接触器的外形和结构如图 6.2.2 所示。当给交流接触器的线圈 5 通入交流电时，在铁芯 6 上会产生电磁吸力，克服弹簧 4 的反作用力，将衔铁 3 吸合，衔铁的动作带动动触桥 1 的运动，使静触点 2 闭合。当电磁线圈断电后，铁芯上的电磁吸力消失，衔铁在弹簧的作用下回到原位，各触点也随之回到原始状态。交流接触器的型号有 CJ10、CJ12、CJ20 等系列。

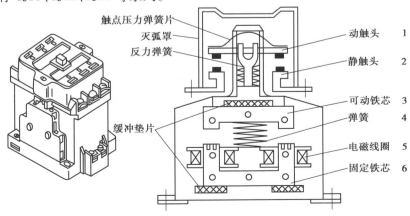

图 6.2.2　交流接触器的结构原理图

接触器的符号如图 6.2.3 所示。

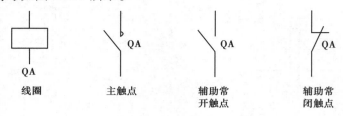

线圈　　　主触点　　　辅助常　　　辅助常
　　　　　　　　　　　开触点　　　闭触点

图 6.2.3　交流接触器的符号

辅助触点既有动合触点,也有动断触点,通常接在由按钮和接触器线圈组成的控制电路中,以实现某些功能,这部分电路又称辅助电路(auxiliary circuit)。如图 6.2.4 所示,在按下启动按钮后,接触器的动合主触点闭合的同时,动合辅助触点也闭合,将启动按钮短接,使得启动按钮松开时,接触器线圈可以继续通电,它的动合主触点仍然闭合,电动机继续运转。接触器的动合辅助触点的上述作用称为自锁(self-locking)。为了能使电动机停止转动,在辅助电路中增加了一个停止按钮(按钮的触点为动断触点)。按下停止按钮,按钮的动断触点断开,接触器线圈断电,它的动合主触点断开,使电动机断电停止运转,它的动合辅助触点也断开,撤销自锁。这种控制方式称为长动控制(long-time control)。

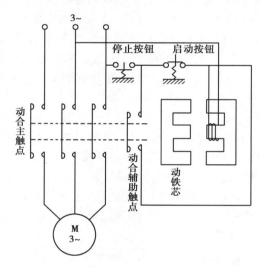

图 6.2.4　交流接触器控制电机连续运行原理

选用交流接触器时,应注意线圈的额定电压、触点的额定电流和触点的数量。在本节讨论的启停控制电路中,主触点的额定电流应大于电动机的额定电流。如果用在电动机需要频繁正反转的场合,主触点的额定电流应比电动机的额定电流大一倍。常用的国产 CJ10 系列交流接触器,线圈的额定电压有 36 V、127 V、220 V、380 V 四个等级。主触点的额定电流有 5 A、10 A、20 A、40 A、60 A、100 A、150 A 等,辅助触点的额定电流为 5 A。

一般交流接触器的辅助触点的数量为动断触点和动合触点各两副。若不够,可采用下面即将介绍的中间继电器或选用新型的组件式结构的交流接触器。后者在辅助触点不够用时,可以把一组或几组触点组件插入接触器上的固定槽内,组件的触点受交流接触器电磁机构的驱动,使辅助触点数量增加。

6.2.3　中间继电器

中间继电器(intermediate relay)的外形如图 6.2.5 所示。它与交流接触器的工作原理相同,也是利用线圈通电,吸合动铁芯,而使触点动作。只是它们的用途有所不同。

接触器主要用来接通和断开主电路,中间继电器则主要用在辅助电路中,用以弥补辅助触点的不足。因此,中间继电器触点的额定电流都比较小,一般不超过 5 A,而触点(包括动合触点和动断触点)的数量比较多。

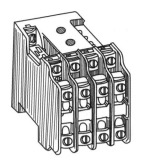

图 6.2.5　中间继电器

6.2.4　热继电器

在自动控制电路中,不但要求能对电动机的启停等进行控制,而且应该有必要的保护措施。除了大家已经熟悉的短路保护外,还需要考虑电动机的过载保护问题。电动机不允许长期过载运行,但又具有一定的短时过载能力。因此,当电动机过载时间不长,温度未超过允许值时,应允许电动机继续运行,但是当电动机的温度一旦超过允许值,就应立即将电动机的电源自动切断。这样,既保护电动机不受过热的危害,又可以充分发挥它的短时过载能力。

由于熔断器熔体的熔断电流大于其额定电流,而在三相笼型异步电动机的控制电路中,所选熔体的额定电流会远大于电动机的额定电流。因此,熔断器通常只能作短路保护,不能用作过载保护。由于断路器的过流保护特性与电动机所需要的过载保护特性不一定匹配,所以一般也不能作电动机的过载保护。目前常用的过载保护电器是热继电器。

热继电器(thermal relay)的外形和原理图如图 6.2.6 所示。图中三个发热元件(一段电阻值不大的金属丝或金属片)放在三个双金属片的周围。双金属片是由两层膨胀系数相差较大的金属碾压而成。左边一层膨胀系数小,右边一层膨胀系数大。工作时,将发热元件串联在主电路中,通过它们的电流是电动机的线电流。当电动机过载后,电流超过额定电流,发热元件发出较多热量,使双金属片变形而向左弯曲,推动导板,带动杠杆,向右压迫弹簧片变形,使动触点和静触点分开,而与螺钉(静触点)接触。这就是说,动触点和静触点构成了一副动断触点,动触点和螺钉(静触点)构成了一副动合触点。只要将动断触点串联在控制电动机的交流接触器的线圈电路内,那么,当电动机过载后,如前所述,动断触点断开,使接触器线圈断电,接触器主触点断开,电动机与电源自动切断而得到保护。

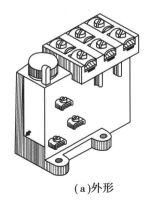

(a)外形

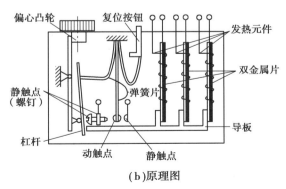

(b)原理图

图 6.2.6　热继电器

若要使热继电器的动断触点重新闭合,即使触点重新复位,需要经过一段时间,待双金属片冷却后才有可能。而复位的方式有两种:当螺钉旋入时,弹簧片的变形受到螺钉的限制而处于弹性变形状况,只要双金属片冷却,动触点便会自动复位。如果将螺钉旋出至一定位置时,使弹簧片达到自由变形状态,则双金属片冷却后,动触点不可能自动复位,而必须按下复位按钮,使动触点实现手动复位。

偏心凸轮是用于对热继电器的整定电流(发热元件长期允许通过而刚刚不致引起触点动作的电流值)作小范围调节之用。选用热继电器时,应使其整定电流与电动机的额定电流一致。

由于热惯性,双金属片的温度升高需要一定的时间,不会因电动机过载而立即动作。这样既可发挥电动机的短时过载能力,又能保护电动机不致因过载时间长而出现过热的危险。由于同一原因,当发热元件通过较大电流甚至短路电流时,热继电器也不会立即动作。因此,它只能用作过载保护,不能用作短路保护。

目前市场上供应的热继电器有的还兼有单相(指电源断一相的单相运行)和断相(指三角形连接的电动机定子绕组断一相)保护作用。当出现上述情况而使定子三相电流严重不对称时,热继电器也会动作。

6.2.5 控制电路

在图6.2.4所示电路的基础上,加上短路保护和过载保护等电器便组成了三相笼型电动机的启停自动控制电路。如图6.2.4所示电路,各种电器是用其结构示意图表示的。虽然直观,但电路比较复杂。若使用的电器比较多,电路既难画也难看清楚。为了画图和读图方便,控制电路图中的各个电器应该用国家标准规定的图形符号表示,并标以规定的文字符号。同一电器的各个部分可以分开来画在不同地方,但必须标以同一文字符号。国家标准规定的部分电机和电器的图形符号见表6.2.1。这些图形符号在不会引起错误理解的情况下可以旋转或取其镜像形态。

表6.2.1　部分电机和电器的图形符号

名　　称	符　　号	名　　称		符　　号
三相笼型异步电动机 MA	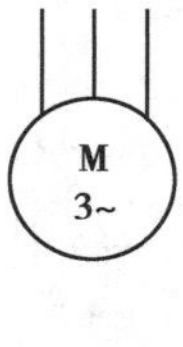 M 3~	按钮触点 SF	动合	
			动断	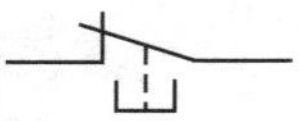
三相绕线型异步电动机 MA	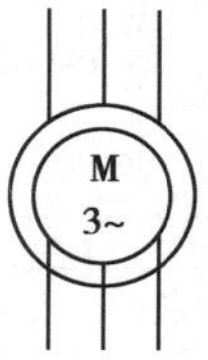 M 3~	接触器吸引线圈 继电器吸引线圈 QA		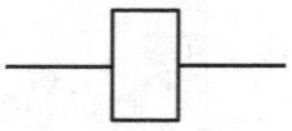

续表

名　称	符　号	名　称		符　号
直流电动机 MA	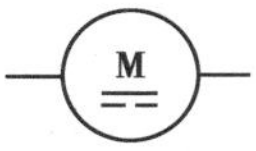 (M)	接触器 触点 QA	主触点	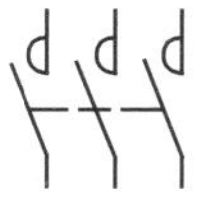
			辅助 触点	 动合
				动断
单相变压器 TA	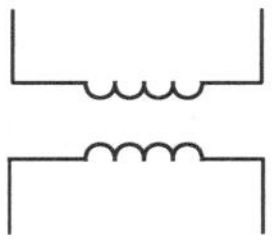	时间继电器 触点 KF	动合延时闭合	
			动断延时断开	
三极开关 SF	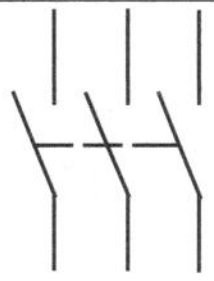		动合延时断开	
			动断延时闭合	
熔断器 FA	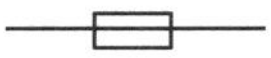	行程开 关触点 BG	动合	
			动断	
信号灯 EA	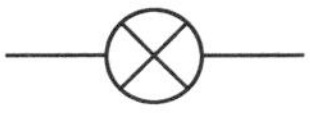 ⊗	热继电器 BB	动断触点	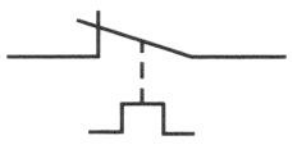
			热元件	

（1）启停点动控制电路

按照上述规定画出的三相笼型异步电动机的启停点动控制电路如图 6.2.7 所示。图中空气开关 QA0 用作电源的隔离开关兼作短路保护用。隔离开关只在不带载（用电设备不工作）的情况下切断和接通电源，以便在检修电机、电器或电路长期不工作时用来断开电源。

电路的操作过程如下：

按下 SF_1—QA_1 线圈通电—QA_1 主触点闭合—MA 启动运转；

松开 SF_1—QA_1 线圈断电—QA_1 主触点断开—MA 停止运转。

（2）启停长动控制电路

启停长动控制电路（或称为启停连续运行控制电路）如图 6.2.8 所示。电路的操作过程如下：

按下 SF_2—QA_1 线圈通电—QA_1 主触点闭合—MA 启动运转—QA_1 动合辅助触点闭合—实

现自锁。

按 SF_1—QA_1 线圈断电—QA_1 主触点断开—MA 停止运转—QA 动合辅助触点断开—撤销自锁。

电路中空气开关 QA_0 作隔离开关兼作短路保护,热继电器 BB 作过载保护,此外,接触器本身还具有欠压保护的作用。在出现停电或电源电压严重下降时,接触器线圈电压不足而造成铁芯释放,使得所有动合触点断开,电动机停止运转并撤销自锁。在电源电压恢复后,只有重新按下启动按钮,电动机才能重新启动运行。这样可以避免因电动机自行启动及操作人员缺乏准备而造成设备损坏和人身安全事故。

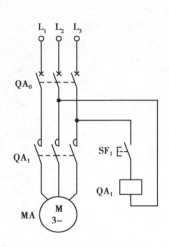

图 6.2.7　点动控制电路

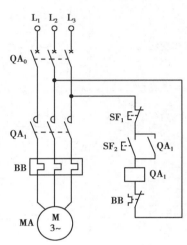

图 6.2.8　长动控制电路

6.3　正反转控制

在需要改变转向的情况下,例如机床工作台的前进与后退,主轴的正转与反转等,可以采用如图 6.3.1 所示的正反转控制电路,它的工作原理与上节所述的启停自动控制电路基本相同,只是利用了两套启动按钮和接触器分别控制电动机的正转和反转。

在主电路中,要注意两个接触器主触点之间的连接方式。QA_1 的主触点单独闭合时,电动机正转;QA_2 的主触点单独闭合时,应使 MA 接至电源的三根导线中的两根通过 QA_2 主触点对调一下位置(图中为 L_1、L_3 对调),电动机才能反转。但是,在这种情况下,如果两个接触器的6 个主触点同时闭合则将造成电源短路(图中为 L_1、L_3 间短路)。为了避免这种短路事故,必须保证两个接触器不在同一时间内都处于吸合状态。为此,在辅助电路中,两个接触器的线圈分别与对方的动断辅助触点相串联。这样,当正转接触器 QA_1 的线圈通电时,它串联在反转接触器 QA_2 线圈电路中的动断辅助触点断开,切断了反转接触器的线圈电路。因而,即使在未按停止按钮 SF_1 而误按了反转启动按钮 SF_3,反转接触器的线圈也不会通电,反之亦然。这种互相制约的控制方式称为互锁(mutual locking),又称联锁(inter locking)。该电路的操作和动作如下:

按 SF_2→QA_1 线圈通电→QA_1 主触点闭合→MA 启动正转

$\rightarrow QA_1$ 动合辅助触点闭合$\rightarrow$实现自锁

$\rightarrow QA_1$ 动断辅助触点断开$\rightarrow$实现互锁

按 $SF_1 \rightarrow QA_1$ 线圈断电$\rightarrow QA_1$ 主触点断开$\rightarrow MA$ 停止运转

$\rightarrow QA_1$ 动合辅助触点断开$\rightarrow$撤销自锁

$\rightarrow QA_1$ 动断辅助触点闭合$\rightarrow$撤销互锁

按 $SF_3 \rightarrow QA_2$ 线圈通电$\rightarrow QA_2$ 主触点闭合$\rightarrow MA$ 启动反转

$\rightarrow QA_2$ 动合辅助触点闭合$\rightarrow$实现自锁

$\rightarrow QA_2$ 动断辅助触点断开$\rightarrow$实现互锁

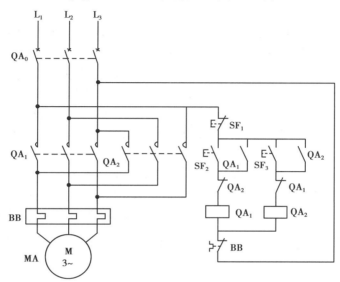

图 6.3.1　正反转控制电路

除了利用接触器的动断触点进行电气互锁外,还可以利用复合按钮通过触点动作的先后不同进行机械互锁。这种控制电路的辅助电路如图 6.3.2 所示(主电路与图 6.3.1 相同,从略)。每一个复合按钮都有一副动合触点和一副动断触点。两个启动按钮的动断触点分别与对方的接触器线圈串联。当按下正转启动按钮 SF_2 时,它的动断触点先断开反转接触器的线圈电路;当按下反转启动按钮 SF_3 时,它的动断触点先断开正转接触器的线圈电路。因此,采用这种复合按钮,在改变电动机转向时可以不必先按停止按钮,只要按下相应的另一启动按钮即可。如果是两种互锁方式同时采用的双重互锁,相互制约更为可靠。

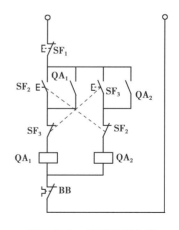

图 6.3.2　机械互锁电路

在正反转控制电路中,短路保护、过载保护和失压(欠压)保护所用的电器和保护原理都与启停自动控制电路相同。

为了使用上的方便,有关工厂将图 6.2.7 至图 6.3.2 所示电路中除刀开关(或断路器)和电动机以外的部分组装在一个盒子内,称为电动机启动器。用户只要根据电动机的容量,选择相应的电动机启动器,安上刀开关(或断路器)和电动机便可使用。

[分析与思考]

(1)试归纳一下自锁和互锁的作用和区别。

(2)试画出用刀开关和熔断器代替图 6.3.1 中断路器后的主电路。

(3)试画出具有双重互锁的辅助电路。

6.4 顺序联锁控制

许多生产机械都装有多台电动机,根据生产工艺的要求,其中有些电动机需要按一定的顺序启动;或者既要按一定的顺序启动,又要按一定的顺序停车;或不能同时工作,等等。例如,车床主轴电动机必须在油泵电动机工作后才能启动,以便在进刀时能可靠地进行冷却和润滑,这就要求采用不同的顺序联锁控制。例如在图 6.4.1 所示的控制电路中,两台电动机 MA_1 和 MA_2 由两套按钮和接触器分别实现启停控制,但是要求 MA_1 启动后 MA_2 才能启动,MA_2 停车后 MA_1 才能停车。像此类关联制约的控制方式都称为联锁。上节中介绍的互锁只是联锁中的一种。

为了实现启动的先后顺序,在 QA_2 的线圈电路中串联了一个 QA_1 的动合辅助触点。这样,当按下启动按钮 SF_3 时,接触器 QA_1 线圈通电,电动机 MA_1 启动运转,QA_1 的两个动合辅助触点闭合,一个实现自锁,一个为接触器 QA_2 的线圈通电准备好条件,再按下启动按钮 SF_4,电动机 MA_2 方可启动运转。

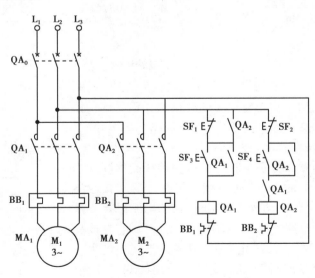

图 6.4.1 顺序联锁控制电路

为了实现停车的先后顺序,在停止按钮 SF_1 的两端并联了一个 QA_2 的动合触点。只有当 QA_2 线圈断电,电动机 MA_2 停车后,该触点断开,按下 SF_1 才能使 QA_1 线圈断电,MA_1 停车。该电路的保护与前两节的电路相同。

6.5　行程控制

生产中由于工艺和安全的要求,常常需要控制某些机械的行程和位置。例如,龙门刨床的工作台要求进行往复运动,或工作台达到极限位置时,必须自动停下来。像这一类的行程控制可以利用行程开关来实现。

6.5.1　行程开关

行程开关(travel switch)又称限位开关,它的种类甚多,但动作原理大致相同。图 6.5.1 所示是比较典型的几种行程开关。其中,如图 6.5.1(a)所示为微动开关,其工作原理类似按钮。当压下微动开关的触杆到一定距离时,弹簧 1 使动触点瞬时向上动作,于是动断触点断开,动合触点闭合,而触点的切换速度不受触杆下压速度的影响。当外力除去后,触杆在弹簧 2 的作用下迅速复位,动合和动断触点立即恢复原状。

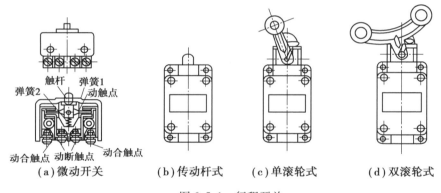

图 6.5.1　行程开关

其他几种行程开关则是利用不同的推杆机构来推动装设在密封外壳中的开关。其中,传动杆式和单滚轮式能自动复位,双滚轮式则不能自动复位,它是依靠外力从两个方向来回撞击滚轮,使其触点不断改变状态。近年来,为了提高行程开关的使用寿命和操作频率,已开始采用晶体管无触点行程开关(又称接近开关)。

行程开关的图形符号和文字符号见表 6.2.1。

6.5.2　控制电路

图 6.5.2(a)是用行程开关控制工作台自动往返的示意图。行程开关 BG_1 和 BG_2 分别控制工作台左右移动的行程,由安装在工作台侧面的撞块 A 和 B 撞击,使工作台自动往返。其工作行程和位置由撞块位置来调整。BG_3 和 BG_4 分别为左右移动的终端限位保护开关。当 BG_1 或 BG_2 失灵时,BG_3 或 BG_4 起作用,防止工作台超出极限位置而发生严重事故。

为了实现上述要求,控制电路应在图 6.3.1 所示正反转电路的基础上,分别在正、反转辅助电路中串联行程开关 BG_3、BG_4 和 BG_1、BG_2 的动断触点,并在正转、反转启动按钮 SF_2 和 SF_3 的两端分别并联 BG_2 和 BG_1 的动合触点。BG_1 和 BG_2 的动合触点和动断触点是机械联动的,具有联锁作用。其辅助电路如图 6.5.2(b)所示(主电路与图 6.3.1 相同,从略)。

当按下正转启动按钮 SF$_2$,正转接触器 QA$_1$ 的线圈通电,电动机正转,假设使工作台向左移动。当工作台移动到预定位置时,撞块 A 压下行程开关 BG$_1$,BG$_1$ 的动断触点断开,切断正转接触器 QA$_1$ 的线圈电路,电动机停止正转。紧接着,BG$_1$ 的动合触点和 QA$_1$ 的动断触点闭合,接通反转接触器 QA$_2$ 的线圈电路,电动机便反转,使工作台向右移动。撞块 A 离开后,行程开关 BG$_1$ 自动复位。

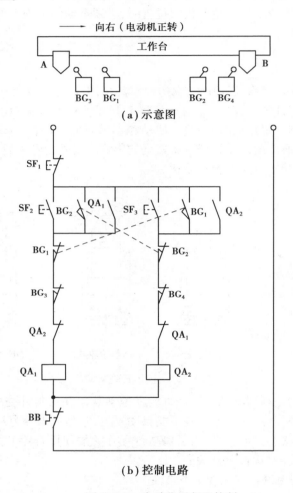

图 6.5.2　自动往返行程控制

当工作台移动到另一端的预定位置时,撞块 B 压下行程开关 BG$_2$,BG$_2$ 的动断触点断开而动合触点闭合,电动机停止反转后又正转,工作台又向左移动。如此周而复始,工作台便在预定的行程内自动往返,直到按下停止按钮 SF$_1$ 为止。

6.6　时间控制

时间控制或称时限控制,是按照所需的时间间隔来接通、断开或换接被控制的电路,以协调和控制生产机械的各种动作。例如三相笼型异步电动机的星形-三角形减压启动,启动时定子三相绕组连接成星形,经过一段时间,转速上升到接近正常转速时换接成三角形,像这一类的时间控制可以利用时间继电器来实现。

6.6.1　时间继电器

时间继电器(time relay)的种类很多,结构原理也不一样,常用的交流时间继电器有空气式、电动式和电子式等多种。这里只介绍自动控制电路中应用较多的空气式时间继电器,如图6.6.1 所示。

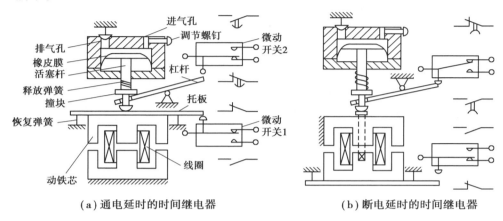

（a）通电延时的时间继电器　　　　（b）断电延时的时间继电器

图 6.6.1　时间继电器

图 6.6.1(a)是通电延时的空气式时间继电器的结构原理图。它是利用空气阻尼的原理来实现延时的。主要由电磁铁、触点、气室和传动机构等组成。当线圈通电后,将动铁芯和固定在动铁芯上的托板吸下,使微动开关 1 中的各触点瞬时动作。与此同时,活塞杆及固定在活塞杆上的撞块失去托板的支持,在释放弹簧的作用下,也要向下移动,但由于与活塞杆相连的橡皮膜跟着向下移动时,受到空气的阻尼作用,所以活塞杆和撞块只能缓慢地下移。经过一定时间后,撞块才触及杠杆,使微动开关 2 中的动合触点闭合,动断触点断开。从线圈通电开始到微动开关 2 中触点完成动作为止的这段时间就是继电器的延时时间。延时时间的长短可通过延时调节螺钉调节气室进气孔的大小来改变。延时范围有 0.4 ~ 60 s 和 0.4 ~ 180 s 两种。

线圈断电后,依靠恢复弹簧的作用复原,气室中的空气经排气孔(单向阀门)迅速排出,微动开关 2 和 1 中的各对触点都瞬时复位。

图 6.6.1(a)所示的时间继电器是通电延时的,它有两副延时触点:一副是延时断开的动断触点;一副是延时闭合的动合触点。此外,还有两副瞬时动作的触点:一副动合触点和一副动断触点。

时间继电器也可以做成断电延时的,如图 6.6.1(b)所示,只要把铁芯倒装即可。它也有两副延时触点:一副是延时闭合的动断触点;一副是延时断开的动合触点。此外还有两副瞬时动作的触点:一副动合触点和一副动断触点。

近年来,有一种组件式交流接触器,在需要使用时间继电器时,只需将空气阻尼组件插入交流接触器的座槽中,接触器的电磁机构兼作时间继电器的电磁机构,从而可以减小体积、降低成本、节省电能。除此之外,目前体积小、耗电少、性能好的电子式时间继电器已得到了广泛的应用。它是利用半导体器件来控制电容的充放电时间以实现延时功能的。

时间继电器的图形符号和文字符号见表 6.2.1。

6.6.2　控制电路

三相笼型异步电动机星形-三角形启动的控制电路如图 6.6.2 所示。为了实现由星形到三角形的延时转换,采用了时间继电器 KF 延时断开的动断触点。控制电路的动作过程如下:

按下启动按钮 SF_2,接触器 QA_Y 线圈通电,QA_Y 主触点闭合,使电动机接成 Y 形。QA_Y 的动断辅助触点断开,切断了 $QA_\triangle$ 的线圈电路,实现互锁。

QA_Y 的动合辅助触点闭合,使接触器 QA_1 和时间继电器 KF 的线圈通电,QA_1 的主触点闭合,使电动机在星形连接下启动。同时,QA_1 的动合辅助触点闭合,把启动按钮 SF_2 短接,实现自锁。

经过一定延时后,时间继电器 KF 延时断开的动断触点断开,使接触器 QA_Y 线圈断电,QA_Y 各触点恢复常态并使接触器 $QA_\triangle$ 的线圈通电,$QA_\triangle$ 的主触点闭合,电动机便改接成三角形正常运行。同时,接触器 $QA_\triangle$ 的动断辅助触点断开,切断了 QA_Y 和 KF 的线圈电路,实现互锁。

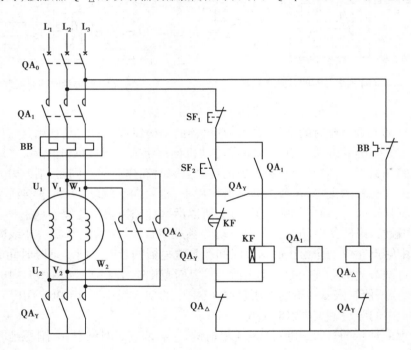

图 6.6.2　星形-三角形启动控制电路

6.7　可编程控制器

可编程控制器诞生于 20 世纪 60 年代末期,当时称为可编程序逻辑控制器(Programmable Logic Controller),简称 PLC,70 年代中期被正式命名为可编程控制器(Programmable Controller),简称 PC。为了避免与个人计算机(Personal computer)的简称 PC 混淆,所以仍用 PLC 作为可编程控制器的简称。它是一种把计算机技术和自动化技术融为一体的工业控制装置,能够代替继电器-接触器控制,实现逻辑控制、顺序控制、定时和计数等功能。高档机型还能像计算机一样,进行数据处理、数据运算、模拟量控制及通信联网等功能。由于它把计算机的功能完备、灵活性和通用性强等特点与继电器-接触器控制的简单易懂、价格便宜等优点结合在一起,问世以来,深得使用者的欢迎,应用日益广泛,发展十分迅速。

6.7.1　等效电路

PLC 虽然是一种工业用计算机,但初学者为简单易懂起见,可以不必从计算机的角度对其内部结构做深入了解,只需将它看成是一个由很多普通继电器(中间继电器)、定时器(时间继电器)和计数器等组成的装置,并可以根据需要选择其中若干个元器件组成控制电路。现以利用 PLC 实现三相异步电动机的正反转控制为例来说明其工作原理。图 6.7.1 是实现这一控制的等效电路。与继电器-接触器控制相比,主电路不变,而辅助电路的功能则通过 PLC 来实现。PLC 等效电路可分为输入接口单元、输出接口单元和逻辑运算单元三个基本组成部分。

(1)输入接口单元

输入接口单元由输入接线端子和输入继电器(I)线圈组成,负责收集和输入控制电路的操作命令和控制信息。输入接线端子是 PLC 与外部控制信息连接的端口,其中,COM 是公共接线端子,与 PLC 内部提供的 24 V 直流电源相连。其余各输入接线端子都与一个输入继电器的线圈相连,并且在图 6.7.1 中标以同一文字符号。每一个输入继电器都提供足够多的动合和动断触点供逻辑运算单元使用。通常将输入继电器的数量称为输入点数。输入继电器采用八进制或十六进制进行编号,例如 I0.0 ~ I0.7,I1.0 ~ I1.7 等,不同型号的 PLC 各类继电器的编号方式不尽相同。

在本电路中,操作命令和控制信息来自外接的三个按钮 SF_1、SF_2 和 SF_3(这里全部采用含有动合触点的按钮,也可以采用含有动断触点的按钮)和热继电器 BB 的动断触点。将它们分别接到 PLC 的 4 个输入接线端子上。

(2)输出接口单元

输出接口单元由输出接线端子和各输出继电器(Q)的一副动合触点组成,负责连接驱动 PLC 的被控对象和外部负载。输出接线端子是 PLC 与外部被控对象连接的端口。其中,公共接线端子 COM 与外部 220 V 的交流电源相连,其余输出接线端子都与对应的编号相同的输出继电器的一副动合触点相连。输出继电器的线圈和其他触点则在逻辑运算单元中。通常将输出继电器的数量称为输出点数。输出继电器也采用八进制或十六进制进行编号。

在本电路中,被控对象为外接的两个接触器 QA_1 和 QA_2 的线圈,将它们分别接到 PLC 的两个输出接线端子上。

(3)逻辑运算单元

逻辑运算单元由输入继电器(I)、输出继电器(Q)、辅助继电器(M)、定时器(T)和计数器(C)等组成,也采用八进制或十六进制进行编号。逻辑运算单元是 PLC 的核心,PLC 中的各种控制功能都是由这个单元通过送入的程序来实现的。

在本电路中,根据对三相异步电动机实现正反转控制的要求,通过送入的程序使逻辑运算单元中的继电器线圈和触点连接成图 6.7.1 所示电路。电路的操作和动作过程如下:

按 SF_1→I0.0 线圈通电→I0.0 动合触点闭合→Q0.0 线圈通电→Q0.0 动合触点(接至 Q0.0

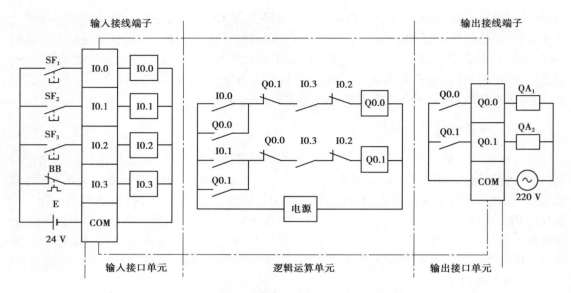

图 6.7.1 电动机的正反转控制 PLC 等效电路

接线端)闭合→QA₁ 线圈通电→电动机正转→Q0.0 动合触点(与 I0.0 动合触点并联)闭合→实现自锁→Q0.0 动断触点(与 Q0.1 线圈串联)断开→实现互锁。

按 SF₃→I0.2 线圈通电→I0.2 动断触点断开→Q0.0 线圈断电→Q0.0 动合触点(接至 Q0.0 接线端)断开→QA₁ 线圈断电→电动机停转→Q0.0 动合触点(与 I0.0 动合触点并联)断开→撤销自锁→Q0.0 动断触点(与 Q0.1 线圈串联)闭合→撤销互锁。

按 SF₂ 电动机反转,动作过程可自行分析。

图 6.7.1 所示电路在正常工作时,热继电器 BB 的动断触点是闭合的,所以 PLC 的输入继电器 I0.3 的线圈通电,它的动合触点是闭合的。当电动机过载而使热继电器的动断触点断开时,PLC 的输入继电器 I0.3 的线圈断电,它的两个动合触点断开,使得输出继电器 Q0.0 或 Q0.1 的线圈断电,输出继电器在输出接口单元中的动合触点 Q0.0 或 Q0.1 断开,接触器 QA₁ 或 QA₂ 的线圈断电,它的主触点断开,电动机停止运转,从而实现了过载保护。

6.7.2 梯形图

本节以前介绍的继电器-接触器控制电路,是利用导线将各个电器的有关部件连接起来而实现其控制功能。在 PLC 中的继电器并非真正的电磁继电器,而是由微机来实现的软继电器,因此除输入和输出接线端子与外部的元器件(如按钮和接触器线圈)需要连接外,在 PLC 内部的各继电器线圈和触点之间可不用导线连接,而是利用编程器等外围设备将程序用按键写入 PLC 中来实现的。输入程序前需要编写程序。梯形图(magram)就是一种比较通用的编程语言,它是在继电器-接触器控制电路的基础上演变而来的,由于它直观易懂,为电气技术人员所熟悉,因而是应用最多的一种编程语言。

绘制梯形图时,首先要根据控制要求确定需要的输入和输出(I/O)点数。现在仍以图 6.7.1 所示的电动机正反转控制电路为例,根据该电路的控制要求,操作命令和控制信息是由三个按钮的动合触点和热继电器的动断触点输入的。它们是 PLC 的输入变量,需接在四个输入接线端子上,可分配为 I0.0、I0.1、I0.2、I0.3。两个接触器的线圈是被控对象,需接在两个输出接线端子上,可分配为Q0.0、Q0.1。故总共需要四个输入点、两个输出点。下面列出I/O分配表及外部接线图,如图6.7.2所示。

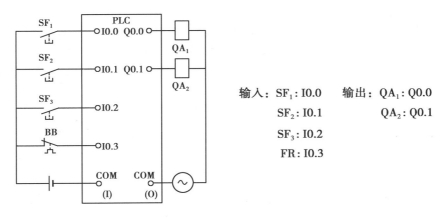

图6.7.2　外部接线图

输入：SF₁：I0.0　　输出：QA₁：Q0.0

SF₂：I0.1　　　　　　QA₂：Q0.1

SF₃：I0.2

FR：I0.3

　　然后按照控制要求画出梯形图,如图6.7.3所示,它实际上就是图6.7.1所示逻辑运算单元中的等效电路。梯形图由1条竖线和与之分别相连的多个阶层构成,整个图形呈阶梯形。每个阶层由多种编程元素串并联而成。在编程元素中,用 ─┤├─ 表示动合触点,用 ─┤/├─ 表示动断触点,用 ─< >─ 表示继电器线圈。梯形图要从上至下,从左至右按行绘制。左侧安排输入触点或辅助继电器(M)、定时器(T)、计数器(C)等的触点,并且让并联触点多的支路靠近左侧竖线。输出元素,例如输出继电器线圈必须画在最右侧。每个编程元素(触点和线圈)都对应有一个编号。图6.7.3梯形图输入继电器只供PLC接受外部输入信号,不能由内部其他继电器的触点驱动。因此,梯形图中只出现输入继电器的触点,而不出现输入继电器的线圈。输入继电器的触点就代表了相应的输入信号。

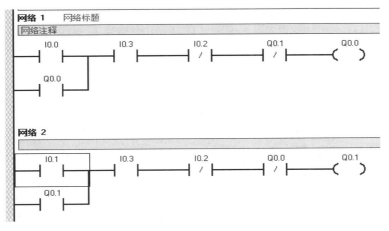

图6.7.3　电机正反转梯形图

　　输出继电器供PLC作输出控制用,但也提供了多副供内部使用的触点。在梯形图中只出现输出继电器的线圈和供内部使用的触点。输出继电器线圈的状态就代表了相应的输出信号。

继电器的内部触点数量一般可以无限引用,既可动合,也可动断。

6.7.3　语句表

语句表(Statement List)是用指令的助记符来进行编程的。与计算机相比,PLC 的语句表学习方便,使用简单,因而它是小型 PLC 常用的一种编程语言。

不同厂家的 PLC,语句表使用的助记符各不相同,西门子公司和三菱公司产品的基本指令的助记符见表 6.7.1。

表 6.7.1　PLC 的基本指令表

指令种类	助记符号		内　容
	西门子	三菱	
触点指令	LD	LD	动合触点与左侧竖线相连或处于支路的起始位置
	LDI	LDI	动断触点与左侧竖线相连或处于支路的起始位置
	A	AND	动合触点与前面部分的串联
	AN	ANI	动断触点与前面部分的串联
	O	OR	动合触点与前面部分的并联
	ON	ORI	动断触点与前面部分的并联
连续指令	OLD	ORB	串联触点组之间的并联
	ALD	ANB	并联触点组之间的串联
特殊指令	=	OUT	驱动线圈的指令
	END	END	结束指令

语句表通常是根据梯形图来编写的。例如对图 6.7.3 所示的梯形图来说,参照表 6.7.1 便可写出语句表如下(采用西门子产品的助记符):

LD	I0.0	LD	I0.1	END	
O	Q0.0	O	Q0.1		
AN	Q0.1	AN	Q0.0		
A	I0.3	A	I0.3		
AN	I0.2	AN	I0.2		
=	Q0.0	=	Q0.1		

LD 和 LDI 是触点与左侧竖线连接的指令,还可以与 OLD 或 ALD 配合用于支路的开始(详见后面的图 6.7.4 和图 6.7.5)。

AN、O、ON 是用于串联或并联一个触点的指令。若是两个或两个以上触点串联而成的串联触点组进行并联时,如图 6.7.4 所示,在每个串联触点组的起点用 LD 或 LDI 开始,而在每次并联一个串联触点组后加指令 OLD。OLD 是一条独立指令,后面不带元件号。

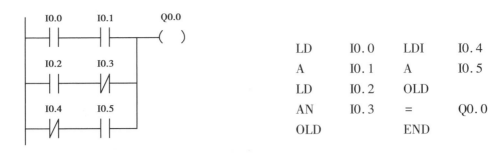

图 6.7.4　OLD 的用法

若是两个或两个以上触点并联而成的并联触点组进行串联时,如图 6.7.5 所示,在每个并联触点组的起点用 LD 或 LDI 开始,而在每次串联一个并联触点组后加指令 ALD。ALD 也是一条独立指令,后面不带元件号。

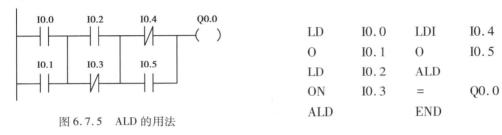

图 6.7.5　ALD 的用法

至于混联情况下 OLD 和 ALD 的使用方法则如图 6.7.6 所示。

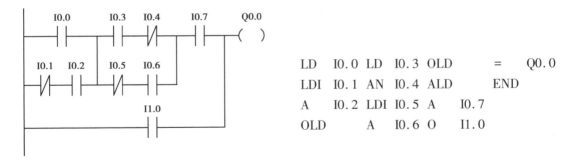

图 6.7.6　混联时 OLD 和 ALD 的用法

"="是驱动线圈的指令,可重复使用,如图 6.7.7 所示。

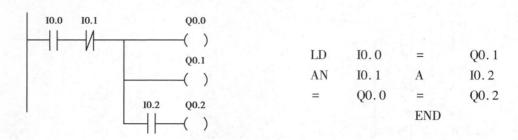

图 6.7.7 "＝"的用法

PLC 中的定时器可作时间继电器使用。西门子公司生产的 PLC,按工作方式的不同,定时器又分为接通延时定时器(TON)、有记忆接通延时定时器(TONR)和断开延时定时器(TOF)三种。一般作时间继电器使用时,采用 TON 即可。TON 定时器的数量视机型和中央处理器(CPU)型号而异,例如 S7-200 CPU212 型的 TON 定时器有 64 个,采用 TO～T63 的编号方式。其计时分辨率分为 1 ms、10 ms 和 100 ms 三种。它们的编号和最大延时时间见表 6.7.2。定时器的延时时间为设定值乘以分辨率来表示,例如编号为 T33～T36 的 TON 定时器,设定值为 100 的延时时间为 $100 \times 10 \times 10^{-3}$ s。

表 6.7.2 TON 定时器的编号和最大延时时间

计时分辨率/ms	编　号	最大延时时间/s
1	T32	32.767
10	T33～T36	327.67
100	T37～T63	3 276.7

在梯形图中,定时器的符号如图 6.7.8 所示。TON 表示定时器的种类,T33 是定时器的编号,IN 是控制信号输入端,PT 是延时时间设定值端。在相应的语句表中,在 TON 后接 T33,再加上延时时间设定值 300。该图中的 I0.0 闭合时,定时器开始计时,3 s 后,定时器的 T33 动合触点闭合,T33 动断触点断开。I0.0 断开时,定时器复位。

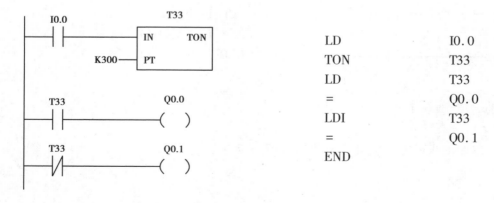

图 6.7.8 定时器的使用

受篇幅所限,PLC 的其他功能和指令就不介绍了,读者可查阅有关机型的用户手册。

最后,通过将图 6.6.2 所示三相笼型异步电动机的星形-三角形启动控制电路改用 PLC 控制,再来复习一下 PLC 的编程方法。主电路不变,由图 6.6.2 可知,改用 PLC 控制时,需要 3 个输入点和 3 个输出点,其分配方案和外部接线图如图 6.7.9(a)所示。根据星形-三角形启动的控制要求,画出如图 6.7.9(b)所示的梯形图。

6-1 低压电器控制图转为 PLC 控制

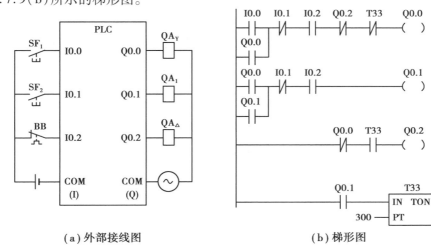

(a)外部接线图　　　　　　(b)梯形图

图 6.7.9　电动机星形-三角形启动控制

LD	I0.0	=	Q0.0	LDI	Q0.0	
O	Q0.0	LD	Q0.0	A	T33	
AN	I0.1	O	Q0.1	=	Q0.2	
A	I0.2	AN	I0.1	LD	Q0.1	
AN	Q0.2	A	I0.2	TON	T33	300
AN	T33	=	Q0.1	END		

练习题

1.习题图 6.1 所示的各电路能否控制异步电动机的启停? 为什么?

2.画出既能点动又能长动的三相笼型异步电动机的继电器-接触器控制电路。

3.画出能在两地分别控制同一台笼型电动机启停的继电器-接触器控制电路。

4.试分析习题图 6.2 所示正反转控制电路中有哪些错误,并说明这些错误所造成的后果。

5.两条皮带运输机分别由两台笼型异步电动机拖动,由一套启停按钮控制它们的启停。为了避免物体堆积在运输机上,要求电动机按下述顺序启动和停车:启动时,MA₁ 启动后 MA₂才随之启动;停止时,MA₂ 停止后 MA₁ 才随之停止,试画出控制电路。

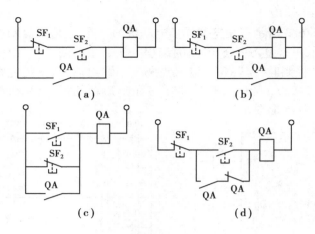

习题图 6.1

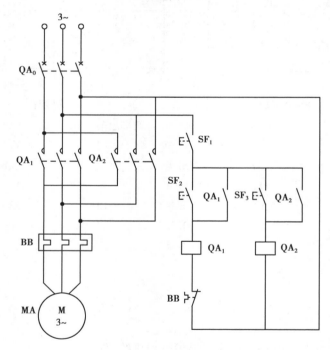

习题图 6.2

6. 图 6.5.2 是工作台能自动往返的行程控制电路,若要求工作台退回到原位停止,怎么办?

7. 习题图 6.3 是三相异步电动机正反转启停控制电路。控制要求是:在正转和反转的预定位置能自动停车,并具有短路、过载和失压保护。请找出图中错误,画出正确的控制电路。

8. 习题图 6.4 所示电路也是三相笼型异步电动机的星形-三角形启动控制电路(主电路未变,故未画出)。试简要说明其操作和动作过程。

9. 试写出习题图 6.5 所示梯形图的语句表。

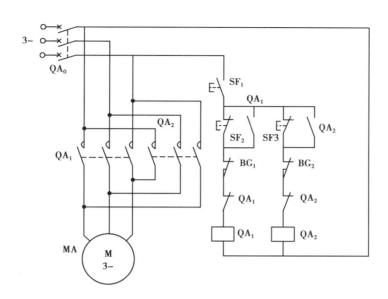

习题图 6.3

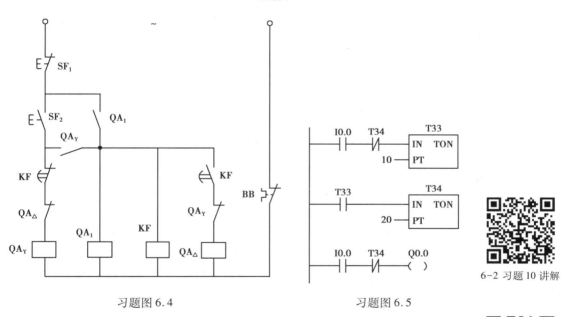

习题图 6.4

习题图 6.5

6-2 习题 10 讲解

6-3 习题 12 讲解

10. 试画出下述语句表所对应的梯形图。

LD	I0.0	LDI	I0.4	ALD	
A	I0.1	A	I0.5	O	
LDI	I0.2	LD	I0.6	=	I1.0
A	I0.3	AN	I0.7		Q0.0
OLD		OLD		END	

11. 若将图 6.7.1 中的停止按钮 SF_1 改用动断按钮,试画出梯形图,写出语句表。

12. 若将图 6.4.1 所示顺序联锁控制电路改用 PLC 控制,试画出梯形图,写出语句表。

第 7 章
二极管和晶体管

二极管和晶体管是最常用的半导体器件。它们的基本结构、工作原理、特性和参数是学习电子技术和分析电子电路必不可少的基础,而 PN 结又是构成各种半导体器件的共同基础。因此,本章从讨论半导体的导电特性和 PN 结的基本原理(特别是它的单向导电性)开始,然后介绍二极管和晶体管,为以后的学习打下基础。

7.1 半导体的导电特性

7.1.1 本征半导体

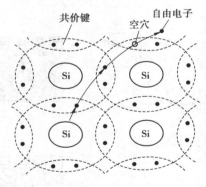

图 7.1.1 本征半导体中自由电子和空穴的形成

本征半导体就是完全纯净的、具有晶体结构的半导体。用得最多的半导体是硅和锗。将硅或锗材料提纯并形成单晶体后,所有原子便基本上排列整齐,其平面示意图如图 7.1.1 所示。它们都是四价元素,原子外层有 4 个价电子。每一个原子与相邻的 4 个原子结合,每个原子的一个价电子与另一原子的一个价电子组成共价键结构。在获得一定能量(热、光等)后,少量价电子即可挣脱原子核的束缚而成为自由电子,同时在共价键中就留下一个空位,称为空穴。

在外电场的作用下,自由电子做定向移动,形成电子电流。带正电的空穴吸引相邻原子中的价电子来填补,而在该原子的共价键中产生另一个空穴。空穴被填补和相继产生的现象,可以理解为空穴在移动,形成空穴电流。

因此,在半导体中同时存在着电子导电和空穴导电。自由电子和空穴都称为载流子。在本征半导体中,自由电子和空穴总是成对出现,同时又不断复合。

7.1.2　N 型半导体和 P 型半导体

本征半导体虽然有自由电子和空穴两种载流子,但由于数量极少,导电能力仍然很低。如果在其中掺入微量的杂质(某种元素),这将使掺杂后的半导体(杂质半导体)的导电性能大大增强。

例如在硅晶体中掺入五价元素磷。当一个硅原子被磷原子取代时,磷原子的 5 个价电子中只有 4 个用于组成共价键,多余的一个很容易挣脱磷原子核的束缚而成为自由电子,如图 7.1.2 所示。由于自由电子大量增加,电子导电成为这种半导体的主要导电方式,故称它为 N 型半导体,其中自由电子是多数载流子,而空穴则是少数载流子。

又如在硅晶体中掺三价元素硼。每个硼原子只有 3 个价电子,故在组成共价键时将因缺少一个电子而产生一个空位。相邻硅原子的价电子就有可能填补这个空位,而在该原子中便产生一个空穴,如图 7.1.3 所示。每个硼原子都能提供一个空穴,于是空穴大量增加,空穴导电成为这种半导体的主要导电方式,故称它为 P 型半导体,其中空穴是多数载流子,自由电子是少数载流子。

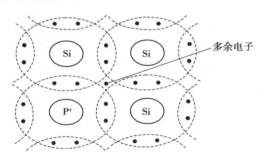 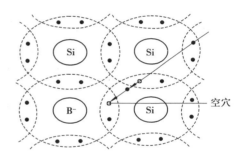

图 7.1.2　硅晶体中掺磷出现自由电子　　　　图 7.1.3　硅晶体中掺硼出现空穴

7.1.3　PN 结及其单向导电性

通常是在一块 N 型(或 P 型)半导体的局部再掺入浓度较大的三价(五价)杂质,使其变为 P 型(N 型)半导体。在 P 型半导体和 N 型半导体的交界面就形成一个特殊的薄层,称为 PN 结。

当在 PN 结上加正向电压,即电源正极接 P 区、负极接 N 区时,如图 7.1.4(a)所示,P 区的多数载流子空穴和 N 区的多数载流子自由电子在电场作用下通过。

当在 PN 结上加反向电压时,如图 7.1.4(b)所示,P 区和 N 区的多数载流子受阻,难于通过 PN 结。但 P 区的少数载流子自由电子和 N 区的少数载流子空穴在电场作用下却能通过 PN 结进入对方,形成反向电流。由于少数载流子数量很少,因此反向电流极小。此时 PN 结呈现高电阻,处于截止状态。

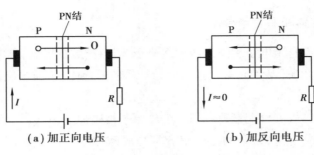

（a）加正向电压　　　　　　　（b）加反向电压

图7.1.4　PN结的单向导电性

7.2　二极管

7-1 二极管讲解与实例

7.2.1　基本结构

将PN结加上电极引线和管壳,就成为二极管。按结构分,二极管有点接触型、面接触型和平面型三类。点接触型二极管(一般为锗管)如图7.2.1(a)所示,它的PN节面积很小,因此不能通过较大电流,但其高频性能好,故一般适用于高频和小功率的工作,也用作数字电路中的开关元件。面接触型二极管(一般为硅管)如图7.2.1(b)所示。它的PN结面积大,故可通过较大电流,但其工作频率较低,一般用作整流。平面型二极管如图7.2.1(c)所示,可用作大功率整流管和数字电路中的开关管。图7.2.1(d)是二极管的表示符号。

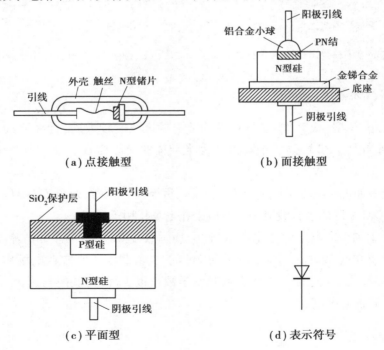

（a）点接触型　　　　　　　　（b）面接触型

（c）平面型　　　　　　　　　（d）表示符号

图7.2.1　二极管的结构

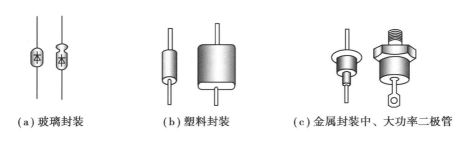

(a) 玻璃封装　　　　(b) 塑料封装　　　　(c) 金属封装中、大功率二极管

图 7.2.2　常见二极管的外形图

7.2.2　伏安特性

二极管既然是一个 PN 结,当然具有单向导电性,其伏安特性曲线如图 7.2.3 所示。由图可见,当外加正向电压很低时,正向电流很小,几乎为零。当正向电压超过一定数值后,电流增大很快。这个一定数值的正向电压称为死区电压。通常,硅管的死区电压约为 0.5 V,锗管约为 0.1 V。导通时的正向压降,硅管为 0.6 ~ 0.7 V,锗管为 0.2 ~ 0.3 V。

在二极管上加反向电压时,反向电流很小。但当把反向电压加大至某一数值时,反向电流将突然增大。这种现象称为击穿,二极管失去单向导电性。产生击穿时的电压称为反向击穿电压 $U_{(BR)}$。

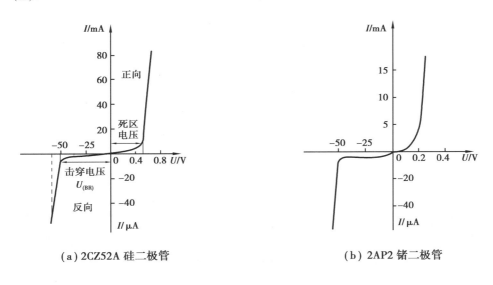

(a) 2CZ52A 硅二极管　　　　　　　(b) 2AP2 锗二极管

图 7.2.3　二极管的伏安特性曲线

7.2.3　主要参数

二极管的特性除用伏安特性曲线表示外,还可用一些数据来说明,这些数据就是二极管的参数。二极管的主要参数如下。

（1）**最大整流电流** I_{OM}

最大整流电流是指二极管长时间使用时，允许流过二极管的最大正向平均电流。点接触型二极管的最大整流电流在几十毫安以下。面接触型二极管的最大整流电流较大，如 2CZ52A 型硅二极管的大整流电流为 100 mA。当电流超过允许值时，将由于 PN 结过热而使管子损坏。

（2）**反向工作峰值电压** U_{RWM}

它是保证二极管不被击穿而给出的反向峰值电压，一般是反向击穿电压的 1/2 或 2/3。如 2CZ52A 硅管的反向工作峰值电压为 25 V，而反向击穿电压约为 50 V。点接触型二极管的反向工作峰值一般是数十伏，面接触型二极管可达数百伏。

（3）**反向峰值电流** I_{RM}

它是指二极管上加反向工作峰值电压时的反向电流值。反向电流大，说明二极管的单向导电性能差，并且受温度的影响大。硅管的反向电流较小，一般在几微安以下。锗管的反向电流较大，为硅管的几十到几百倍。

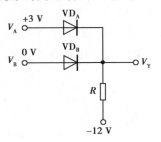

图 7.2.4　例 7.2.1 的图

二极管的应用范围很广，主要都是利用它的单向导电性。它可用于整流、检波、限幅、元件保护以及在数字电路中作为开关元件等。

【**例 7.2.1**】　在图 7.2.4 中，输入端电位 $V_A = +3$ V，$V_B = 0$ V，求输出端电位 V_Y。电阻 R 接负电源 −12 V。

【**解**】　因为 V_A 高于 V_B，所以二极管 VD_A 优先导通。如果二极管的正向压降是 0.3 V，则 $V_Y = +2.7$ V。当 VD_A 导通后，VD_B 上加的是反向电压，因而截止。

在这里，VD_A 起钳位作用，把输出端的电位钳在 +2.7 V。

7.3　稳压二极管

稳压二极管是一种特殊的面接触型半导体硅二极管。由于它在电路中与适当数值的电阻配合后能起稳定电压的作用，故称为稳压二极管。其表示符号和外形如图 7.3.1 所示。

稳压二极管的伏安特性曲线与普通二极管类似，如图 7.3.2 所示，其差异是稳压二极管的反向特性曲线比较陡。

稳压二极管工作于反向击穿区。从反向特性曲线上可以看出，反向电压在一定范围内变化时，反向电流很小。当反向电压增高到击穿电压时，反向电流剧增，如图 7.3.2 所示，稳压二极管反向击穿。此后，电流虽然在很大范围内变化，但稳压二极管两端的电压变化很小。利用这一特性，稳压二极管在电路中能起稳压作用。稳压二极管与一般二极管不一样，它的反向击穿是可逆的。当去掉反向电压之后，稳压二极管又恢复正常。但是，如果反向电流超过允许范围，稳压二极管将会发生热击穿而损坏。

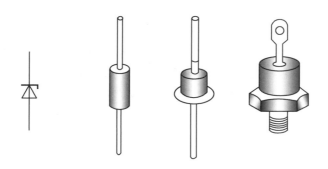

图 7.3.1　稳压二极管的表示符号和外形图

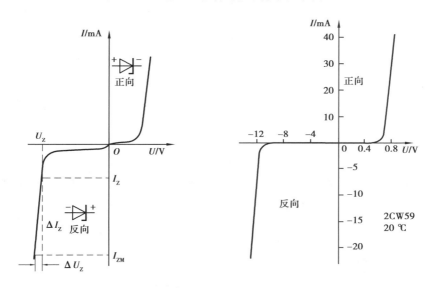

图 7.3.2　稳压二极管的伏安特性曲线

稳压二极管的主要参数有下面几个：

（1）**稳定电压** U_Z

稳定电压就是稳压二极管在正常工作下管子两端的电压。手册中所列的都是在一定条件（工作电流、温度）下的数值，即使是同一型号的稳压二极管，由于工艺方面和其他原因，稳压值也有一定的分散性。例如 2CW59 稳压二极管的稳压值为 10～11.8 V。

（2）**电压温度系数** α_U

这是说明稳压值受温度变化影响的系数。例如 2CW59 稳压二极管的电压温度系数是 0.095%/℃，就是说温度每增加 1 ℃，它的稳压值将升高 0.095%。假如在 20 ℃时的稳压值是 11 V，那么在 50 ℃时的稳压值将是 $\left[11+\dfrac{0.095}{100}(50-20)\times11\right]$ V = 11.3 V。

（3）**动态电阻** r_Z

动态电阻是指稳压二极管端电压的变化量与相应的电流变化量的比值，即稳压二极管的反向伏安特性曲线越陡，则动态电阻越小，稳压性能越好。

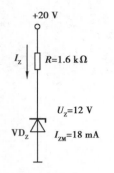

图7.3.3 例7.3.1的图

（4）**稳定电流** I_Z

稳压二极管的稳定电流只是一个作为依据的参考数值,设计选用时要根据具体情况(例如工作电流的变化范围)来考虑。但对每一种型号的稳压二极管,都规定有一个最大稳定电流 I_{ZM}。

（5）**最大允许耗散功率** P_{ZM}

管子不致发生热击穿的最大功率损耗 $P_{ZM} = U_Z I_{ZM}$。

【**例**7.3.1】 在图7.3.3中,通过稳压二极管的电流 I_Z 等于多少? R 是限流电阻,其值是否合适?

【**解**】 $I_Z = \dfrac{20-12}{1.6 \times 10^3}$ A $= 5 \times 10^{-3}$ A $= 5$ mA, $I_Z < I_{ZM}$,电阻值合适。

7.4 晶体管

晶体管又称半导体三极管,是最重要的一种半导体器件。它的放大作用和开关作用促使电子技术飞跃发展。

7.4.1 基本结构

晶体管的结构,目前最常见的有平面型和合金型两类,如图7.4.1所示。硅管主要是平面型,锗管主要是合金型。常见晶体管的外形如图7.4.2所示。

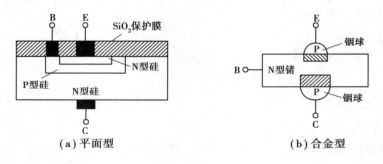

（a）平面型　　　　　　　　　（b）合金型

图7.4.1 晶体管的结构

 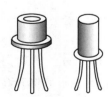

（a）硅酮塑料封装　　　（b）金属封装小功率管　　　（c）金属封装大功率管

图7.4.2 常见晶体管的外形图

不论平面型或合金型,都分成 NPN 或 PNP 三层,因此又把晶体管分为 NPN 型和 PNP 型两类,其结构示意图和表示符号如图7.4.3所示。

每一类都分成基区、发射区和集电区,分别引出基极 B、发射极 E 和集电极 C。每一类都有两个 PN 结。基区和发射区之间的结称为发射结,基区和集电区之间的结称为集电结。

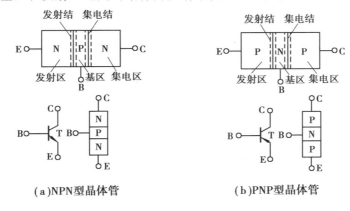

(a)NPN型晶体管　　　　　　　　　(b)PNP型晶体管

图 7.4.3　晶体管的结构示意图和表示符号

7.4.2　电流分配和放大原理

晶体管的放大原理和其中的电流分配,可以通过实验来说明。实验电路如图 7.4.4 所示。把晶体管接成两个电路:基极电路和集电极电路。发射极是公共端,因此这种接法称为晶体管的共发射极接法。如果用的是 NPN 型硅管,电源 E_B 和 E_C 的极性必须照图中那样接法,使发射结上加正向电压(正向偏置),同时使 E_C 大于 E_B,集电结加的是反向电压(反向偏置),晶体管才能起到放大作用。

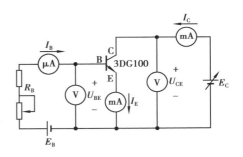

图 7.4.4　晶体管电流放大的实验电路

设 $E_C = 6\text{ V}$,改变可变电阻 R_B,则基极电流 I_B、集电极电流 I_C 和发射极电流 I_E 都发生变化。电流方向如图 7.4.4 所示。测量结果列于表 7.4.1 中。

表 7.4.1　晶体管电流测量数据

I_B/mA	0	0.02	0.04	0.06	0.08	0.10
I_C/mA	<0.001	0.70	1.50	2.30	3.10	3.95
I_E/mA	<0.001	0.72	1.54	2.36	3.18	4.05

由此实验及测量结果可得出如下结论:

①观察实验数据中的每一列,可得

$$I_E = I_C + I_B$$

此结果符合基尔霍夫电流定律。

②I_C 和 I_E 比 I_B 大得多。从第三列和第四列的数据可知,I_C 与 I_B 的比值分别为

$$\bar{\beta} = \frac{I_C}{I_B} = \frac{1.50}{0.04} = 37.5 , \quad \bar{\beta} = \frac{I_C}{I_B} = \frac{2.30}{0.06} = 38.3$$

这就是晶体管的电流放大作用。$\bar{\beta}$ 称为共发射极静态电流（直流）放大系数。电流放大作用还体现在基极电流的少量变化 ΔI_B 可以引起集电极电流较大变化 ΔI_C。还是比较第三列和第四列的数据，可得出

$$\beta = \frac{\Delta I_C}{\Delta I_B} = \frac{2.30 - 1.50}{0.06 - 0.04} = 40$$

③当 $I_B = 0$（将基极开路时），$I_C = I_{CEO}$，表中 $I_{CEO} < 0.001\ \text{mA} = 1\ \mu\text{A}$。

④要使晶体管起放大作用，发射结必须正向偏置，发射区才可向基区发射电子；而集电结必须反向偏置，集电区才可收集从发射区发射过来的电子。

图 7.4.5 所示的是起放大作用时 NPN 型晶体管和 PNP 型晶体管中电流实际方向和发射结与集电结的实际极性（图 7.4.4 中如换用 PNP 型管，则电源 E_C 和 E_B 要反接）。发射结上加的是正向电压；由于 $|U_{CE}| > |U_{BE}|$，集电结上加的就是反向电压。此外还可看到：对 NPN 型管，U_{CE} 和 U_{BE} 都是正值；而对 PNP 型管，它们都是负值。

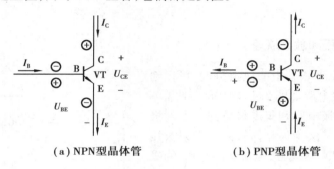

（a）NPN型晶体管　　　　　　（b）PNP型晶体管

图 7.4.5　电流方向和发射结与集电结的极性

7.4.3　特性曲线

晶体管的特性曲线能反映晶体管的性能，是分析放大电路的重要依据。最常用的是共发射极接法时的输入特性曲线和输出特性曲线。它们可以通过图 7.4.4 所示的实验电路进行测绘。

（1）输入特性曲线

输入特性曲线是指当集-射极电压 U_{CE} 为常数时，输入电路（基极电路）中基极电流与基-射极电压 U_{BE} 之间的关系曲线 $I_B = f(U_{BE})$，如图 7.4.6 所示。

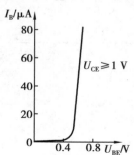

图 7.4.6　3DG100 晶体管的
　　输入特性曲线

对硅管而言，$U_{CE} \geq 1$ 时，集电结已反向偏置，可以把从发射区发射到基区的电子中的绝大部分拉入集电区。此后，U_{CE} 对 I_B 就不再有明显的影响。就是说 $U_{CE} > 1\ \text{V}$ 后的输入特性曲线基本上是重合的。所以，通常只画出 $U_{CE} \geq 1\ \text{V}$ 的一条输入特性曲线。

由图 7.4.6 可见，和二极管的伏安特性一样，晶体管输入特性也有一段死区。只有在发射结外加电压大于死区电压时，晶体管才会出现 I_B。硅管的死区电压约为 0.5 V，锗管的死区电压约为 0.1 V。在正常工作情况下，NPN 型硅管的发射结电压 $U_{BE} = (0.6 \sim 0.7)\text{V}$，PNP 型锗管的 $U_{BE} = (-0.3 \sim -0.2)\text{V}$。

（2）输出特性曲线

输出特性曲线是指当基极电流 I_B 为常数时,输出电路(集电极电路)中集电极电流 I_C 与集-射极电压 U_{CE} 之间的关系曲线 $I_C = f(U_{CE})$ 在不同的 I_B 下,可得出不同的曲线。所以晶体管的输出特性曲线是一组曲线,如图 7.4.7 所示。

通常把晶体管的输出特性曲线组分为三个工作区,就是晶体管有三种工作状态。今结合图 7.4.8 的电路来分析(集电极电路中接有电阻 R_C)。

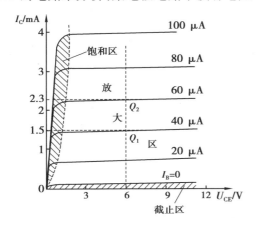

图 7.4.7　3DG100 晶体管的输出特性曲线

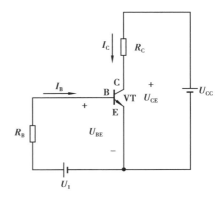

图 7.4.8　共发射电路

1）放大区

输出特性曲线的近于水平部分是放大区。在放大区, $I_C = \bar{\beta} I_B$ 。放大区也称线性区,因为 I_C 和 I_B 成正比的关系。如前所述,晶体管工作于放大状态时,发射结处于正向偏置,集电结处于反向偏置,即对 NPN 型管而言,应使 $U_{BE} > 0$, $U_{BC} < 0$ 。此时 $U_{CE} > U_{BE}$ 。

2）截止区

$I_B = 0$ 的曲线以下的区域称为截止区。 $I_B = 0$ 时, $I_C = I_{CEO}$ (表 7.4.1 中, $I_{CEO} < 0.001$ mA)。对 NPN 型硅管而言, $U_{BE} < 0.5$ V 时,即已开始截止,但是为了截止可靠,常使 $U_{BE} \leqslant 0$ 。截止时,集电结也处于反向偏置($U_{BC} < 0$)。此时, $I_C \approx 0$, $U_{CE} \approx U_{CC}$ 。

3）饱和区

当 $U_{CE} < U_{BE}$ 时,集电结处于正向偏置($U_{BC} > 0$),晶体管工作于饱和状态。在饱和区, I_B 的变化对 I_C 的影响较小,两者不成正比,放大区的 $\bar{\beta}$ 不能适用于饱和区。饱和时,发射结也处于正向偏置。此时, $U_{CE} \approx 0$, $I_C \approx \dfrac{U_{CC}}{R_C}$ 。

由上可知,当晶体管饱和时, $U_{CE} \approx 0$,发射极与集电极之间如同一个开关的接通,其间电阻很小;当晶体管截止时,发射极与集电极之间如同一个开关的断开,其间电阻很大。可见晶体管除了有放大作用外,还有开关作用。图 7.4.9 所示的就是晶体管的三种工作状态。

表 7.4.2 是晶体管结电压的典型值。

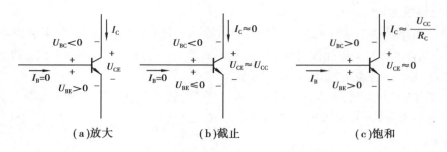

（a）放大　　　　　　（b）截止　　　　　　（c）饱和

图7.4.9　晶体管三种工作状态的电压和电流

表7.4.2　晶体管结电压的典型数据

管　型	工作状态				
	饱　和		放　大	截　止	
	U_{BE}/V	U_{CE}/V	U_{BE}/V	U_{BC}	
				开始截止	可靠截止
硅管（NPN）	0.7	0.3	0.6 ~ 0.7	0.5	≤0
锗管（PNP）	−0.3	−0.1	−0.3 ~ −0.2	−0.1	0.1

【例7.4.1】　在图7.4.8的电路中，$U_{CC}=6$ V，$R_C=3$ kΩ，$R_B=10$ kΩ，$\bar{\beta}=25$。当输入电压 U_1 分别为 3 V，1 V 和−1 V 时，试问晶体管处于何种工作状态？

【解】　由图7.4.9(c)可知，晶体管饱和时集电极电流近似为

$$I_C \approx \frac{U_{CC}}{R_C} = \frac{6}{3 \times 10^3} \text{ A} = 2 \times 10^{-3} \text{ A} = 2 \text{ mA}$$

晶体管刚饱和时的基极电流

$$I_B' = \frac{I_C}{\bar{\beta}} = \frac{2}{25} \text{ mA} = 0.08 \text{ mA} = 80 \text{ μA}$$

①当 $U_1 = 3$ V 时，$I_B = \dfrac{U_1 - U_{BE}}{R_B} = \dfrac{3-0.7}{10 \times 10^3} \text{ A} = 230 \times 10^{-6} \text{ A} = 230 \text{ μA} > I_B'$

晶体管已处于深度饱和状态。

②当 $U_1 = 1$ V 时，$I_B = \dfrac{U_1 - U_{BE}}{R_B} = \dfrac{1-0.7}{10 \times 10^3} \text{ A} = 30 \times 10^{-6} \text{ A} = 30 \text{ μA} < I_B'$

晶体管处于放大状态。

③当 $U_1 = -1$ V 时，晶体管可靠截止。

7.4.4　主要参数

晶体管的特性除用特性曲线表示外，还可用一些数据来说明，这些数据就是晶体管的参数。晶体管的参数也是设计电路、选用晶体管的依据。主要参数有下面几个：

（1）**电流放大系数 $\bar{\beta},\beta$**

如上所述,当晶体管接成共发射极电路时,在静态(无输入信号)时集电极电流 I_C 与基极电流 I_B 的比值称为共发射极静态电流(直流)放大系数。

$$\bar{\beta} = \frac{I_C}{I_B}$$

当晶体管工作在动态(有输入信号)时,基极电流的变化量为 ΔI_B,它引起集电极电流的变化量为 ΔI_C。$\Delta I_C / \Delta I_B$ 的比值称为动态电流(交流)放大系数。

$$\beta = \frac{\Delta I_C}{\Delta I_B}$$

【例 7.4.2】　从图 7.4.7 所给出的 3DG100 晶体管的输出特性曲线上,①计算 Q_1 处 $\bar{\beta}$;②由 Q_1 和 Q_2 两点计算 β。

【解】　①在 Q_1 点处,$U_{CE} = 6$ V,$I_B = 40$ μA $= 0.04$ mA,$I_C = 1.5$ mA,故

$$\bar{\beta} = \frac{I_C}{I_B} = \frac{1.5}{0.04} = 37.5$$

②由 Q_1 和 Q_2 两点($U_{CE} = 6$ V)得

$$\beta = \frac{\Delta I_C}{\Delta I_B} = \frac{2.3 - 1.5}{0.06 - 0.04} = \frac{0.8}{0.02} = 40$$

由此可见 β 和 $\bar{\beta}$ 的含义是不同的,但在输出特性曲线上近于平行等距,并且 I_{CEO} 较小的情况下,两者数值较为接近。今后在估算时,常用 $\bar{\beta} \approx \beta$ 这个近似关系。常用晶体管的 β 值为 $20 \sim 200$。

（2）**集-基极反向截止电流 I_{CBO}**

I_{CBO} 是当发射极开路时流经集电结的反向电流,其值很小。在室温下,小功率锗管的 I_{CBO} 约为几微安到几十微安,小功率硅管在 1 μA 以下。I_{CBO} 越小越好。硅管在温度稳定性方面胜于锗管。

（3）**集-射极反向截止电流 I_{CEO}**

I_{CEO} 是当基极开路($I_B = 0$)时的集电极电流,也称为穿透电流。硅管的 I_{CEO} 约为几微安,锗管约为几十微安,其值越小越好。

（4）**集电极最大允许电流 I_{CM}**

集电极电流 I_C 超过一定值时,晶体管的 β 值要下降。当 β 值下降到正常数值的 2/3 时的集电极电流 I_C,称为集电极最大允许电流 I_{CM}。因此,在使用晶体管时,I_C 超过 I_{CM} 并不一定会使晶体管损坏,但会以降低 β 值为代价。

（5）**集-射极反向击穿电压 $U_{(BR)CEO}$**

基极开路时,加在集电极和发射极之间的最大允许电压称为集-射极反向击穿电压 $U_{(BR)CEO}$。当电压 U_{CE} 大于 $U_{(BR)CEO}$ 时,I_{CEO} 突然大幅度上升,说明晶体管已被击穿。

（6）集电极最大允许耗散功率 P_{CM}

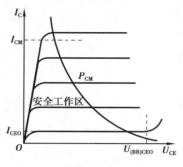

图 7.4.10　晶体管的安全工作区

由于集电极电流在流经集电结时将产生热量，使结温升高，从而会引起晶体管参数变化。当晶体管因受热而引起的参数变化不超过允许值时，集电极所消耗的最大功率称为集电极最大允许耗散功率 P_{CM}。

由 I_{CM}，$U_{(BR)CEO}$，P_{CM} 三者共同确定晶体管的安全工作区，如图 7.4.10 所示。

以上所讨论几个参数，其中 β，I_{CBO}，I_{CEO} 是表明晶体管优劣的主要指标；I_{CM}，$U_{(BR)CEO}$，P_{CM} 都是有限参数，用来说明晶体管的使用限制。

7.5　光电器件

在不少场合应用光电器件进行显示、报警、耦合和控制。

7.5.1　发光二极管

当在发光二极管（LED）上加正向电压并有足够大的正向电流时，就能发出清晰的光。这是由于电子与空穴复合而释放能量的结果。光的颜色视构成 PN 结的材料和发光的波长而定，而波长与材料的浓度有关。如采用磷砷化镓，则可发出红光或黄光；采用磷化镓，则发出绿光。

发光二极管的工作电压为 1.5～3 V，工作电流为几毫安到十几毫安，寿命很长，一般作显示用。常用的有 2EF 等系列。图 7.5.1 所示是它的外形和表示符号。

光电二极管是在反向电压作用下工作的。当无光照时，和普通二极管一样，其反向电流很小（通常小于 0.2 μA），称为暗电流。当有光照时，产生的反向电流称为光电流。照度 E 越强，光电流也越大，如图 7.5.2（c）所示。常用的光电二极管有 2AU，2CU 等系列。

光电流很小，一般只有几十微安，应用时需放大。

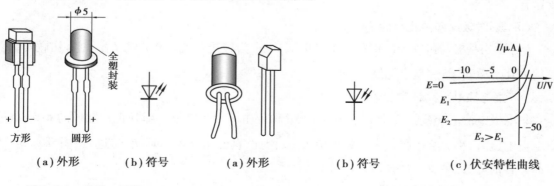

（a）外形　（b）符号　　　（a）外形　（b）符号　　（c）伏安特性曲线

图 7.5.1　发光二极管　　　　　图 7.5.2　光电二极管

7.5.2 光电晶体管

普通晶体管是用基极电流 I_B 的大小来控制集电极电流,而光电晶体管是用入射光照度 E 的强弱来控制集电极电流的。因此两者的输出特性曲线相似,只是用 E 来代替。当无光照时,集电极电流 I_{CEO} 很小,称为暗电流。有光照时的集电极电流称为光电流,一般约为零点几毫安到几个毫安。常用的光电晶体管有 3AU,3DU 等系列。图 7.5.3 所示是它的外形、符号和输出特性曲线。

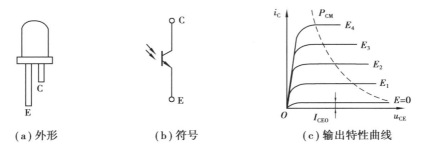

(a) 外形 　　　(b) 符号 　　　(c) 输出特性曲线

图 7.5.3　光电晶体管

图 7.5.4 所示是光电耦合放大电路一例,可作为光电开关用。图中,LED 是发光二极管,VT 是光电晶体管,两者光电耦合;VT_1 是输出晶体管。当有光照时,VT_1 饱和导通,$u_0 \approx 0$ V;当光被某物体遮住时,VT_1 截止,$u_0 \approx 5$ V。由此对某些电路起到控制(开关)作用。

发光二极管和光电二极管也可以耦合。

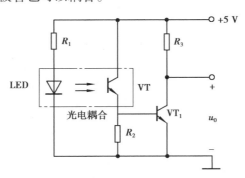

图 7.5.4　光电耦合放大电路

7.6　直流稳压电源

在工农业生产和科学实验中,主要采用交流电,但是在某些场合,例如电解、电镀、蓄电池的充电、直流电动机等,都需要用直流电源供电。此外,在电子线路和自动控制装置中还需要用电压非常稳定的直流电源。为了得到直流电,除了用直流发电机外,目前广泛采用各种半导体直流电源。

图 7.6.1 所示是半导体直流电源的原理方框图,它表示把交流电变换为直流电的过程。

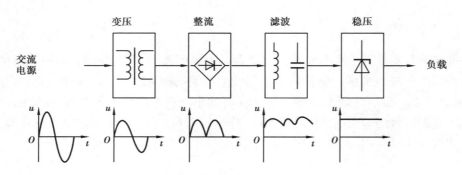

图 7.6.1　直流稳压电源的原理方框图

图中各环节的功能如下：

①整流变压器：将交流电源电压变换为符合整流需要的电压。

②整流电路：将交流电压变换为单向脉动电压。其中的整流元件（晶体二极管或晶闸管）之所以能整流，是因为它们都具有单向导电的共同特性。

③滤波器：减小整流电压的脉动程度，以适合负载的需要。

④稳压环节：在交流电源电压波动或负载变动时，使直流输出电压稳定。在对直流电压的稳定程度要求较低的电路中，稳压环节也可以不要。

在这一章里，先讨论整流电路，然后再分析直流稳压电源。

7.6.1　整流电路

整流电路中最常用的是单相桥式整流电路，如图 7.6.2(a)所示，它由 4 个二极管接成电桥的形式构成。图 7.6.2(b)是其简化画法。

在电压 u 的正半周，二极管 VD_1 和 VD_3 导通，VD_2 和 VD_4 截止，电流为 i_1，其通路如图中实线所示。在 u 的负半周，VD_2 和 VD_4 导通，VD_1 和 VD_3 截止，电流为 i_2，其通路如虚线所示。通过负载电阻 R_L 的 i_1 和 i_2 方向相同，其波形如图 7.6.3(b)所示。在负载电阻上得到的是全波整流电压 u_0。由于二极管的正向电压降很小，因此可以认为 u_0 的波形和 u 的正半波是相同的。

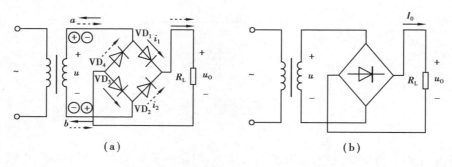

(a)　　　　　　　　　　　　(b)

图 7.6.2　单相桥式整流电路

单相全波整流电压的平均值为

$$U_0 = \frac{1}{\pi} \int_0^\pi \sqrt{2}\, U \sin \omega t \mathrm{d}(wt) = \frac{2\sqrt{2}}{\pi} U = 0.9U \qquad (7.6.1)$$

式中，U 是交流电压 u 的有效值。

至于二极管截止时所承受的最高反向电压，从图 7.6.2 可以看出。当 VD_1 和 VD_3 导通时，如果忽略二极管的正向电压降，截止管 VD_2 和 VD_4 的阴极电位就等于 a 点的电位，阳极电位就等于 b 点的电位。所以截止管所承受的最高反向电压就是电源电压的最大值，即

$$U_{RM} = \sqrt{2}\, U \tag{7.6.2}$$

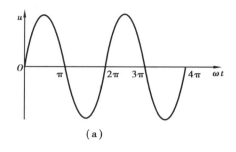 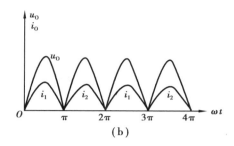

图 7.6.3   单相桥式整流电路的电压与电流的波形

【例 7.6.1】   已知负载电阻 $R_L = 80\ \Omega$，负载电压 $U_O = 110\ V$。今采用单向桥式整流电路，交流电源电压为 380 V。①如何选用晶体二极管？ ②求整流变压器的变比及容量。

【解】   ①负载电流：

$$I_O = \frac{U_O}{R_L} = \frac{110}{80} A = 1.4\ A$$

每个二极管通过的平均电流为

$$I_{VD} = \frac{1}{2} I_O = 0.7\ A$$

变压器二次侧电压的有效值为

$$U = \frac{U_O}{0.9} = \frac{110}{0.9}\ V = 122\ V$$

考虑到变压器二次绕组及管子上的电压降，变压器的二次侧电压大约要高出 10%，即 $122 \times 1.1 = 134\ V$。于是

$$U_{RM} = \sqrt{2} \times 134\ V = 189\ V$$

因此可选用 2CZ55E 二极管，其最大反向工作峰值电压为 300 V。

②变压器的变比 $K = \dfrac{380}{134} = 2.8$。

变压器二次侧电流的有效值为

$$I = \frac{I_O}{0.9} = \frac{1.4}{0.9}\ A = 1.55\ A$$

变压器的容量为

$$S = UI = 134 \times 1.55\ V \cdot A = 208\ V \cdot A$$

可选用 BK300（300 V·A），380/134 V 的变压器。

由于单相桥式整流电路应用普遍，现在已生产出集成整流桥块，就是用集成技术将 4 个二极管（PN 结）集成在一个硅片上，引出 4 根线，如图 7.6.4 所示。

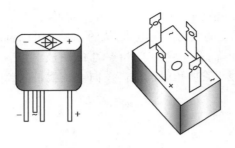

图 7.6.4　整流桥块

7.6.2　电容滤波器(C 滤波器)

整流电路虽然可以把交流电转换为直流电,但是所得到的输出电压是单向脉动电压。在某些设备(例如电镀、蓄电池充电等设备)中,这种电压的脉动是允许的。但是在大多数电子设备中,整流电路中都要加接滤波器,以改善输出电压的脉动程度。

图 7.6.5(a) 中与负载并联的一个容量足够大的电容器就是电容滤波器,利用电容器的充放电,以改善输出电压 u_0 的脉动程度。

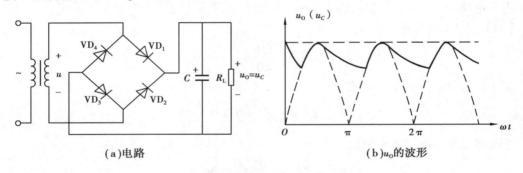

(a)电路　　　　　　　　　　　(b)u_0的波形

图 7.6.5　接有电容滤波器的单相桥式整流电路

在 u 的正半周,且 $u>u_C$ 时,VD_1 和 VD_3 导通,一方面供电给负载,同时对电容器 C 充电。当充到最大值,即 $u_C=U_m$ 后,u_C 和 u 都开始下降,u 按正弦规律下降。当 $u<u_C$ 时,VD_1 和 VD_3 承受反向电压而截止,电容器对负载放电,u_C 按指数规律下降。在 u 的负半周,情况类似,只是在 $|u|>u_C$ 时,VD_2 和 VD_4 导通。经滤波后,u_0 的波形如图 7.6.5(b)所示,脉动显然减小。放电时间常数 $R_\mathrm{L}C$ 大一些,脉动就小一些。一般要求

$$R_\mathrm{L}C \geqslant (3 \sim 5) \frac{T}{2} \tag{7.6.3}$$

式中,T 是 u 的周期。这时,$U_0 \approx 1.2U$。

电容滤波器一般用于要求输出电压较高、负载电流较小且变化也较小的场合。

【例 7.6.2】　有一单相桥式电容滤波整流电路,如图 7.6.5 所示。已知交流电源频率 $f=$ 50 Hz,负载电阻 $R_\mathrm{L}=200$ Ω,要求直流输出电压 $U_0=30$ V,选择整流二极管及滤波电容器。

【解】　①选择整流二极管。流过二极管的电流

$$I_\mathrm{D} = \frac{1}{2}I_0 = \frac{1}{2} \times \frac{U_0}{R_\mathrm{L}} = \frac{1}{2} \times \frac{30}{200}\mathrm{A} = 0.075\ \mathrm{A} = 75\ \mathrm{mA}$$

取 $U_0=1.2U$,所以变压器二次侧电压的有效值

$$U = \frac{U_O}{1.2} = \frac{30}{1.2} \text{V} = 25 \text{ V}$$

二极管所承受的最高反向电压

$$U_{RM} = \sqrt{2} U = \sqrt{2} \times 25 \text{ V} = 35 \text{ V}$$

因此可以选用二极管 2CZ52B,其最大整流电流为 100 mA,反向工作峰值电压为 50 V。

②选择滤波电容器。根据式(7.6.2),取 $R_L C = 5 \times \frac{T}{2}$,所以

$$R_L C = 5 \times \frac{\frac{1}{50}}{2} \text{ s} = 0.05 \text{ s}$$

已知 $R_L = 200 \ \Omega$,所以

$$C = \frac{0.05}{R_L} = \frac{0.05}{200} \text{ F} = 250 \times 10^{-6} \text{ F} = 250 \ \mu\text{F}$$

选用 $C = 250 \ \mu$F、耐压为 50 V 的极性电容器。

7.6.3　稳压电路

经整流和滤波后的电压往往会随交流电源电压的波动和负载的变化而变化。电压不稳定时会产生测量和计算的误差,引起控制装置的工作不稳定,甚至根本无法正常工作。特别是精密电子测量仪器、自动控制、计算装置及晶闸管的触发电路等都要求有很稳定的直流电源供电。

(1)稳压二极管稳压电路

最简单的直流稳压电源是采用稳压二极管来稳定电压的。图 7.6.6 所示是一种稳压二极管稳压电路,经过桥式整流电路整流和电容滤波器滤波得到直流电压 U_I,再经过限流电阻 R 和稳压二极管 VD_Z 组成的稳压电路接到负载电阻 R_L 上。这样,负载上得到的就是一个比较稳定的电压。

引起电压不稳定的原因是交流电源电压的波动和负载电流的变化。下面分析这两种情况下稳压电路的

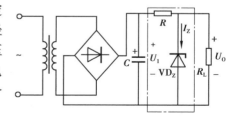

图 7.6.6　稳压二极管稳压电路

作用。例如,当交流电源电压增加而使整流输出电压 U_I 随着增加时,负载电压 U_0 必要增加。U_0 即为稳压二极管两端的反向电压。当负载电压 U_0 稍有增加时,稳压二极管的电流 I_Z 就显著增加,因此电阻 R 上的电压降增加,以抵偿 U_I 的增加,从而使负载电压 U_0 保持近似不变。相反,如果交流电源电压减低而使 U_I 减低时,负载电压 U_0 也要减低,故稳压二极管的电流 I_Z 显著减小,电阻 R 上的电压降也减小,仍然保持负载电压 U_0 近似不变。同理,如果电源电压保持不变而负载电流变化引起负载电压 U_0 改变时,上述稳压电路仍能起到稳压的作用。当负载电压 U_0 稍有增加时,稳压二极管的电流 I_Z 就显著增加,因此电阻 R 上的电压降增大,负载电压 U_0 下降。只要 U_0 下降一点,稳压二极管的电流就显著减小,通过电阻 R 上的电流和电阻 R 上的电压降保持近似不变,因此负载电压 U_0 也就近似稳定不变。当负载电流减小时,稳压过程相反。

【例 7.6.3】 有一稳压二极管稳压电路如图 7.6.6 所示。负载电阻 R_L 由开路变到 3 kΩ，交流电压经整流滤波后得出 $U_I = 30$ V。今要求直流输出电压 $U_O = 12$ V，试选择稳压二极管 VD_Z。

【解】 根据输出电压 $U_O = 12$ V 的要求，负载电流最大值

$$I_{OM} = \frac{U_O}{R_L} = \frac{12}{3 \times 10^3} A = 4 \times 10^{-3} A = 4 \text{ mA}$$

选择稳压二极管 2CW60，其稳定电压 $U_Z = (11.5 \sim 12.5)$ V，稳定电流 $I_Z = 5$ mA，最大稳定电流 $I_{ZM} = 19$ mA。

（2）**集成稳压电路**

随着半导体集成技术的发展，从 20 世纪 70 年代开始，集成稳压电路迅速发展起来，并得到了日益广泛的应用。集成稳压电路分为线性集成稳压电路和开关集成稳压电路两种。前者适用于功率较小的电子设备，后者适用于功率较大的电子设备。

本节将介绍一种目前国内外使用最广、销售量最大的三端集成稳压器，它具有体积小、使用方便、内部含有过流和过热保护电路，使用安全可靠等优点。三端集成稳压器又分为三端固定式集成稳压器和三端可调式集成稳压器两种，前者输出电压是固定的，后者输出电压是可调的。

1）三端固定式集成稳压器

国产三端固定式集成稳压器有 CW7800 系列和 CW7900 系列两种，外形如图 7.6.7 所示，它只有三个管脚。CW7800 系列为正电压输出的集成稳压器，管脚 1 为输入端，管脚 2 为输出端，管脚 3 为公共端，接线图如图 7.6.8 所示。CW7900 系列为负电压输出的集成稳压器，管脚 1 为公共端，管脚 2 为输出端，管脚 3 为输入端，接线图如图 7.6.9 所示。输入和输出端各接有电容 C_i 和 C_o，C_i 用来抵消输入端接线较长时的电感效应，防止产生振荡。一般 CW7800 系列为 0.33 μF，CW7900 系列为 2.2 μF。C_o 作用是为了在负载电流瞬时增减时，不致引起输出电压有较大的波动。一般 CW7800 为 0.1 μF，CW7900 系列为 1 μF。输出电压有 5 V，6 V，8 V，9 V，12 V，15 V，18 V，24 V 等不同电压规格，型号的后二位数字表示输出电压值，例如 CW7805 表示输出电压为 5 V。使用时，除了输出电压值外，还要了解它们的输入电压和最大输出电流等数值，这些参数可查阅有关手册。如果需要同时输出正、负两组电压，可选用正、负两块集成稳压器，按图 7.6.10 所示电路接线。

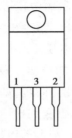

图 7.6.7　三端固定式稳压
　　　　器外形图

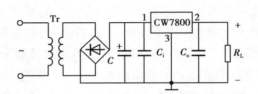

图 7.6.8　CW7800 接线图

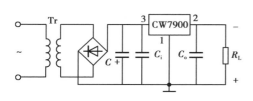

图 7.6.9　CW7900 接线图

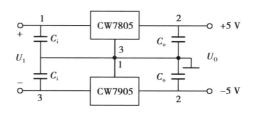

图 7.6.10　同时输出正、负两组电压的接线图

2)三端可调式集成稳压器

国产三端可调式集成稳压器有 CW117、CW217、CW317 和 CW137、CW237、CW337 系列两种类型。前三者为正电压输出,后三者为负电压输出。型号第一位数字中的 1 表示军品级,2 表示工业级,3 表示民品级,不同级别容许的工作温度不同。它们的外形与三端固定式集成稳压器相似。正电压输出的三端可调式稳压器,管脚 1 为调节端,管脚 2 为输出端,管脚 3 为输入端,接线图如图 7.6.11 所示。负电压输出的三端可调式稳压器,管脚 1 为调节端,管脚 2 为输入端,管脚 3 为输出端,接线图如图 7.6.12 所示。图中调节 R_2 可调节输出电压 U_O 的大小,调压范围为 $\pm(1.25 \sim 37)$ V。输出电流分 0.1 A、0.5 A 和 1.5 A 三个等级。由于上述产品的输出端和调节端之间的电压为 1.25 V,故输出电压的计算公式为

$$U_O = \pm 1.25\left(1 + \frac{R_2}{R_1}\right) \qquad (7.6.4)$$

其单位为 V。

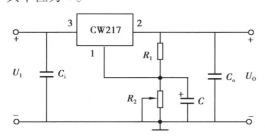

图 7.6.11　CW217 系列接线图

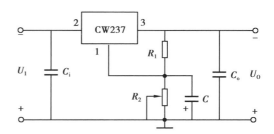

图 7.6.12　CW237 系列接线图

练习题

1. 习题图 7.1(a)所示是输入电压 u_I 的波形,电路如习题图 7.1(b)所示。试画出对应于 U_I 的输出电压 u_O,电阻上电压 u_R 和二极管 VD 上电压 u_D 的波形,并用基尔霍夫电压定律检验各电压之间的关系。二极管的正向压降可忽略不计。

2. 在习题图 7.2 所示的各电路图中,$E = 5$ V,$u_i = 10 \sin \omega t$ V,二极管的正向压降可忽略不计,试分别画出输出电压 u_O 的波形。

3. 在习题图 7.3 中,试求下列几种情况下输出端电位 V_Y 及各元件(R,VD_A,VD_B)中通过的电流:(1) $V_A = V_B = 0$ V;(2) $V_A = 3$ V,$V_B = 0$ V;(3) $V_A = V_B = 3$ V。二极管的正向管压降忽略不计。

157

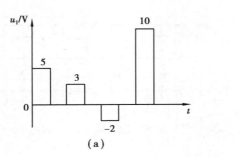 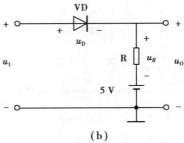

习题图 7.1

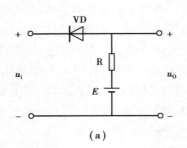 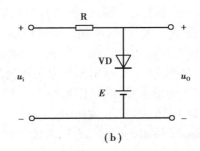

习题图 7.2

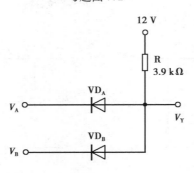

习题图 7.3

4. 在习题图 7.4 中，试求下列几种情况下输出端电位 V_Y 及各元件（R，VD_A，VD_B）中通过的电流：（1）$V_A = 10$ V，$V_B = 0$ V；（2）$V_A = 6$ V，$V_B = 5.8$ V；（3）$V_A = V_B = 5$ V。设二极管的正向电阻为零，反向电阻为无穷大。

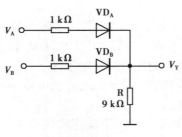

习题图 7.4

7-2 习题 5 讲解

5. 电路如习题图 7.5 所示，试求电压 U_0。

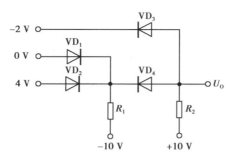

习题图 7.5

6. 在习题图 7.6 中，$E = 20\ V$，$R_1 = 900\ \Omega$，$R_2 = 1\ 100\ \Omega$。稳压管 VD_Z 的稳定电压 $U_Z = 10\ V$，最大稳定电流 $I_{ZM} = 8\ mA$。试问稳压管中通过的电流 I_Z 是否超过 I_{ZM}？如果超过，怎么办？

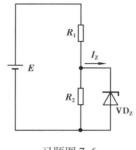

习题图 7.6

7. 有两个稳压管 VD_{Z1} 和 VD_{Z2}，其稳定电压分别为 5.5 V 和 8.5 V，正向压降都是 0.5 V。如果要得到 0.5 V，3 V，6 V，9 V 和 14 V 几种稳定电压，这两个稳压管(还有限流电阻)应该如何连接？画出各个电路。

8. 有两个晶体管分别接在电路中，它们管脚的电位(对"地")如下所示：

晶体管 1

管脚	1	2	3
电位/V	3	3.2	9

晶体管 2

管脚	1	2	3
电位/V	−6	−2.6	−2

试判别管子的三个管脚，并说明是硅管还是锗管，是 NPN 型还是 PNP 型。

9. 某一晶体管的 $P_{CM} = 100\ mW$，$I_{CM} = 20\ mA$，$U_{(BR)CEO} = 15\ V$，试问在下列几种情况下，哪种能正常工作？(1) $U_{CE} = 3\ V$，$I_C = 10\ mA$；(2) $U_{CE} = 2\ V$，$I_C = 40\ mA$；(3) $U_{CE} = 6\ V$，$I_C = 20\ mA$。

10. 在习题图 7.7 所示的各个电路中，试问晶体管工作于何种状态？

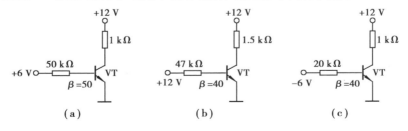

习题图 7.7

11. 习题图7.8所示是一声光报警电路。在正常情况下,B端电位为0 V;若前接装置发生故障时,B端电位上升到+5 V。试分析之,并说明电阻 R_1 和 R_2 起何作用。

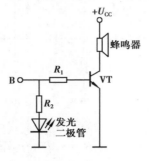

习题图 7.8

12. 图7.6.2(a)所示为一全波整流电路,试求:(1)在交流电压的正、负半周内,电流流过的路径;(2)负载电压 u_0 的波形。

13. 习题图7.9所示电路是利用集成稳压器外接稳压管的方法来提高输出电压的稳压电路。若稳压管的稳定电压 $U_Z=3$ V,试问该电路的输出电压 U_0 是多少?

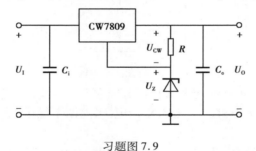

习题图 7.9

第 **8** 章

基本放大电路

晶体管的主要用途之一是利用其放大作用组成放大电路。放大电路的应用十分广泛,是电子设备中最普遍的一种基本单元。

本章所介绍的是由分立元件组成的几种常用基本放大电路(含场效晶体管放大电路),将讨论它们的电路结构、工作原理、分析方法及特点和应用。

8.1 共发射极放大电路的组成

图 8.1.1 所示是共发射极接法的基本交流放大电路。输入端接交流信号源(通常用电动势 e_s 与电阻 R_S 串联的电压源表示),输入电压为 u_i;输出端接负载电阻 R_L,输出电压为 u_O。电路中各个元件分别起如下作用:

晶体管 T:晶体管是放大元件,利用它的电流放大作用,在集电极电路获得放大了的电流 i_C,此电流受输入信号的控制。

集电极电源电压 U_{CC}:电源电压除为输出信号提

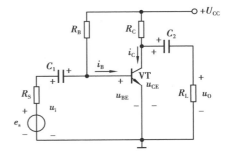

图 8.1.1 共发射极基本交流放大电路

供能量外,它还保证集电结处于反向偏置,以使晶体管起到放大作用。U_{CC} 一般为几伏到几十伏。

集电极负载电阻 R_C:集电极负载电阻简称集电极电阻,它主要是将集电极电流的变化变换为电压的变化,以实现电压放大。R_C 的阻值一般为几千欧到几十千欧。

偏置电阻 R_B:它的作用是提供大小适当的基极电流 I_B,以使放大电路获得合适的工作点,并使发射结处于正向偏置。R_B 的阻值一般为几十千欧到几百千欧。

耦合电容 C_1 和 C_2:它们一方面起到隔直作用,C_1 用来隔断放大电路与信号源之间的直流通路,而 C_2 则用来隔断放大电路与负载之间的直流通路,使三者之间无直流联系,互不影响。另一方面又起到交流耦合作用,保证交流信号畅通无阻地经过放大电路,沟通信号源、放大电路和负载三者之间的交流通路。通常要求耦合电容上的交流压降小到可以忽略不计,即对交流信号可视作短路,因此电容值要取得较大,对交流信号频率其容抗近似为零。C_1 和 C_2 的电容值一般为几微法到几十微法,用的是极性电容器,连接时要注意其极性。

8.2 共发射极放大电路的分析

对放大电路可分静态和动态两种情况来分析。

静态是当放大电路没有输入信号时的工作状态,这时放大电路中的电流和电压为 I_B、I_C、I_E、U_{BE} 和 U_{CE},称为静态值(直流分量)。静态分析是要确定放大电路的静态值,放大电路的质量与其静态值的关系甚大。

动态是当放大电路有输入信号时的工作状态,如图 8.1.1 所示。这时放大电路中的电流和电压为 i_B、i_C、i_E、u_{BE} 和 u_{CE},它们都含有直流分量和交流分量 i_b、i_c、i_e、u_{be} 和 u_{ce}。动态分析是要确定放大电路的电压放大倍数 A_u、输入电阻 r_i 和输出电阻 r_0 等。

由于放大电路中电压和电流的名称较多,符号不同,特列成表 8.2.1 以便区别。

表 8.2.1　放大电路中电压和电流的符号

名　称	静态值	交流分量		总电压或总电流		直流电源	
		瞬时值	有效值	瞬时值	平均值	电动势	电压
基极电流	I_B	i_b	I_b	i_B	$I_B(AV)$		
集电极电流	I_C	i_c	I_c	i_C	$I_C(AV)$		
发射极电流	I_E	i_e	I_e	i_E	$I_E(AV)$		
集-射极电压	U_{CE}	u_{ce}	U_{ce}	u_{CE}	$U_{CE}(AV)$		
基-射极电压	U_{BE}	u_{be}	U_{be}	u_{BE}	$U_{BE}(AV)$		
集电极电源						E_C	U_{CC}
基极电源						E_B	U_{BB}
发射极电源						E_E	U_{EE}

8.2.1　静态分析

(1)用放大电路的直流通路确定静态值

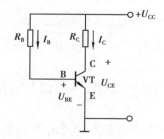

图 8.2.1　图 8.1.1 所示交流放大电路的直流通路

静态值既然是直流,故可用交流放大电路的直流通路来分析计算。图 8.2.1 是图 8.1.1 所示放大电路的直流通路。画直流通路时,电容 C_1 和 C_2 可视作开路。

8-1 知识点一

由图 8.2.1 的直流通路可得出静态时的基极电流。

$$I_B = \frac{U_{CC} - U_{BE}}{R_B} \approx \frac{U_{CC}}{R_B} \qquad (8.2.1)$$

由于 U_{BE}(硅管约为 0.6 V)比 U_{CC} 小得多,故可忽略不计。

由 I_B 可得出静态时的集电极电流

$$I_C = \beta I_B \tag{8.2.2}$$

静态时的集-射极电压则为

$$U_{CE} = U_{CC} - I_C R_C \tag{8.2.3}$$

【例8.2.1】　在图8.1.1中,已知 $U_{CC} = 12$ V, $R_C = 4$ kΩ, $R_B = 300$ kΩ, $\beta = 37.5$,试求放大电路的静态值。

【解】　根据图8.2.1的直流通路可得出

$$I_B = \frac{U_{CC} - U_{BE}}{R_B} \approx \frac{U_{CC}}{R_B} = \frac{12}{300 \times 10^3} = 0.04 \times 10^{-3} \text{A} = 0.04 \text{ mA} = 40 \text{ μA}$$

$$I_C = \beta I_B = 37.5 \times 0.04 \text{ mA} = 1.5 \text{ mA}$$

$$U_{CE} = U_{CC} - I_C R_C = 12 - 1.5 \times 10^{-3} \times 4 \times 10^3 \text{ V} = 6 \text{ V}$$

（2）用图解法确定静态值

图解法是非线性电路的一种分析方法。

根据式(8.2.3),可得出

$$I_C = 0 \text{ 时}, U_{CE} = U_{CC}$$

$$U_{CE} = 0 \text{ 时}, I_C = \frac{U_{CC}}{R_C}$$

就可在图8.2.2的晶体管输出特性曲线组上作出一直线,它称为直流负载线。负载线与晶体管的某条(由 I_B 确定)输出特性曲线的交点 Q,称为放大电路的静态工作点,由它确定放大电路的电压和电流的静态值。

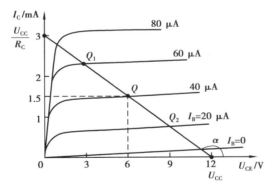

图 8.2.2　用图解法确定放大电路的静态工作点

由图8.2.2可见,基极电流 I_B 的大小不同,静态工作点在负载线上的位置也就不同。根据对晶体管工作状态的要求不同,要有一个相应的合适的工作点,这可改变 I_B 的大小来获得。因此, I_B 很重要,它确定晶体管的工作状态,通常称它为偏置电流,简称偏流。产生偏流的电路,称为偏置电路,在图8.2.1中,其路径为 $U_{CC} \rightarrow R_B \rightarrow$ 发射结 $\rightarrow$ "地"。通常是改变偏置电阻的阻值来调整偏流 I_B 的大小。

【例8.2.2】　在图8.1.1所示的放大电路中,已知 $U_{CC} = 12$ V, $R_C = 4$ kΩ, $R_B = 300$ kΩ。晶体管的输出特性曲线组已给出,如图8.2.2所示。①作直流负载线;②求静态值。

【解】①由 $I_C = 0$ 时，$U_{CE} = U_{CC} = 12$ V 和 $U_{CE} = 0$ V 时，$I_C = \dfrac{U_{CC}}{R_C} = \dfrac{12}{4 \times 10^3}$A = 3 mA，可作出直流负载线。

②由 $I_B \approx \dfrac{U_{CC}}{R_B} = \dfrac{12}{300 \times 10^3}$A = 40 μA，得出静态工作点 Q，如图 8.2.2 所示。静态值为

$$I_B = 40 \ \mu A,\ I_C = 3 \ mA,\ U_{CE} = 6 \ V$$

8.2.2　动态分析

当放大电路有输入信号时，晶体管的各个电流和电压都含有直流分量和交流分量。直流分量一般即为静态值，由上面所述的静态分析来确定。动态分析是在静态值确定后分析信号的传输情况，考虑的只是电流和电压的交流分量（信号分量）。微变等效电路法和图解法是动态分析的两种基本方法。

8-2 知识点二

（1）微变等效电路法

所谓放大电路的微变等效电路，就是把非线性元件晶体管所组成的放大电路等效为一个线性电路，也就是把晶体管线性化，等效为一个线性元件。

1）晶体管的微变等效电路

图 8.2.3（a）所示是晶体管的输入特性曲线，是非线性的。但当输入信号很小时，在静态工作点 Q 附近的工作段可认为是直线。当 U_{CE} 为常数时，ΔU_{BE} 与 ΔI_B 之比称为晶体管的输入电阻。

$$r_{be} = \dfrac{\Delta U_{BE}}{\Delta I_B} \bigg|\, U_{CE} \tag{8.2.4}$$

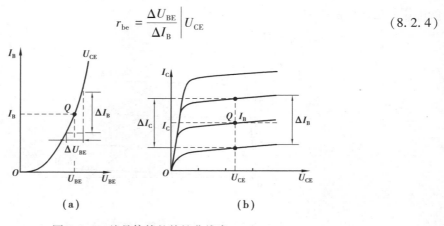

图 8.2.3　从晶体管的特性曲线求 r_{be} 和 β

在小信号放大区，r_{be} 是一常数。对交流分量则可写成 $r_{be} = \dfrac{u_{be}}{i_b}$。因此，晶体管的基极与发射极之间可用 r_{be} 等效代替，如图 8.2.4 所示。

低频小功率晶体管的输入电阻常用下式估算

$$r_{be} \approx 200(\Omega) + (1 + \beta)\dfrac{26(mV)}{I_E(mA)} \tag{8.2.5}$$

它一般为几百欧到几千欧。r_{be} 是对交流而言的一个动态电阻。

图 8.2.3（b）所示是晶体管的输出特性曲线，在放大区是一组近似与横轴平行的直线。

当 U_{CE} 为常数时, ΔI_C 与 ΔI_B 之比

$$\beta = \frac{\Delta I_C}{\Delta I_B}\bigg|_{U_{CE}} \tag{8.2.6}$$

即为晶体管的电流放大系数。在小信号放大区, β 是一常数。对交流分量则可写成 $i_c = \beta i_b$,这表示 i_c 受 i_b 的控制。因此,晶体管的集电极与发射极之间可用一等效电流源代替,如图 8.2.4 所示。因其电流 i_c 受电流 i_b 控制,故称为电流控制电源,或简称受控电流源,并用菱形符号表示,以便与独立电源的圆形符号相区别。

图 8.2.4(b)就是得出的晶体管微变等效电路。

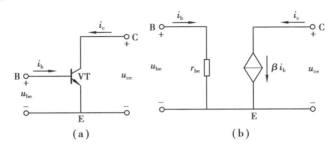

图 8.2.4　晶体管及其微变等效电路

2)放大电路的微变等效电路

由晶体管的微变等效电路和放大电路的交流通路可得出放大电路的微变等效电路。如上所述,静态值可由直流通路确定,交流分量则由相应的交流通路来分析计算。图 8.2.5(a)所示是图 8.1.1 所示交流放大电路的交流通路。

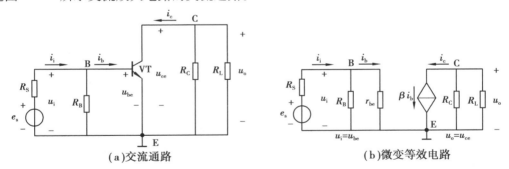

图 8.2.5　交流放大电路

对交流分量讲,电容 C_1 和 C_2 可视作短路;同时,一般直流电源的内阻很小,可以忽略不计,对交流讲直流电源也可以认为是短路的。据此就可画出交流通路。再把交流通路中的晶体管用它的微变等效电路代替,即为放大电路的微变等效电路,如图 8.2.5(b)所示。电路中的电压和电流都是交流分量,标出的是参考方向。

3)电压放大倍数的计算

设输入的是正弦信号,图 8.2.5(b)中的电压和电流都可用相量表示,如图 8.2.6 所示。由图 8.2.6 可列出

$$\dot{U}_i = r_{be}\dot{I}_b$$

$$\dot{U}_O = -R'_L\dot{I}_c = -\beta R'_L\dot{I}_b$$

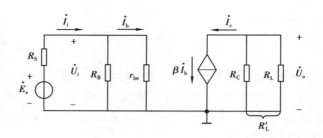

图 8.2.6　微变等效电路

式中　$R'_L = R_C // R_L$。

故放大电路的电压放大倍数

$$A_u = \frac{\dot{U}_O}{\dot{U}_i} = -\beta \frac{R'_L}{r_{be}} \tag{8.2.7}$$

上式中的负号表示输出电压 $\dot{U}_O$ 与输入电压 $\dot{U}_i$ 的相位相反。当放大电路输出端开路(未接 R_L)时,比接 R_L 时高。可见 R_L 越小,则电压放大倍数越低。

$$A_u = -\beta \frac{R_C}{r_{be}} \tag{8.2.8}$$

【例 8.2.3】　在图 8.1.1 中,$U_{CC} = 12$ V,$R_C = 4$ kΩ,$R_B = 300$ kΩ,$\beta = 37.5$,$R_L = 4$ kΩ,试求电压放大倍数 A_u。

【解】　在例 8.2.1 中已求出

$$I_C = 1.5 \text{ mA} \approx I_E$$

由式(8.2.5)

$$r_{be} \approx 200(\Omega) + (1 + 37.5) \frac{26(\text{mV})}{1.5(\text{mA})} = 0.867 \text{ kΩ}$$

故

$$A_u = -\beta \frac{R'_L}{r_{be}} = -37.5 \times \frac{2}{0.867} = -86.5$$

式中　$R'_L = R_C // R_L = 2$ kΩ。

4)放大电路输入电阻的计算

放大电路对信号源(或对前级放大电路)来说,是一个负载,可用一个电阻来等效代替。这个电阻是信号源的负载电阻,也就是放大电路的输入电阻 r_i,即

$$r_i = \frac{\dot{U}_i}{\dot{I}_i} \tag{8.2.9}$$

它是对交流信号而言的一个动态电阻。

如果放大电路的输入电阻较小:①将从信号源取用较大的电流,从而增加信号源的负担;②经过信号源内阻 R_S 和 r_i 的分压,使实际加到放大电路的输入电压减小,从而减小输出电压;③后级放大电路的输入电阻,就是前级放大电路的负载电阻,从而将会降低前级放大电路的电压放大倍数。因此,通常希望放大电路的输入电阻能高些。

以图 8.1.1 的放大电路为例,其输入电阻可从它的微变等效电路(图 8.2.6)计算:

$$r_{\mathrm{i}} = R_{\mathrm{B}} \; // \; r_{\mathrm{be}} \approx r_{\mathrm{be}} \tag{8.2.10}$$

实际上 R_{B} 的阻值比 r_{be} 大得多,因此,共发射极放大电路的输入电阻基本上等于晶体管的输入电阻,是不高的。

注意:r_{be} 和 r_{i} 意义不同,不能混淆。在电压放大倍数 A_u 的式子中,是 r_{be},不是 r_{i}。

5)放大电路输出电阻的计算

放大电路对负载(或对后级放大电路)来说,是一个信号源,其内阻即为放大电路的输出电阻,它也是一个动态电阻。

如果放大电路的输出电阻较大(相当于信号源的内阻较大),当负载变化时,输出电压的变化较大,也就是放大电路带负载的能力较差。因此,通常希望放大电路输出级的输出电阻低一些。

放大电路的输出电阻可在信号源短路($\dot{U}_{\mathrm{i}} = 0$)和输出端开路的条件下求得。现以图 8.1.1 的放大电路为例,从它的微变等效电路(图 8.2.6)看,当 $\dot{U}_{\mathrm{i}} = 0$,$\dot{I}_{\mathrm{b}} = 0$ 时,$\dot{I}_{\mathrm{c}} = \beta \cdot \dot{I}_{\mathrm{b}} = 0$,电流源相当于开路,故

$$r_{\mathrm{O}} = R_{\mathrm{C}} \tag{8.2.11}$$

R_{C} 一般为几千欧,因此,共发射极放大电路的输出电阻较高。

(2)图解法

图 8.2.7 所示的就是交流放大电路有信号输入时的图解分析,由图可得出下列几点:

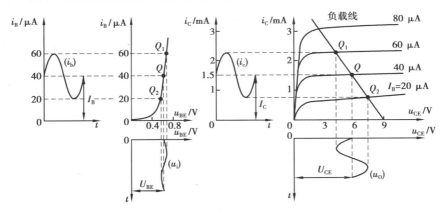

图 8.2.7　交流放大电路有输入信号时的图解分析

①交流信号的传输情况

u_{i}(即 u_{be})$\rightarrow i_{\mathrm{b}} \rightarrow i_{\mathrm{c}} \rightarrow u_{\mathrm{o}}$(即 u_{ce})

②电压和电流都含有直流分量和交流分量,即

$$u_{\mathrm{BE}} = U_{\mathrm{BE}} + u_{\mathrm{be}} \qquad\qquad i_{\mathrm{B}} = I_{\mathrm{B}} + i_{\mathrm{b}}$$

$$i_{\mathrm{C}} = I_{\mathrm{C}} + i_{\mathrm{c}} \qquad\qquad u_{\mathrm{CE}} = U_{\mathrm{CE}} + u_{\mathrm{ce}}$$

由于电容 C_2 的隔直作用,u_{CE} 的直流分量 U_{CE} 能到达输出端,只有交流分量 u_{ce} 能通过 C_2 构成输出电压 u_{o}。

输入信号电压 u_{i} 和输出电压 u_{o} 相位相反。如设公共端发射极的电位为零,那么,基极的

电位升高为正数值时,集电极的电位降低为负数值;基极的电位降低为负数值时,集电极的电位升高为正数值。一高一低,一正一负,两者变化相反。

此外,对放大电路有一基本要求,就是输出信号尽可能不失真。所谓失真,是指输出信号的波形不像输入信号的波形。引起失真的原因有多种,其中最常见的是由于静态工作点不合适或者信号太大,使放大电路的工作范围超出了晶体管特性曲线上的线性范围。这种失真通常称为非线性失真。在图 8.2.8 中,静态工作点 Q_2 的位置太低,即使输入的是正弦电压 u_i,但在它的负半周,晶体管进入截止区工作,输出电压 u_0 的正半周被削平,严重失真。这是由于晶体管的截止引起的,故称为截止失真。

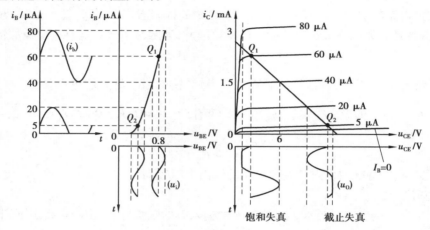

图 8.2.8　工作点不合适引起输出电压波形失真

在图 8.2.8 中,静态工作点 Q_1 太高,在输入电压的正半周,晶体管进入饱和区工作,这时 i_b 可以不失真,但是 u_0 严重失真了。这是由于晶体管的饱和而引起的,故称为饱和失真。

8.3　静态工作点的稳定

如前所述,放大电路应有合适的静态工作点,以保证有较好的放大效果,并且不引起非线性失真。但由于某些原因,例如温度的变化,将使集电极电流的静态值 I_C 发生变化,从而影响静态工作点的稳定性。如果温度升高后偏置电流 I_B 能自动减小以限制 I_C 的增大,静态工作点就能基本稳定。

上节所讲的放大电路(图 8.1.1)中,偏置电流

$$I_B = \frac{U_{CC} - U_{BE}}{R_B} \approx \frac{U_{CC}}{R_B}$$

当 R_B 一经选定后,I_B 也就固定不变。这种电路称为固定偏置放大电路,它不能稳定静态工作点。

为此,常采用图 8.3.1(a)所示的分压式偏置放大电路,其中 R_{B1} 和 R_{B2} 构成偏置电路。由图 8.3.1(b)所示的直流通路可列出

$$I_1 = I_2 + I_B$$

若使

$$I_2 \gg I_B \tag{8.3.1}$$

则

$$I_1 \approx I_2 \approx \frac{U_{CC}}{R_{B1} + R_{B2}}$$

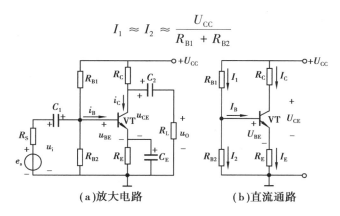

图 8.3.1　分压式偏置放大电路

基极电位

$$V_B = R_{B2}I_2 \approx \frac{R_{B2}}{R_{B1} + R_{B2}}U_{CC} \tag{8.3.2}$$

可认为 V_B 与晶体管的参数无关,不受温度影响,而仅为 R_{B1} 和 R_{B2} 的分压电路所固定。

引入发射极电阻 R_E 后,由图 8.3.1（b）可列出

$$U_{BE} = V_B - V_E = V_B - R_E I_E \tag{8.3.3}$$

若使

$$V_B \gg U_{BE} \tag{8.3.4}$$

则

$$I_C \approx I_E = \frac{V_B - U_{BE}}{R_E} \approx \frac{V_B}{R_E} \tag{8.3.5}$$

也可认为 I_C 不受温度影响。

因此,只要满足式(8.3.1)和式(8.3.4)两个条件,V_B 和 I_E 或 I_C 就与晶体管的参数几乎无关,不受温度变化的影响,故静态工作点能得以基本稳定。对硅管而言,在估算时一般可选取 $I_2 = (5 \sim 10) I_B$ 和 $V_B = (5 \sim 10) U_{BE}$。

这种电路能稳定工作点的实质是:由式(8.3.3)可知,例如因温度增高而引起 I_C 增大时,发射极电阻 R_E 上的电压降就会使 U_{BE} 减小从而使 I_B 减小以限制 I_C 的增大,工作点得以稳定。

此外,当发射极电流的交流分量 i_e 流过 R_E 时,也会产生交流电压降,使 u_{be} 减小,从而降低电压放大倍数。为此,可在 R_E 两端并联一个电容值较大的电容 C_E,使交流旁路,C_E 称为交流旁路电容,其值一般为几十微法到几百微法。

【例 8.3.1】 在图 8.3.1(a)的分压式偏置放大电路中,已知 $U_{CC} = 12$ V,$R_C = 2$ kΩ,$R_E = 2$ kΩ,$R_{B1} = 20$ kΩ,$R_{B2} = 10$ kΩ,$R_L = 6$ kΩ,晶体管的 $\beta = 37.5$。①试求静态值;②画出微变等效电路;③计算该电路的 A_u, r_i, r_0。

【解】 ① $V_B \approx \dfrac{R_{B2}}{R_{B1} + R_{B2}}U_{CC} = \dfrac{10}{10 + 20} \times 12$ V $= 4$ V

$$I_C \approx I_E = \frac{V_B - U_{BE}}{R_E} = \frac{4 - 0.6}{2 \times 10^3} \text{mA} = 1.7 \text{ mA}$$

$$I_B = \frac{I_C}{\beta} = \frac{1.7}{37.5} \text{mA} = 0.045 \text{ mA}$$

$$U_{CE} \approx U_{CC} - (R_C + R_E)I_C = 12 - (2 + 2) \times 10^3 \times 1.7 \times 10^3 \text{ V} = 5.2 \text{ V}$$

②微变等效电路如图8.3.2所示。

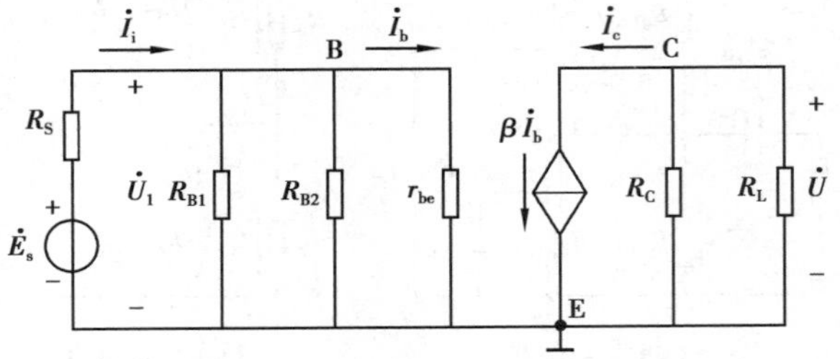

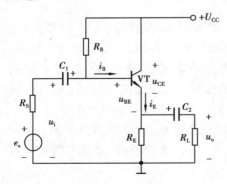

图8.3.2   图8.3.1(a)电路的微变等效电路

③ $r_{be} = 200 + (1 + \beta)\frac{26}{I_E} = 200 + (1 + 37.5) \times \frac{26}{1.7}\Omega = 0.79 \text{ k}\Omega$

$$A_u = -\beta \frac{R'_L}{r_{be}} = -37.5 \times \frac{\frac{2 \times 6}{2 + 6}}{0.79} = -71.2$$

$$r_i = R_{B1} /\!/ R_{B2} /\!/ r_{be} \approx r_{be} = 0.79 \text{ k}\Omega$$

$$r_O = R_C = 2 \text{ k}\Omega$$

8.4   射极输出器

前面所讲的放大电路都是从集电极输出,是共发射极接法。本节将讲的射极输出器(其电路如图8.4.1所示)是从发射极输出。它在接法上是一个共集电极电路,因为电源 U_{CC} 对交流信号相当于短路,故集电极成为输入与输出电路的公共端。对射极输出器,要注意其特点和用途。

8.4.1   静态分析

如图8.4.2所示的射极输出器的直流通路可确定静态值。

$$I_E = I_B + I_C = I_B + \beta I_B = (1 + \beta)I_B \quad (8.4.1)$$

$$I_B = \frac{U_{CC} - U_{BE}}{R_B + (1 + \beta)R_E} \quad (8.4.2)$$

$$U_{CE} = U_{CC} - R_E I_E \quad (8.4.3)$$

图8.4.1   射极输出器

8.4.2 动态分析

（1）电压放大倍数

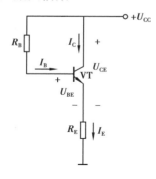

图 8.4.2 射极输出器的直流通路

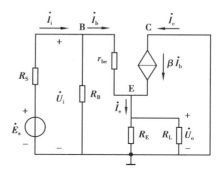

图 8.4.3 射极输出器的微变等效电路

由图 8.4.3 所示的射极输出器的微变等效电路可得：

$$\dot{U}_o = R'_L \dot{I}_e = (1 + \beta) R'_L \dot{I}_b$$

式中

$$R'_L = R_E \mathbin{/\mkern-5mu/} R_L$$

$$\dot{U}_i = r_{be} \dot{I}_b + R'_L \dot{I}_e = r_{be} \dot{I}_b + (1 + \beta) R'_L \dot{I}_b$$

$$A_u = \frac{\dot{U}_o}{\dot{U}_i} = \frac{(1 + \beta) R'_L \dot{I}_b}{r_{be} \dot{I}_b + (1 + \beta) R'_L \dot{I}_b} = \frac{(1 + \beta) R'_L}{r_{be} + (1 + \beta) R'_L} \tag{8.4.4}$$

因 $r_{be} \ll (1+\beta)R'_L$，故 $\dot{U}_o \approx \dot{U}_i$，两者同相，大小基本相等。但 $\dot{U}_o$ 略小于 $\dot{U}_i$，$|A_u|$ 接近 1，恒小于 1。

（2）输入电阻

射极输出器的输入电阻 r_i 也可从图 8.4.3 所示的微变等效电路经过计算得出，即

$$r_i = R_B \mathbin{/\mkern-5mu/} [r_{be} + (1 + \beta) R'_L] \tag{8.4.5}$$

其阻值很高，可达几十千欧到几百千欧。

（3）输出电阻

由于 $\dot{U}_o \approx \dot{U}_i$，当 $\dot{U}_i$ 一定时，输出电压 $\dot{U}_o$ 基本保持不变。这说明射极输出具有恒压输出特性，故其输出电阻很低。输出电阻（不在此推导）

$$r_O \approx \frac{r_{be}}{\beta} \tag{8.4.6}$$

一般只有几十欧。

综上所述，射极输出器的主要特点是：电压放大倍数接近 1，输入电阻高，输出电阻低。因此，它常被用作多级放大电路的输入级或输出级。

【例 8.4.1】 今将图 8.4.1 的射极输出器与图 8.3.1 的共发射极放大电路组成两级放大电路，如图 8.4.4 所示。已知：$U_{CC} = 12$ V，$\beta_1 = 60$，$R_{B1} = 200$ kΩ，$R_{E1} = 2$ kΩ，$R_S = 100$ Ω。后级的数据同例 8.3.1，即 $R_{C2} = 2$ kΩ，$R_{E2} = 2$ kΩ，$R'_{B1} = 20$ kΩ，$R'_{B2} = 10$ kΩ，$R_L = 6$ kΩ，$\beta_2 = 37.5$。试求：

171

①前后级放大电路的静态值;②放大电路的输入电阻 r_i 和输出电阻 r_0;③各级电压放大倍数 A_{u1},A_{u2} 以及两级电压放大倍数 A_u。

【解】 图 8.4.4 为两级阻容耦合放大电路,两级之间通过耦合电容 C_2 及下级输入电阻连接,故称为阻容耦合。由于电容有隔直作用,它可使前、后级的直流工作状态相互之间无影响,故各级放大电路的静态工作点可以单独考虑。耦合电容对交流信号的容抗必须很小,其交流分压作用可以忽略不计,以使前级输出信号电压差不多无损失地传送到后级输入端。

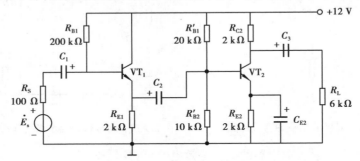

图 8.4.4 例 8.4.1 的阻容耦合两级放大电路

①前级静态值为

$$I_{B1} = \frac{U_{CC} - U_{BE}}{R_{B1} + (1 + \beta_1)R_{E1}} = \frac{12 - 0.6}{200 \times 10^3 + (1 + 60) \times 2 \times 10^3}A = 0.035\ mA$$

$$I_{C1} \approx I_{E1} = (1 + \beta_1)I_{B1} = (1 + 60) \times 0.035\ mA = 2.14\ mA$$

$$U_{CE1} = U_{CC} - R_{E1}I_{E1} = (12 - 2 \times 10^3 \times 2.14 \times 10^{-3})V = 7.72\ V$$

后级静态值同例 8.3.1,即

$$I_{C2} \approx I_{E2} = 1.7\ mA$$

$$I_{B2} = 0.045\ mA$$

$$U_{CE2} = 5.2\ V$$

②放大电路的输入电阻

$$r_i = r_{i1} = R_{B1}\ /\!/\ [r_{be1} + (1 + \beta_1)R'_{L1}]$$

$$R'_{L1} = R_{E1}\ /\!/\ r_{i2}$$

为前级的负载电阻,其中 r_{i2} 为后级的输入电阻,已在例 8.3.1 中求得 $r_{i2} = 0.79\ k\Omega$。于是

$$R'_{L1} = \frac{2 \times 0.79}{2 + 0.79}\ k\Omega = 0.57\ k\Omega$$

由式(8.2.5)

$$r_{be1} = 200 + (1 + \beta_1)\frac{26}{I_{E1}} = 200 + (1 + 60) \times \frac{26}{2.14}\ \Omega = 0.94\ k\Omega$$

于是得出

$$r_i = r_{i1} = R_{B1}\ /\!/\ [r_{be1} + (1 + \beta_1)R'_{L1}] = 30.3\ k\Omega$$

输出电阻

$$r_0 = r_{02} \approx R_{C2} = 2\ k\Omega$$

③计算电压放大倍数。

前级

$$A_{u1} = \frac{(1+\beta_1)R'_{L1}}{r_{be1}+(1+\beta_1)R'_{L1}} = \frac{(1+60)\times 0.57}{0.94+(1+60)\times 0.57} = 0.98$$

后级(见例 8.3.1)

$$A_{u2} = -71.2$$

两级电压放大倍数

$$A_{u1} = A_{u1} \cdot A_{u2} = 0.98\times(-71.2) = -69.8$$

可见,输入级采用射极输出器后,放大电路的输入电阻(30.3 kΩ)比例 8.3.1 中的输入电阻(0.79 kΩ)高出很多。

*8.5　差分放大电路

图 8.5.1 所示是用两个晶体管组成的差分放大电路。信号电压 u_{i1} 和 u_{i2} 由两管基极输入,输出电压 u_O 则取自两管的集电极之间。电路结构对称,在理想的情况下,两管的特性及对应电阻元件的参数值都相同,故它们的静态工作点也必然相同。

8.5.1　静态分析

在静态时, $u_{i1} = u_{i2} = 0$,即在图 8.5.1 中将两边输入端短路。由于电路的对称性,两边的集电极电流相等,集电极电位也相等,即

$$I_{C1} = I_{C2}, V_{C1} = V_{C2}$$

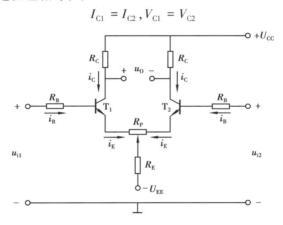

图 8.5.1　差分放大电路

故输出电压 $u_O = V_{C1} - V_{C2} = 0$。

差分放大电路的优点是具有抑制零点漂移的能力。什么是零点漂移?一个理想的放大电路,当输入信号为零时,其输出电压应保持不变(不一定是零)。但实际上,主要由于环境温度的变化,输出电压并不保持恒定,而在缓慢地、无规则地变化着,这种现象就称为零点漂移(或称温漂),它影响放大电路的工作。

而差分放大电路,由于电路对称,当温度升高时,两管的集电极电流都增大了,集电极电位都下降了,并且两边的变化量相等,即

$$\Delta I_{C1} = \Delta I_{C2}, \Delta V_{C1} = \Delta V_{C2}$$

虽然每个管都产生了零点漂移,但是,由于两集电极电位的变化是互相抵消的,所以输出电压依然为零,即

$$u_O = V_{C1} + \Delta V_{C1} - (V_{C2} + \Delta V_{C2}) = \Delta V_{C1} - \Delta V_{C2} = 0$$

零点漂移完全被抑制了。

因为电路不会完全对称,静态时输出电压不一定等于零,故图8.5.1的电路中有一电位器 R_P,作调零用。其值很小,一般为几十欧到几百欧。

在静态时,设 $I_{C1} = I_{C2} = I_C$,$I_{B1} = I_{B2} = I_B$ 则由基极电路可列出(因 R_P 的阻值很小,可略去)

$$R_B I_B + U_{BE} + 2R_E I_E = U_{EE}$$

式中前两项一般较第三项小得多,故可略去,则每管的集电极电流

$$I_C \approx I_E \approx \frac{U_{EE}}{2R_E} \tag{8.5.1}$$

并由此可知发射极电位 $V_E \approx 0$。

每管的基极电流

$$I_B = \frac{I_C}{\beta} \approx \frac{U_{EE}}{2\beta R_E} \tag{8.5.2}$$

每管的集-射极电压

$$U_{CE} = U_{CC} - R_C I_C \approx U_{CC} - \frac{U_{EE} R_C}{2R_E} \tag{8.5.3}$$

接入发射极电阻 R_E 和用来抵偿 R_E 上直流电压降的负电源 U_{EE},是为了稳定和获得合适的静态工作点。

8.5.2　动态分析

当有信号输入时,对称差分放大电路(图8.5.1)的工作情况可以分为下列几种输入方式来分析。

（1）共模输入

两个输入信号电压的大小相等,极性相同,即 $u_{i1} = u_{i2}$,这样的输入称为共模输入。在共模输入信号的作用下,对于完全对称的差分放大电路来说,显然两管的集电极电位变化相同,因而输出电压等于零,所以它对共模信号没有放大能力,即放大倍数为零。

（2）差模输入

两个输入电压的大小相等,而极性相反,即 $u_{i1} = -u_{i2}$,这样的输入称为差模输入。设 $u_{i1} > 0$,$u_{i2} < 0$,则 u_{i1} 使 T_1 的集电极电流增大了 ΔI_{C1},T_1 的集电极电位因而减低了(负值);而 u_{i2} 却使 T_2 的集电极电流减小了 ΔI_{C2},T_2 的集电极电位因而增高了(正值)。故

$$u_O = \Delta V_{C1} - \Delta V_{C2}$$

例如,$\Delta V_{C1} = -1$ V,$\Delta V_{C2} = 1$ V,则 $u_O = -1 - 1 = -2$ V。可见,在差模输入时,差分放大电路的输出电压为两管各自输出电压变化量的两倍。

图8.5.2所示是单管差模信号通路。由于差模信号

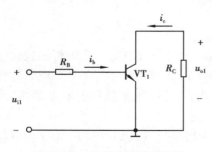

图8.5.2　单管差模信号通路

使两管的集电极电流一增一减,其变化量相等,通过 R_E 中的电流就近于不变,故 R_E 对差模信号不起作用。由图可得出单管差模电压放大倍数

$$A_{d1} = \frac{u_{O1}}{u_{i1}} = \frac{-\beta i_b R_C}{i_b(R_B + r_{be})} = -\frac{\beta R_C}{R_B + r_{be}} \tag{8.5.4}$$

同理可得

$$A_{d2} = \frac{u_{O2}}{u_{i2}} = -\frac{\beta R_C}{R_B + r_{be}} = A_{d1} \tag{8.5.5}$$

双端输出电压为

$$u_O = u_{O1} - u_{O2} = A_{d1}u_{i1} - A_{d2}u_{i2} = A_{d1}(u_{i1} - u_{i2})$$

双端输入—双端输出差分电路的差模电压放大倍数为

$$A_d = \frac{u_O}{u_{i1} - u_{i2}} = A_{d1} = -\frac{\beta R_C}{R_B + r_{be}} \tag{8.5.6}$$

与单管放大电路的电压放大倍数相等。可见接成差分电路是为了能抑制零点漂移。

当在两管的集电极之间接入负载电阻 R_L 时,

$$A_d = -\frac{\beta R'_L}{R_B + r_{be}} \tag{8.5.7}$$

式中,$R'_L = R_C /\!/ \frac{1}{2}R_L$,因为当输入差模信号时,一管的集电极电位减低,另一管增高,在 A 的中点相当于交流接"地",所以每管各带一半负载电阻。

两输入端之间的差模输入电阻为

$$r_i = 2(R_B + r_{be}) \tag{8.5.8}$$

两集电极之间的差模输出电阻为

$$r_O \approx 2R_C \tag{8.5.9}$$

【例 8.5.1】　在图 8.5.1 所示的差分放大电路中,已知 $U_{CC} = 12$ V,$-U_{EE} = -12$ V,$\beta_1 = 50$,$R_B = 20$ kΩ,$R_E = 10$ kΩ,$R_C = 10$ kΩ,$R_p = 100$ Ω,并在输出端接负载电阻 $R_L = 20$ kΩ,试求电路的静态值和差模电压放大倍数。

【解】

$$I_E \approx \frac{U_{EE}}{2R_E} = \frac{12}{2 \times 10 \times 10^3} \text{ A} = 0.6 \times 10^{-3} = 0.6 \text{ mA}$$

$$I_B = \frac{I_C}{\beta} = \frac{0.6}{50} \text{ mA} = 0.012 \text{ mA}$$

$$U_{CE} = U_{CC} - R_C I_C = 12 - 10 \times 10^3 \times 0.6 \times 10^{-3} \text{V} = 6 \text{ V}$$

$$A_d = -\frac{\beta R'_L}{R_B + r_{be}} = -\frac{50 \times 5}{20 + 2.41} \approx -11$$

式中,$R'_L = R_C /\!/ \frac{1}{2}R_L = 5$ kΩ。

$$r_{be} = 200 + (1 + \beta)\frac{26}{I_E} = 200 + (1 + 50) \times \frac{26}{0.6} \text{ Ω} = 2.41 \text{ kΩ}$$

R_p 的阻值较小,计算时略去。

（3）比较输入

两个输入信号电压既非共模，又非差模，它们的大小和相对极性是任意的。这种输入常作为比较放大来运用，在自动控制系统中是常见的。

例如 u_{i1} 是给定信号电压（或称基准电压），u_{i2} 是一个缓慢变化的信号（如反映炉温的变化）或是一个反馈信号，两者在放大电路的输入端进行比较后，得出偏差值（$u_{i1}-u_{i2}$），差值电压经放大后，输出电压为

$$u_{O} = A_{u}(u_{i1} - u_{i2}) \tag{8.5.10}$$

实际上，差分放大电路很难做到完全对称，对共模分量仍有一定放大能力，共模分量往往是干扰、噪声、温漂等无用信号，而差模分量才是有用的。为了全面衡量差分放大电路放大差模信号和抑制共模信号的能力，通常引用共模抑制比 K_{CMRR} 来表征，其定义为放大电路对差模信号放大倍数 A_d 和共模信号的放大倍数 A_c 之比，即

$$K_{CMRR} = \frac{A_d}{A_c} \tag{8.5.11}$$

其值越大越好。

此外，差分放大电路可以双端输入，也可以单端输入（另一端接"地"）；也可以双端输出，也可以单端输出（只从一个管的集电极输出）。图 8.5.1 所示的是双端输入-双端输出的差分放大电路。四种差分放大电路的比较见表 8.5.1。

表 8.5.1　四种差分放大电路

输入方式	双　　端		单　　端	
输出方式	双端	单端	双端	单端
差模放大倍数 A_d	$-\dfrac{\beta R_C}{R_B + r_{be}}$	$\pm\dfrac{\beta R_C}{2(R_B + r_{be})}$	$-\dfrac{\beta R_C}{R_B + r_{be}}$	$\pm\dfrac{\beta R_C}{2(R_B + r_{be})}$
差模输入电阻 r_i	$2(R_B + r_{be})$		$2(R_B + r_{be})$	
差模输出电阻 r_o	$2R_C$	R_C	$2R_C$	R_C

8.6　互补对称功率放大电路

多级放大电路的末级或末前级一般都是功率放大级，以将前置电压放大级送来的低频信号进行功率放大，去推动负载工作。例如使扬声器发声、使电动机旋转、使继电器动作、使仪表指针偏转等。电压放大电路和功率放大电路都是利用晶体管的放大作用将信号放大，所不同的是，前者的目的是输出足够大的电压，而后者主要是要求输出最大的功率；前者是工作在小信号状态，而后者工作在大信号状态。两者对放大电路的考虑有各自的侧重面。

8.6.1　对功率放大电路的基本要求

对功率放大电路的基本要求有下面两个：

①在不失真的情况下能输出尽可能大的功率。为了获得较大的输出功率，往往让它工作

在极限状态,但要考虑到晶体管的极限参数 P_{CM}, I_{CM} 和 $U_{(BR)CEO}$。由于信号大,功率放大电路工作的动态范围大,这就要考虑到失真问题。

②由于功率较大,就要求提高效率。所谓效率,就是负载得到的交流信号功率与电源供给的直流功率之比值。

效率、失真和输出功率这三者之间互有影响,首先讨论提高效率的问题。

放大电路有三种工作状态,如图 8.6.1 所示。在图 8.6.1(a) 中,静态工作点 Q 大致在负载线的中点,这种称为甲类工作状态。上面所讲的电压放大电路就是工作在这种状态。在甲类工作状态,不论有无输入信号,电源供给的功率 $P_E = U_{CC}I_C$ 总是不变的。当无信号输入时,电源功率全部消耗在三极管和电阻上,以三极管的集电极损耗为主。当有信号输入时,其中一部分转换为有用的输出功率 P_0,信号越大,输出功率也越大。

欲提高效率,需从两方面着手:一是用增加放大电路的动态工作范围来增加输出功率;二是减小电源供给的功率。而后者要在 U_{CC} 一定的条件下使静态电流 I_C 减小,即将静态工作点沿负载线下移,如图 8.6.1(b) 所示,这种称为甲乙类工作状态。若将静态工作点下移到 $I_C \approx 0$ 处,则管耗更小,这种称为乙类工作状态,如图 8.6.1(c) 所示。

由图 8.6.1 可见,在甲乙类和乙类状态下工作时,虽然提高了效率,但产生了严重的失真。为此,下面介绍工作于甲乙类或乙类状态的互补对称放大电路。

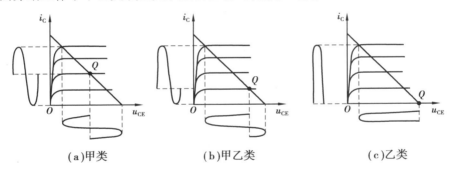

（a）甲类　　　　　　（b）甲乙类　　　　　　（c）乙类

图 8.6.1　放大电路的工作状态

它既能提高效率,又能减小信号波形的失真。

8.6.2　互补对称放大电路

（1）无输出变压器（OTL）的互补对称放大电路

图 8.6.2(a) 所示是无输出变压器互补对称放大电路的原理图,VT_1（NPN 型）和 VT_2（PNP 型）是两个不同类型的晶体管,两管特性基本上相同。

在静态时,调节 R_3,使 A 点的电位为 $\frac{1}{2}U_{CC}$,输出耦合电容 C_L 上的电压即为 A 点和"地"之间的电位差,也等于 $\frac{1}{2}U_{CC}$;并获得合适的 U_{B1B2}（即 R_1 和 D_1、D_2 串联电路上的电压）,使 VT_1 与 VT_2 两管工作于甲乙类状态。

当输入交流信号 u_i 时,在它的正半周,VT_1 导通,VT_2 截止,电流 i_{C1} 的通路如图中实线所示;在 u_i 的负半周,VT_1 截止,VT_2 导通,电容 C_L 放电,电流 i_{C2} 的通路如虚线所示。

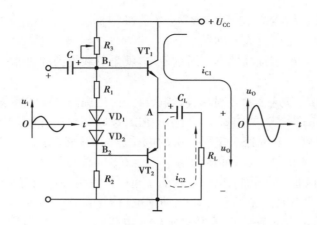

图 8.6.2　OTL 互补对称放大电路

由此可见,在输入信号 u_i 的一个周期内,电流 i_{C1} 和 i_{C2} 以正反方向交替流过负载电阻 R_L,在 R_L 上合成而得出一个交流输出信号电压 u_0。

为了使输出波形对称,在 C_L 放电过程中,其上电压不能下降过多,因此 C_L 的容量必须足够大。

由于静态电流很小,功率损耗也很小,故提高了效率。

(2)无输出电容(OCL)的互补对称放大电路

上述 OTL 互补对称放大电路中,是采用大容量的极性电容器 C_L 与负载耦合的,因而影响低频性能和无法实现集成化。为此,可将电容 C_L 除去而采用 OCL(OCL 是英文 Output Capacitorless 无输出电容的缩写)电路,如图 8.6.3 所示。但 OCL 电路需用正负两路电源。

图 8.6.3 的电路工作于甲乙类状态。由于电路对称,静态时两管的电流相等,负载电阻 R_L 中无电流通过,两管的发射极电位 $V_A = 0$。当有信号输入时,两管轮流导通,其工作情况与 OTL 电路基本相同。

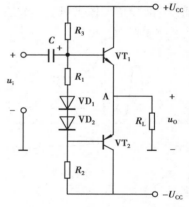

图 8.6.3　OCL 互补对称放大电路

*8.7　场效晶体管及其放大电路

场效晶体管广泛应用于放大电路和数字电路中,本节简单介绍其中的绝缘栅场效晶体管。在下列几个方面将场效晶体管和上述的双极型晶体管作一比较:载流子导电、控制方式、特性、参数、类型、对应极及放大电路,有助于对两者的理解。

绝缘栅场效晶体管按其工作状态可以分为增强型与耗尽型两类,每类又有 N 沟道和 P 沟道之分。限于学时,本书只讨论增强型一类。

如图 8.7.1 所示为 N 沟道增强型绝缘栅场效晶体管的结构示意图。用一块杂质浓度较低的 P 型薄硅片作为衬底,其上扩散两个相距很近的高掺杂 N^+ 型区,并在硅片表面生成一层薄薄的二氧化硅绝缘层。再在两个 N^+ 型区之间的二氧化硅表面及两个 N^+ 型区的表面分别安置三个电极:栅极 G、源极 S 和漏极 D。由图可见,栅极和其他电极及硅片之间是绝缘的,所以称为绝缘栅场效晶体管,或称为金属-氧化物-半导体场效晶体管,简称 MOS 场效晶体管(MOS 是英文 Metal Oxide Semiconductor 金属氧化物半导体的缩写)。由于栅极是绝缘的,栅极电流几乎为零,栅源电阻(输入电阻)R_{GS} 很高,最高可达 $10^{14}\ \Omega$。

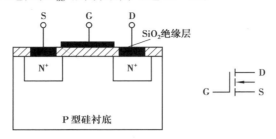

图 8.7.1　N 沟道增强型绝缘栅场效晶体管的结构及其表示符号

从图 8.7.1 可见,N^+ 型漏区和 N^+ 型源区之间被 P 型衬底隔开,漏极和源极之间是两个背靠背的 PN 结。当栅-源电压 $U_{GS}=0$ 时,不管漏极和源极之间所加电压的极性如何,其中总有一个 PN 结是反向偏置的,反向电阻很高,漏极电流 I_D 近似为零。

如果在栅极和源极之间加正向电压 U_{GS},情况就会发生变化。在 U_{GS} 的作用下,产生了垂直于衬底表面的电场。由于二氧化硅绝缘层很薄,因此即使 U_{GS} 很小(如只有几伏),也能产生很强的电场强度[可达 $(10^5 \sim 10^6)\ \text{V/cm}$],P 型衬底中的电子受到电场力的吸引到达表层,填补空穴形成负离子的耗尽层;当 U_{GS} 大于一定值时,还在表面形成一个 N 型层(图 8.7.2),通常称它为反型层。它就是沟通源区和漏区的 N 型导电沟道(与 P 型衬底间被耗尽层绝缘)。U_{GS} 正值越高,导电沟道越宽。形成导电沟道后,在漏-源电压 U_{GS} 的作用下,将产生漏极电流 I_D,管子导通,如图 8.7.3 所示。

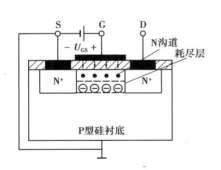

图 8.7.2　N 沟道增强型绝缘栅场效晶体管导电沟道的形成

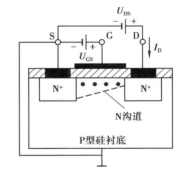

图 8.7.3　N 沟道增强型绝缘栅场效晶体管的导通

在一定的漏-源电压 U_{GS} 下,使管子由不导通变为导通的临界栅-源电压称为开启电压,用 $U_{GS(th)}$ 表示。

很明显,在 $0<U_{GS}<U_{GS(th)}$ 的范围内,漏、源极间沟道尚未连通,$I_D \approx 0$。只有当 $U_{GS}>U_{GS(th)}$ 时,随栅极电位的变化 I_D 亦随之变化,这就是 N 沟道增强型绝缘栅场效晶体管的栅极控制作用。图 8.7.4 和图 8.7.5 所示分别称为管子的转移特性曲线和输出特性曲线。所谓转移特性,就是栅-源电压对漏极电流的控制特性。

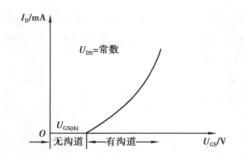

图 8.7.4　N 沟道增强型管的转移特性曲线

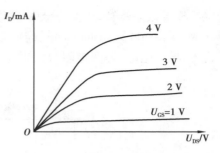

图 8.7.5　N 沟道增强型管的输出特性曲线

图 8.7.6 所示为 P 沟道增强型绝缘栅场效晶体管的结构示意图。它的工作原理与前一种相似，只是要调换电源的极性，电流的方向也相反。

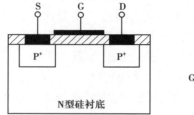

图 8.7.6　P 沟道增强型绝缘栅场效晶体管的结构及其表示符号

跨导是表示场效晶体管放大能力的参数，它是当漏-源电压 U_{GS} 为常数时，漏极电流的增量 ΔI_D 对引起这一变化的栅-源电压的增量 ΔU_{GS} 的比值，即

$$g_m = \frac{\Delta I_D}{\Delta U_{GS}}\bigg|_{U_{DS}} \tag{8.7.1}$$

使用绝缘栅场效晶体管时除注意不要超过漏-源击穿电压 $U_{DS(BR)}$、栅-源击穿电压 $U_{GS(BR)}$ 和漏极最大耗散功率 P_{DM} 等极限值外，还特别要注意可能出现栅极感应电压过高而造成绝缘层的击穿问题。为了避免这种损坏，在保存时必须将三个电极短接；在电路中栅、源极间应有直流通路；焊接时应使电烙铁有良好的接地。

至于场效晶体管与前述的晶体管（即双极晶体管）的区别，见表 8.7.1。

表 8.7.1　场效晶体管与双极晶体管的比较

器件名称 项　目	双极晶体管	场效晶体管
载流子	两种不同极性的载流子（电子与空穴）同时参与导电，故称为双极型晶体管	只有一种极性的载流子（电子或空穴）参与导电，故又称为单极型晶体管
控制方式	电流控制	电压控制
类型	NPN 型和 PNP 型两种	N 沟道和 P 沟道两种
放大参数	$\beta = 20 \sim 200$	$g_m = 1 \sim 5$ ms
输入电阻	$10^2 \sim 10^4 \ \Omega$	$10^7 \sim 10^{14} \ \Omega$
输出电阻	r_{ce} 很高	r_{ds} 很高

续表

项目 器件名称	双极晶体管	场效晶体管
热稳定性	差	好
制造工艺	较复杂	简单,成本低
对应极	基极-栅极,发射极-源极,集电极-漏极	

练习题

1. 晶体管放大电路如习题图 8.1(a)所示,已知 $U_{CC} = 12$ V,$R_C = 3$ kΩ,$R_B = 240$ kΩ,晶体管的 $\beta = 40$。(1)试用直流通路估算各静态值 I_B,I_C,U_{CE};(2)晶体管的输出特性如图 8.1(b)所示,试用图解法求作放大电路的静态工作点;(3)静态时($u_i = 0$),C_1 和 C_2 上的电压各为多少?并标出极性。

2. 在习题图 8.1(a)中,若 $U_{CC} = 10$ V,今要求 $U_{CE} = 5$ V,$I_C = 2$ mA,试求 R_C 和 R_B 的阻值。设晶体管的 $\beta = 40$。

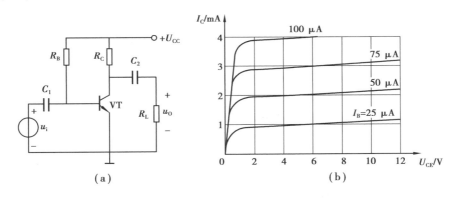

习题图 8.1

3. 在习题图 8.2 中,晶体管是 PNP 型锗管。(1)U_{CC} 和 C_1、C_2 的极性如何考虑? 请在图上标出;(2)设 $U_{CC} = -12$ V,$R_C = 3$ kΩ,$\beta = 75$,如果要将静态值 I_C 调到 1.5 mA,问 R_B 应调到多大? (3)在调整静态工作点时,如不慎调到零,对晶体管有无影响? 为什么? 通常采取何种措施来防止发生这种情况?

4. 试判断习题图 8.3 中各个电路能否放大交流信号,为什么?

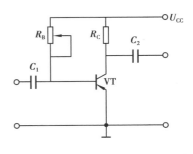

习题图 8.2

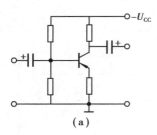 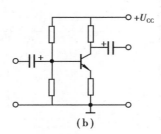 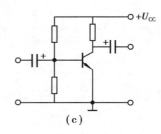

$$\text{习题图 8.3}$$

5. 利用微变等效电路计算题 1 的放大电路的电压放大倍数 A_u。(1)输出端开路;(2)$R_L = 6\ \text{k}\Omega$。设 $r_{be} = 0.8\ \text{k}\Omega$。

6. 在习题图 8.4 中,$U_{CC} = 12\ \text{V}$,$R_C = 2\ \text{k}\Omega$,$R_E = 2\ \text{k}\Omega$,$R_B = 300\ \text{k}\Omega$,晶体管的 $\beta = 50$。电路有两个输出端。试求:(1)电压放大倍数 $A_{u1} = \dfrac{\dot{U}_{o1}}{\dot{U}_i}$ 和 $A_{u2} = \dfrac{\dot{U}_{o2}}{\dot{U}_i}$ (2)输出电阻 r_{o1} 和 r_{o2}。

7. 在图 8.3.1(a)的分压式偏置放大电路中,已知 $U_{CC} = 15\ \text{V}$,$R_C = 3\ \text{k}\Omega$,$R_E = 2\ \text{k}\Omega$,$I_C = 1.55$ mA,$\beta = 50$,$I_2 \approx 9.7 I_B$,试估算 R_{B1} 和 R_{B2}。

8. 在图 8.3.1(a)的分压式偏置放大电路中,已知 $U_{CC} = 24\ \text{V}$,$R_C = 3.3\ \text{k}\Omega$,$R_E = 1.5\ \text{k}\Omega$,$R_{B1} = 33\ \text{k}\Omega$,$R_{B2} = 10\ \text{k}\Omega$,$R_L = 5.1\ \text{k}\Omega$,晶体管的 $\beta = 66$,并设 $R_S \approx 0$。(1)试求静态值 I_B,I_C 和 U_{CE};(2)画出微变等效电路;(3)计算晶体管的输入电阻 r_{be};(4)计算电压放大倍数 A_u;(5)计算放大电路输出端开路时的电压放大倍数,并说明负载电阻 R_L 对电压放大倍数的影响;(6)估算放大电路的输入电阻和输出电阻。

8-3 习题 8 讲解

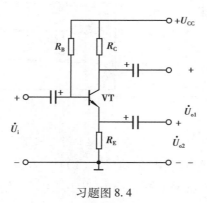

$$\text{习题图 8.4}$$

9. 在上题中,设 $R_S = 1\ \text{k}\Omega$,试计算输出端接有负载时的电压放大倍数 $A_u = \dfrac{\dot{U}_o}{\dot{U}_i}$ 和 $A_{uS} = \dfrac{\dot{U}_o}{\dot{E}_S}$,并说明信号源内阻 R_S 对电压放大倍数的影响。

10. 在习题图 8.5 的射极输出器中,已知 $R_S = 50\ \Omega$,$R_{B1} = 100\ \text{k}\Omega$,$R_{B2} = 30\ \text{k}\Omega$,$R_E = 1\ \text{k}\Omega$,晶体管的 $\beta = 50$,$r_{be} = 1\ \text{k}\Omega$,试求 A_u,r_i 和 r_o。

11. 已知习题图 8.6 所示差分放大电路的 $U_{CC} = U_{EE} = 12$ V，$R_C = R_E = 3$ kΩ，硅晶体管的 $\beta = 100$，静态时 R_E 两端的电压 $U_{R_E} = 12.12$ V。求静态时的 I_B、I_C 和 U_{CE}。

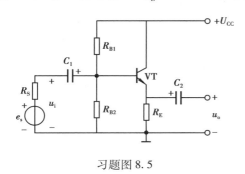

习题图 8.5

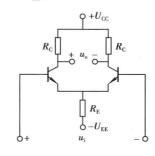

习题图 8.6

第**9**章
集成运算放大电路

采用半导体加工技术制作的集成运算放大器最早应用于信号的运算,所以它又被称为运算放大器。随着技术的发展,目前集成运放的应用几乎渗透到电子技术的各个领域,成为组成电子系统的基本功能单元。

9.1 集成运算放大电路概述

9.1.1 集成电路

集成电路(Integrated Circuit,IC)是随着微电子技术和半导体技术的产生和发展而形成的,它是指采用一定的工艺把一个电路中所需的晶体管、电阻、电容和电感等元件及布线互连一起,制作在一小块或几小块半导体晶片或介质基片上,然后封装在一个管壳内,向外引出若干个管脚,执行特定电路或系统功能的一种器件。集成电路具有体积小,质量轻,引出线和焊接点少,寿命长,可靠性高,性能好等优点,同时成本低,便于大规模生产。

由于集成电路有很多,因此人们将其进行了分类。通过集成度(每块半导体晶片上所包含的独立元件数)的大小进行分类,可以分为小规模(Small Scale Integrated Circuits,SSIC)、中规模(Medium Scale Integrated circuits,MSIC)、大规模(Large Scale Integrated circuits,LSIC)和超大规模集成电路(Very Large Scale Integrated circuits,VLSIC)以及特大规模集成电路(Ultra Large Scale Integrated circuits,ULSIC),目前已经出现了巨大规模集成电路(Giga Scale Integration,GSIC);也可以通过结构进行分类,分为单片集成电路和混合集成电路,其中单片集成电路又可以分为双极型、MOS 型和 BiMOS 型,混合集成电路又可以分为 BiMOS 型和 BiCMOS 型集成电路。另一种分类方法为按照功能分类,可以为数字电路和模拟电路以及数字模拟混合电路,数字电路可以进一步分为组合逻辑电路和时序逻辑电路,模拟电路可以分为线性电路和非线性电路,其他还有按照用途和应用领域以及外形等分类方法。使用集成电路时应注意了解它的外部特性,例如外形、管脚、符号、主要参数、功能和测试资料等,对于其内部电路结构及制造工艺一般不去研究。

为了适应各种应用场合和条件,产生了各种集成电路的封装形式。

封装,就是指把硅片上的电路管脚用导线接引到外部接头处,以便与其他器件连接。封装形式是指安装半导体集成电路芯片用的外壳。它不仅起着安装、固定、密封、保护芯片及增强电热性能等方面的作用,而且还通过芯片上的接点用导线连接到封装外壳的引脚上,这些引脚又通过印刷电路板上的导线与其他器件相连接,从而实现内部芯片与外部电路的连接。因为芯片必须与外界隔离,以防止空气中的杂质对芯片电路的腐蚀而造成电气性能下降。另一方面,封装后的芯片也更便于安装和运输。由于封装技术的好坏还直接影响到芯片自身性能的发挥和与之连接的 PCB(印制电路板)的设计和制造,因此它是至关重要的。

集成电路的封装形式主要有双列直插型、贴片型和功率型。

(1)双列直插型

绝大多数中小规模集成电路均采用这种封装形式,其引脚数一般不超过 100 个。采用双列直插型封装的 CPU 芯片有两排引脚,采用 DIP 封装的 CPU 芯片有两排引脚,需要插到具有 DIP 结构的芯片插座上,如图 9.1.1 所示。当然,也可以直接插在有相同焊孔数和几何排列的电路板上进行焊接。DIP 封装的芯片在从芯片插座上插拔时应特别小心,以免损坏引脚。采用双列直插型封装的集成电路具有适合在 PCB(印刷电路板)上穿孔焊接、操作方便以及芯片体积较大的特点。

(a)双列直插型封装集成电路　　　　**(b)双列直插型封装集成电路的芯片插座**

图 9.1.1　双列直插型封装及插座

(2)贴片型

采用贴片型封装的集成电路由于具有体积小巧的特点多用于精密产品的研发中。贴片型封装根据芯片外形尺寸、引脚数目、形状以及芯片厚薄程度等的不同又可以分为小外形封装(SOP)、薄型小尺寸封装(TSOP)、缩小型小尺寸封装(SSOP)、J 形引脚小尺寸封装(SOJ)以及焊球阵列封装(BGA)等,如图 9.1.2 所示。通常采用贴片型封装的直接焊接在电路板上,因而能减小占用空间。

(3)功率型

功率型封装主要运用于功率型集成电路的封装,功率型封装引脚通常较少,这种封装形式通常具备能散热的金属块,能很好地解决功率型集成电路的散热问题,如常用的 TO220 型封装,如图 9.1.3 所示。

图 9.1.2　贴片型封装集成电路　　　　图 9.1.3　功率型封装集成电路

9.1.2　集成运算放大器

（1）集成运算放大器的组成和符号

集成运算放大器是一种电压放大倍数很大的直接耦合多级放大电路,由于在发展初期主要用于数学运算,所以至今仍保留着"运算放大器"的名称。目前的应用实际已远远超出数学运算的范围,是模拟集成电路的一个重要分支,它实际上是用集成电路工艺制成的具有高增益、高输入电阻、低输出电阻的直接耦合放大器。它具有通用性强、可靠性高、体积小、质量轻、功耗小、性能优越等特点,而且外部接线很少,调试极为方便。现在已经广泛应用于自动测试、自动控制、计算技术、信息处理以及通信工程等各电子技术领域。通常集成运算放大器由输入级、中间级和输出级组成,如图 9.1.4 所示。

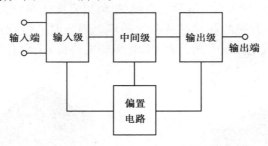

图 9.1.4　集成运算放大器结构示意图

1）输入级

输入级是决定集成运算放大器质量好坏的关键。为了减少零点漂移和抑制共模干扰信号,要求输入级温漂小、共模抑制比高、有极高的输入阻抗,一般采用高性能的恒流源差分放大电路。

2）中间级

中间级用来完成电压放大,一般采用多级放大,使得电压放大倍数可以达到几万到几十万倍。

3）输出级

输出级应具有较大的电压输出幅度、较高的输出功率和较低的输出电阻的特点,大多采用复合管构成的共集电极电路作为输出级。

4）偏置电路

偏置电路一般由恒流源组成,用来为各级放大电路提供合适的偏置电流,使之具有合适的静态工作点。它们一般也作为放大器的有源负载和差分放大器的发射极电阻。

在实际应用中,需要将集成运算放大器用一定的图形符号进行表示,目前有两种常用的图形符号。一种是国家标准规定的集成运放图形符号,另一种是国际电工委员会使用的图形符号,如图 9.1.5 所示。

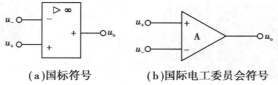

（a）国标符号　　　　**（b）国际电工委员会符号**

图 9.1.5　集成运算放大器图形符号

　　在集成运放的符号中,左侧标有"-"端为反相输入端,当输入信号由此端与地之间输入时输出信号与输入信号相位相反,这种输入方式为反相输入。

　　在集成运放的符号中,左侧标有"+"端为同相输入端,当输入信号由此端与地之间输入时输出信号与输入信号相位相同,这种输入方式为同相输入。

　　如果将两个输入信号分别从上述两端与地之间输入,则称这种方式为差分输入,它与反相输入和同相输入一同构成集成运算放大器的基本输入方式。

　　需要注意的是实际集成运放往往不止反相输入端、同相输入端以及输出端这3个端子,通常还包含电源端、接地端以及调零端等其他端子。

（2）集成运算放大器的电压传输特性

　　将集成运算放大器的输出电压与输入电压之间的关系称为集成运放的电压传输特性。从实际传输特性曲线(图9.1.6)上可以看出,实际传输特性分为线性区和饱和区。

　　当集成运算放大器工作在线性区时,放大器的输出电压 u_O 与输入电压 u_d 成正比,即

$$u_O = A_0 u_d = A_0(u_+ - u_-)$$

　　线性区的斜率取决于开环放大倍数 A_0 的大小,但是由于集成运算放大器的电源电压是有限的,因此限制了输出电压的最大输出值。当输入电压增加时,输出电压 u_O 很快就进入了图中第一象限的正饱和区和第三象限的负饱和区,在正饱和区 $u_O = +U_{O(sat)}$,在负饱和区 $u_O = -U_{O(sat)}$。

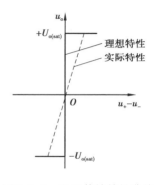

　　集成运算放大器工作在线性区时通常称为集成运算放大器的线性应用,工作在饱和区时称为集成运算放大器的非线性应用。

　　需要注意的是集成运算放大器的开环放大倍数 A_0 非常大,即传输特性曲线中线性部分的曲线比较陡,当输入电压 $u_+ - u_-$ 即使很小,一旦有外部干扰就会使得集成运算放大器很容易进入饱和区,很难稳定在线性区工作,因此为了使集成运算放大器能够得到线性应用,必须采用深度负反馈。

图9.1.6　电压传输特性曲线

9-1 知识点

9.2　反馈及其判断

　　根据集成运算放大器的电压传输特性可知,为使其正常工作在线性区,必须引入反馈。围绕集成运算放大器构成的反馈是指将放大器输出回路中的输出信号通过某一电路或元件部分或全部送回到输入回路中。

　　实现这一反馈的电路和元件称为反馈电路和反馈元件。

9.2.1　反馈的分类

　　反馈通常分为以下几种:

（1）正反馈和负反馈

　　如果反馈信号与输入信号作用相同,使有效输入信号增加,这种反馈称为正反馈。如果反馈信号与输入信号作用相反,使有效输入信号减少,这种反馈称为负反馈。

（2）**串联反馈和并联反馈**

如果反馈信号与输入信号以串联的形式作用于净输入端,这种反馈称为串联反馈;而反馈信号与输入信号以并联的形式作用于净输入端,这种反馈称为并联反馈。

（3）**电流反馈和电压反馈**

如果反馈信号取自输出电压,与输出电压成比例,这种反馈称为电压反馈。

如果反馈信号取自电流,与输出电流成比例,这种反馈称为电流反馈。

还可以分为直流反馈和交流反馈。在放大电路中,一般都存在着直流分量和交流分量。前者反馈信号只含有直流成分,后者反馈信号只含有交流成分。若反馈信号既含有直流分量,又含有交流分量,则称为交直流反馈。

9.2.2 反馈的判断

首先是判断是否存在反馈,然后再判断反馈的类型。

对于是否存在反馈主要是判断电路中是否有将输出回路与输入回路联系起来的反馈元件。如图9.2.1所示电阻 R_F 将输出回路与输入回路联系起来,因此电路存在反馈,反馈元件为电阻 R。

瞬时极性法是判别电路中是否存在负反馈或正反馈的基本方法。设接"地"参考点的电位为零,电路中

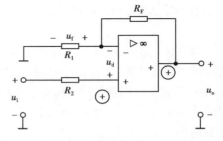

图 9.2.1　反馈类型的判断

某点在某瞬时的电位高于零电位者,则该点电位的瞬时极性为正（用⊕表示）;反之为负（用⊖表示）。在图9.21中,R_F 为反馈电阻,跨接在输出端与反相输入端之间。设某一瞬时输入电压 u_i 为正,则同相输入端电位的瞬时极性为⊕,输出端电位的瞬时极性也为⊕,经 R_F 和 R_1 分压后在 R_1 上得出 u_f,而 $u_d = u_i - u_f$,因此 u_f 减小了集成运算放大器的净输入 u_d,因此该反馈为负反馈,而且是电压反馈。

9.2.3 负反馈对放大电路性能的改善

在放大电路中,使用负反馈来改善电路的工作性能比较普遍。负反馈对于放大电路性能的改善主要体现在以下几个方面:

（1）**提高放大倍数的稳定性**

在集成运算放大电路中,当使用条件发生变化时,如环境温度变化、更换元件、负载变化以及电源电压波动等都会引起电压放大倍数的变化。这种不稳定状况将影响放大电路的准确性和可靠性,而通过增加负反馈环节,将使得放大倍数的变化率成倍降低。

（2）**加宽了通频带**

集成运算放大器电路都是采用直接耦合,无耦合电容,因此其低频特性较好。当引入负反馈后,在中频段,开环放大倍数较高,反馈信号也较高,因而使得闭环放大倍数降低得比较多;而在高频段,开环放大倍数较低,反馈信号也较低,因而使得闭环放大倍数降低得比较少,这样就将放大电路的通频带展宽了。

（3）**改善了非线性失真**

在集成运算放大电路和分立元件构成的放大电路中,容易产生信号波形的失真。当引入

负反馈后将使得集成运算放大电路的输出端的失真信号反送到输入端,使净输入信号发生某种程度的失真。经过放大之后,使输出信号的失真得到一定的补偿,即利用失真了的波形来改善波形的失真,进而减小失真。

（4）改变了输入电阻和输出电阻

负反馈使得输入电阻增加还是减少取决于反馈的类型是串联反馈还是并联反馈。如果为串联反馈,将使得电路中的输入电流减少,导致输入电阻增加;反之,引入的反馈是并联反馈,将使输入电流增加,导致输入电阻减少。

而输出电阻的增加还是减少取决于反馈的类型是电压反馈还是电流反馈。电压负反馈将使输出电阻 r_o 减小,电流负反馈将使输出电阻 r_o 增加。

另外,集成运算放大器引入负反馈会稳定输出电压或输出电流。

但是负反馈对于放大电路的性能改善是以降低放大倍数为代价的,因为负反馈的存在将降低净输入信号,即会使输入信号减小,从而降低电压放大倍数。

9.3　理想运算放大器

9.3.1　理想运算放大器的条件

在实际分析运算放大器时,可把运算放大器看作理想的放大器。而运算放大器被看成理想运算放大器的主要条件是:

①开环电压放大倍数 A_0 接近于无穷大,即

$$A_0 = u_O/u_d \to \infty$$

②差模输入电阻 r_i 接近于无穷大,即

$$r_i \to \infty$$

③开环输出电阻 r_o 接近于零,即

$$r_o \to 0$$

④共模抑制比 K_{CMRR} 接近于无穷大,即

$$K_{CMRR} \to \infty$$

理想运算放大器的图形符号是将运算放大器的图形符号中的 A_0 改为 ∞ 。

9.3.2　理想运算放大器的特性

理想运算放大器的放大倍数趋近于 ∞ ,线性区几乎与纵坐标轴重合,理想运算放大器的特点为:

（1）工作在饱和区时

当输入电压很小时,如果没有反馈环节,放大器立即进入饱和区。

（2）工作在线性区时

理想运算放大器在引入深度负反馈后,由于输出电压是个有限值,因此:

①$u_d = u_o/A_0 = 0$,即 $u_+ = u_-$,两个输入端之间相当于短路,但又未真正短路,因此称为虚短路,简称"虚短"。

②$i_{\mathrm{d}} = u_{\mathrm{d}}/r_{\mathrm{i}} = 0$，即两个输入端相当于断路，但又未真正断路，因此称为虚断路，简称"虚断"。

③运算放大器在有负载和没有负载的时候输出电压相等，即输出电压不受负载大小的影响。

以上三点结论特别是前两点结论是分析理想运算放大器在线性区工作的基本依据。

9.4 基本运算电路

通常基本运算电路主要指集成运算放大器外接深度负反馈后能够进行信号的比例、加减、微分和积分等运算的电路。该电路的输出电压与输入电压之间的关系只与外接电路的参数有关，而与集成运算放大器本身参数无关。

9.4.1 比例运算电路

比例运算电路主要包括反相比例运算电路和同相比例运算电路。

9-2 知识点（一）

（1）反相比例运算电路

图9.4.1所示为反相输入比例运算电路。该电路输入信号加在反相输入端上，输出电压与输入电压的相位相反，故得名。

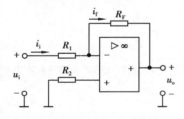

图9.4.1 反相比例运算电路

输入信号u_{i}经输入端电阻R_1送到反相输入端，而同相输入端通过电阻R_2接地，反馈电阻R_{F}跨接在输出端和反相输入端之间。

根据运算放大器的虚短路和虚断路的分析依据，可以得出$i_{\mathrm{i}} = i_{\mathrm{f}}$，$u_+ = u_- = 0$。

$$i_{\mathrm{i}} = \frac{u_{\mathrm{i}} - u_-}{R_1} = \frac{u_{\mathrm{i}}}{R_1}$$

$$i_{\mathrm{f}} = \frac{u_- - u_{\mathrm{o}}}{R_{\mathrm{F}}} = -\frac{u_{\mathrm{o}}}{R_{\mathrm{F}}}$$

因此

$$u_{\mathrm{o}} = -\frac{R_{\mathrm{F}}}{R_1} u_{\mathrm{i}}$$

该电路的放大倍数为

$$A_{\mathrm{uf}} = \frac{u_{\mathrm{o}}}{u_{\mathrm{i}}} = -\frac{R_{\mathrm{F}}}{R_1}$$

在实际电路中，为减小温漂提高运算精度，同相端必须加接平衡电阻R_2接地。R_2的作用是保持运放输入级差分放大电路具有良好的对称性，减小温漂提高运算精度，其阻值应为$R_2 = R_1 /\!/ R_{\mathrm{f}}$。后面电路同理。

（2）同相比例运算电路

图9.4.2所示为同相输入比例运算电路，该电路输入

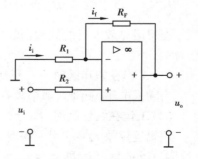

图9.4.2 同相比例运算电路

信号加在同相输入端上,输出电压与输入电压的相位相同,故得名。

根据虚短路和虚断路的分析依据,得到

$$u_- \approx u_+ = u_i$$
$$i_i \approx i_f$$

而

$$i_i = -\frac{u_-}{R_1} = -\frac{u_i}{R_1}$$

$$i_f = \frac{u_- - u_o}{R_F} = \frac{u_i - u_o}{R_F}$$

由此得出

$$u_o = \left(1 + \frac{R_F}{R_1}\right) u_i$$

该电路的放大倍数为

$$A_{uf} = \frac{u_o}{u_i} = 1 + \frac{R_F}{R_1}$$

9.4.2　加法运算电路

9-3 知识点(二)

当在反相输入端增加若干输入电路,则构成反相加法电路,该电路的输出与输入成一定的加法关系,如图 9.4.3 所示。根据图示并结合电路的基本分析方法,可以得出以下公式:

$$i_{i1} = \frac{u_{i1}}{R_{11}}$$

$$i_{i2} = \frac{u_{i2}}{R_{12}}$$

$$i_{i3} = \frac{u_{i3}}{R_{13}}$$

$$i_f = i_{i1} + i_{i2} + i_{i3}$$

$$i_f = -\frac{u_o}{R_F}$$

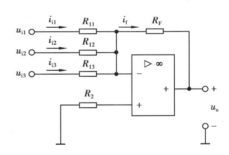

图 9.4.3　加法运算电路

由上面各式得到

$$u_o = -\left(\frac{R_F}{R_{11}}u_{i1} + \frac{R_F}{R_{12}}u_{i2} + \frac{R_F}{R_{13}}u_{i3}\right)$$

当 $R_{11} = R_{12} = R_{13} = R_1$ 时,则

$$u_o = -\frac{R_F}{R_1}(u_{i1} + u_{i2} + u_{i3})$$

其中,平衡电阻

$$R_2 = R_{11} /\!/ R_{12} /\!/ R_{13} /\!/ R_F$$

9.4.3 减法运算电路

如果两个输入端都有输入信号,则输出信号与输入信号的差值有关,如图9.4.4所示。由图可以列出如下计算式子:

$$u_- = u_{i1} - R_1 i_i = u_{i1} - \frac{R_1}{R_1 + R_F}(u_{i1} - u_o)$$

$$u_+ = \frac{R_3}{R_2 + R_3} \cdot u_{i2}$$

由于 $u_- \approx u_+$,故可以得出

$$u_o = \left(1 + \frac{R_F}{R_1}\right)\frac{R_3}{R_2 + R_3}u_{i2} - \frac{R_F}{R_1}u_{i1}$$

当 $R_1 = R_2$,$R_F = R_3$ 时,

$$u_o = \frac{R_F}{R_1}(u_{i2} - u_{i1})$$

当 $R_F = R_1$ 时,

$$u_o = u_{i2} - u_{i1}$$

平衡电阻 R_2 应满足:

$$R_2 \mathbin{/\mkern-5mu/} R_3 = R_1 \mathbin{/\mkern-5mu/} R_F$$

9.4.4 微分运算电路

微分运算电路如图9.4.5所示,其同相输入端通过电阻 R_2 接地,因此同相输入端为接地端,但是又未真正接地,因此为虚地端,$u_+ = u_- = 0$,因此

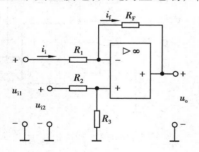

图9.4.4 减法运算电路

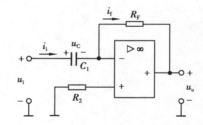

图9.4.5 微分运算电路

$$u_o = -R_F i_F, \quad u_i = u_c$$

而

$$i_F = i_i$$

同时

$$i_i = C_1 \frac{\mathrm{d}u_c}{\mathrm{d}t} = C_1 \frac{\mathrm{d}u_i}{\mathrm{d}t}$$

$$u_o = -R_F i_f = -R_F i_i$$

因此

$$u_o = - R_F C_1 \frac{\mathrm{d}u_i}{\mathrm{d}t}$$

即输出电压与输入电压对时间的一次微分成正比。

平衡电阻

$$R_2 = R_F$$

9.4.5　积分运算电路

由于积分运算和微分运算互为逆运算,因此只需要将微分运算电路中的电容和反馈电阻 R_F 互换位置,就构成了积分运算电路。如图 9.4.6 所示,和微分电路一样,反相输入端为虚地端,因此

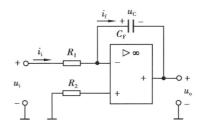

图 9.4.6　积分运算电路

$$i_i = i_f = \frac{u_i}{R_1}$$

$$u_o = - u_C = - \frac{1}{C_F}\int i_f\,\mathrm{d}t = - \frac{1}{R_1 C_F}\int u_i \mathrm{d}t$$

上式表明 u_o 与 u_i 的积分成比例关系,式中负号表示两者方向相反。

平衡电阻

$$R_2 = R_1$$

9.5　集成运算放大器的其他应用

集成运算放大器除了用于构建前面所讲述的基本运算电路外,在实际应用中还可用作电压比较器、RC 正弦波振荡器、有源滤波器等。

9.5.1　电压比较器

电压比较器主要用于将输入电压与参考电压相比较,当输入电压高于参考电压时,比较器输出一个高电平电压信号(或低电平电压信号);当输入电压低于参考电压时,比较器输出一个低电平电压信号(或高电平电压信号)。如图 9.5.1(a)所示,运算放大器工作于开环状态,并未引入反馈环节,因此即使输入端有一个很小的差值也会导致放大器进入饱和状态,即工作在非线性工作区,输出一个恒定的电压值。如图 9.5.1(b)所示,当 $u_i < U_R$ 时,$u_o = +U_{o(sat)}$;当 $u_i > U_R$ 时,$u_o = -U_{o(sat)}$。

9.5.2　波形发生器

集成运算放大器也可以用于产生各种波形的信号源,如矩形波、三角波和锯齿波等。本节以矩形波为例说明集成运算放大器在产生波形方面的运用。

如图 9.5.2(a)所示,双向稳压二极管 D_Z 使得输出电压的幅度被限制在 $+U_Z$ 和 $-U_Z$ 之间,R_1 和 R_2 构成正反馈电路,R_2 上的反馈电压 U_R 是输出电压幅度的一部分,即

193

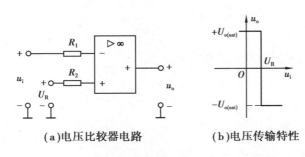

（a）电压比较器电路　　　　（b）电压传输特性

图 9.5.1　电压比较器电路及电压传输特性

$$U_R = \pm \frac{R_2}{R_1 + R_2} \cdot U_Z$$

该部分电压加在同相输入端,作为参考电压;R_F 和 C 构成负反馈电路,U_C 加在反向输入端,U_C 和 U_R 相比较而决定 u_o 的极性,R_3 为限流电阻。

当 u_o 为 $+U_Z$ 时,U_R 也为正值,这时 $u_C < U_R$,u_o 通过 R_F 对电容 C 充电,u_C 按指数规律增长。当 u_C 增长到等于 U_R 时,u_o 由 $+U_Z$ 变为 $-U_Z$,U_R 也变为负值。电容 C 开始通过 R_F 放电,而后开始反向充电。当充电到 $u_C = -U_R$ 时,u_o 即由 $-U_Z$ 变为 $+U_Z$。如此周期性地变化,在输出端得到的是矩形波电压,在电容两端产生的是三角波电压,如图 9.5.2(b)所示。

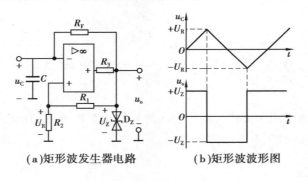

（a）矩形波发生器电路　　　　（b）矩形波波形图

图 9.5.2　矩形波发生器电路及波形图

9.5.3　有源滤波器

滤波器是一种选频处理电路,它能使有用的频率信号能够顺利地通过该电路,而无用的频率信号在通过该电路时将发生衰减,且理想情况下衰减为零。按照能通滤波器的信号的频率范围不同,将滤波器分为低通滤波器、高通滤波器、带通滤波器以及带阻滤波器。如果滤波器电路正常工作时不需要额外电源的称为无源滤波器,如交流电路中 RC 电路;如果滤波器电路正常工作时需要额外电源辅助才能工作的滤波器称为有源滤波器。有源滤波器通常由集成运算放大器和外接电容与电阻构成。本节主要介绍由集成运算放大器构成的有源滤波器。

（1）有源低通滤波器

设输入电压 u_i 为某一频率的正弦电压,则可用相量表示。先由 RC 电路得出

$$\dot{U}_+ = \dot{U}_C = \frac{\dfrac{1}{j\omega C}}{R + \dfrac{1}{j\omega C}} \cdot \dot{U}_i = \frac{\dot{U}_i}{1 + j\omega RC}$$

根据同相比例运算电路

$$\dot{U}_O = \left(1 + \frac{R_F}{R_1}\right)\dot{U}_+$$

所以

$$\frac{\dot{U}_O}{\dot{U}_i} = \frac{1 + \dfrac{R_F}{R_1}}{1 + j\omega RC} = \frac{1 + \dfrac{R_F}{R_1}}{1 + j\dfrac{\omega}{\omega_0}}$$

式中,$\omega_0 = \dfrac{1}{RC}$ 称为截止角频率。

若频率 ω 为变量,则该电路的传递函数

$$T(j\omega) = \frac{U_O(j\omega)}{U_i(j\omega)} = \frac{1 + \dfrac{R_F}{R_1}}{1 + j\dfrac{\omega}{\omega_0}} = \frac{A_{uf0}}{1 + j\dfrac{\omega}{\omega_0}}$$

其模为

$$|T(j\omega)| = \frac{|A_{uf0}|}{\sqrt{1 + \left(\dfrac{\omega}{\omega_0}\right)^2}}$$

$$\omega = 0 \text{ 时}, |T(j\omega)| = |A_{uf0}|$$

$$\omega = \omega_0 \text{ 时}, |T(j\omega)| = \frac{|A_{uf0}|}{\sqrt{2}}$$

$$\omega = \infty \text{ 时}, |T(j\omega)| = 0$$

其幅频特性曲线如图 9.5.3(b)所示。

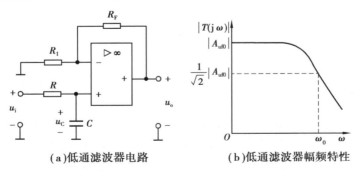

（a）低通滤波器电路　　　　（b）低通滤波器幅频特性

图 9.5.3　有源低通滤波器

（2）有源高通滤波器

如果将有源低通滤波器电路中的电阻和电容互换位置，那么所构成的电路就是高通滤波器电路，如图9.5.4（a）所示。与低通滤波器的分析计算方法相同，可以得到该电路的传递函数

$$T(j\omega) = \frac{U_o(j\omega)}{U_i(j\omega)} = \frac{1 + \dfrac{R_F}{R_1}}{1 - j\dfrac{\omega_0}{\omega}} = \frac{A_{uf0}}{1 - j\dfrac{\omega_0}{\omega}}$$

其模为

$$|T(j\omega)| = \frac{|A_{uf0}|}{\sqrt{1 + \left(\dfrac{\omega_0}{\omega}\right)^2}}$$

$$\omega = 0 \text{ 时}, |T(j\omega)| = 0$$

$$\omega = \omega_0 \text{ 时}, |T(j\omega)| = \frac{|A_{uf0}|}{\sqrt{2}}$$

$$\omega = \infty \text{ 时}, |T(j\omega)| = |A_{uf0}|$$

其幅频特性曲线如图9.5.4（b）所示。

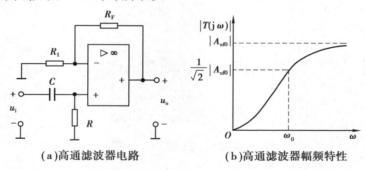

| （a）高通滤波器电路 | （b）高通滤波器幅频特性 |

图9.5.4　有源高通滤波器

练 习 题

1. 什么是理想运算放大器？理想运算放大器工作在线性区和饱和区时各有什么特点？

2. 集成电路的封装形式有哪些？

3. 集成运算放大器由哪几部分组成？各部分作用是什么？

4. 分析工作于线性区的理想集成运算放大电路的基本依据有哪些？

5. 什么是反馈？引入反馈的作用是什么？反馈的类型有哪些？

6. 电路如习题图9.1所示，请分别计算开关S断开和闭合时的电压放大倍数 A_{uf}。

7. 计算习题图9.2中 u_o 的大小。

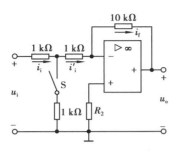

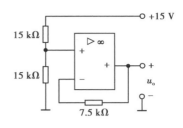

习题图 9.1　　　　　　　　　　习题图 9.2

8. 在习题图 9.3 中,已知 $R_1 = 2$ kΩ,$R_F = 10$ kΩ,$R_2 = 2$ kΩ,$R_3 = 18$ kΩ,$u_i = 1$ V,求 u_o。

9-4 习题 8 讲解

9. 在习题图 9.4 所示的电路中,假设 $R_F \gg R_4$,试证明:

$$A_{uf} = \frac{u_o}{u_i} = -\frac{R_F}{R_1}\left(1 + \frac{R_3}{R_4}\right)$$

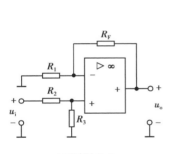

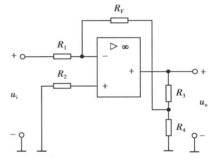

习题图 9.3　　　　　　　　　　　习题图 9.4

10. 在习题图 9.4 所示的电路中,(1)已知 $R_1 = 50$ kΩ,$R_F = 100$ kΩ,$R_2 = 33$ kΩ,$R_3 = 3$ kΩ,$R_4 = 2$ kΩ,求电压放大倍数 A_{uf};(2)如果 $R_3 = 0$ kΩ,要得到同样大的电压放大倍数,R_F 的电阻值应该增加到多少?

11. 在习题图 9.5 所示的电路中,已知 $u_{i1} = 1$ V,$u_{i2} = 2$ V,$u_{i3} = 3$ V,$u_{i4} = 4$ V,$R_1 = R_2 = 2$ kΩ,$R_3 = R_4 = R_F = 1$ kΩ,试计算输出电压 u_o。

12. 根据理想运算放大器的分析依据,求习题图 9.6 所示电路的 u_o 与 u_i 的运算关系式。

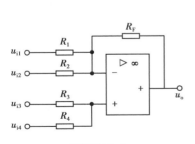

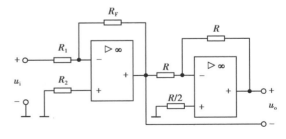

习题图 9.5　　　　　　　　　　习题图 9.6

13. 根据理想运算放大器的分析依据,且已知 $R_F = 2R_1$,$u_i = -2$ V,求习题图 9.7 所示电路的 u_o。

14. 根据习题图 9.8 试确定输出电压 u_o 与两个输入电压 u_{i1} 与 u_{i2} 之间的关系。

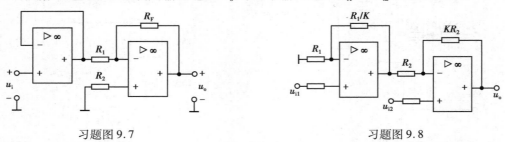

习题图 9.7　　　　　　　　　　　　　　　　习题图 9.8

15. 试叙述如何用有源低通滤波器和有源高通滤波器构建有源带通滤波器和有源带阻滤波器。

第 **10** 章
组合逻辑电路

数字电路按逻辑功能和结构分为组合逻辑电路和时序逻辑电路两类。组合逻辑电路的特点是:任意时刻电路的输出仅由该时刻的输入决定,与电路过去的输入无关,这说明组合逻辑电路不具有记忆功能。本章首先讨论基本门电路的组成,在此基础上介绍加法器、编码器、译码器、数据选择器和数值比较器等常用的中规模集成电路组合逻辑部件。

10.1 集成基本门电路

门电路(gate circuit)又称逻辑门(logical gates),是实现各种逻辑关系的基本电路,是组成数字电路的基本部件。由于它既能完成一定的逻辑运算功能,又能像"门"一样控制信号的通断。门打开时,信号可以通过;门关闭时,信号不能通过,因此称为门电路或逻辑门。集成门电路的产品种类很多,内部电路各异,对一般读者来说,只需将其视为具有某一逻辑功能的器件,对于内部电路可不必深究。

按逻辑功能的不同,门电路可分为很多种,其中实现与、或、非三种逻辑关系的与门电路、或门电路和非门电路是最基本的门电路。

10.1.1 与门电路

在决定某一事件的各种条件中,只有当所有的条件都具备时,事件才会发生,符合这一规律的逻辑关系称为与逻辑(AND logic),如图10.1.1(a)所示,只有开关 A 和 B 同时闭合时,灯 Y 才会亮。这里开关的闭合与灯亮之间的关系为与逻辑关系。

实现与逻辑关系的电路称为与门电路(AND gate circuit),简称与门(AND gate)。与门的逻辑符号如图10.1.1(b)所示,输入端可以不止两个。与门反映的逻辑关系是:输入都为高电平时,输出才是高电平,即:有0出0,全1出1。

反映与逻辑的运算称为与运算(AND operation),又称逻辑乘(logical multiplication),逻辑表达式为

$$Y = A \cdot B$$

(10.1.1)

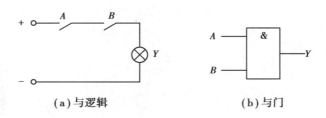

(a) 与逻辑　　　　　　　　　　**(b) 与门**

图 10.1.1　与逻辑和与门

式中,小圆点表示 A 和 B 的与运算,也表示逻辑乘。在不致引起混淆的前提下,小圆点"."也常被省略。

根据上述的逻辑关系可知逻辑乘的运算规律为

$$\begin{cases} A \cdot 0 = 0 \\ A \cdot 1 = A \\ A \cdot A = A \end{cases} \qquad (10.1.2)$$

将 A 和 B 状态的四种组合代入式 10.1.1 中便可得到 Y 的相应状态,见表 10.1.1。这种表示逻辑关系的表称为逻辑状态表,又称真值表。

表 10.1.1　与门真值表

A	B	Y
0	0	0
0	1	0
1	0	0
1	1	1

与门除实现与逻辑关系外,也可以起控制门的作用。例如将 A 端作为信号输入端,B 端作为信号控制端,由真值表可知,当 $B=1$ 时,相当于门打开,信号可以通过;当 $B=0$ 时,$Y=0$,始终保持低电平,相当于门关闭,信号不能通过。

10.1.2　或门电路

在决定某一事件的各种条件中,只要有一个或一个以上的条件具备,事件就会发生,符合这一规律的逻辑关系称为或逻辑(OR logic)。如图 10.1.2(a)所示电路,只要开关 A 和 B 中有一个或一个以上闭合,灯 Y 就会亮。这里开关的闭合和灯亮之间的关系为或逻辑关系。

实现或逻辑关系的电路称为或门电路(OR gate circuit),简称或门(OR gate)。研究逻辑关系所关心的是条件是否具备及事件是否发生,反映在逻辑电路中则是输入电位和输出电位的高与低两种状态,因此,习惯上把电位的高与低称为高电平(upper level)和低电平(lower level)。为便于逻辑运算,分别用 0 和 1 来表示。若规定高电平为 1,低电平为 0,这种逻辑关系称为正逻辑(positive logic),反之则称为负逻辑(negative logic),本书一律采用正逻辑。或门的逻辑符号如图 10.1.2(b)所示,Y 是输出端,A 和 B 是输入端。输入端的数量可以不止两个,输入和输出都只有高电平 1 和低电平 0 两种状态。或门反映的逻辑关系是:输入中有一个或一个以上为高电平,输出便为高电平,即:有 1 出 1,全 0 出 0。

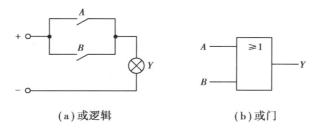

(a)或逻辑   (b)或门

图 10.1.2 或逻辑和或门

反映或逻辑的运算称为或运算(OR operation),又称逻辑加(logical addition),逻辑表达式为

$$Y = A + B \qquad (10.1.3)$$

根据上述的逻辑关系可知逻辑或的运算规律为

$$\begin{cases} A + 0 = A \\ A + 1 = 1 \\ A + A = A \end{cases} \qquad (10.1.4)$$

其真值表见表 10.1.2。

表 10.1.2 或门真值表

A	B	Y
0	0	0
0	1	1
1	0	1
1	1	1

或门除实现或逻辑关系外,还可以起控制门的作用。例如将 A 端作为信号输入端,B 端作为信号控制端,由真值表可知,当 $B=0$ 时,相当于门打开,信号可以通过;当 $B=1$ 时,$Y=1$,始终保持高电平,相当于门关闭,信号不能通过。

10.1.3 非门电路

决定某一事件的条件只有一个,而在条件不具备时,事件才会发生,即事件的发生与条件处于对立状态,符合这一规律的逻辑关系称为非逻辑(NOT logic)。如图 10.1.3(a)所示电路,只有在开关 A 断开时,灯 Y 才会亮。

实现非逻辑关系的电路称为非门电路(NOT gate circuit),简称非门(NOT gate)。非门的逻辑符号如图 10.1.3(b)所示,它只有一个输入端,输出端加有小圆圈,表示"非"的意思。非门反映的逻辑关系是:输出与输入的电平相反,$A=0$ 时,$Y=1$;$A=1$ 时,$Y=0$。

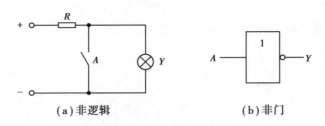

（a）非逻辑　　　　　　　（b）非门

图 10.1.3　非逻辑和非门

反映非逻辑的运算称为非运算（NOT operation），又称逻辑非（logical NOT），逻辑表达式为

$$Y = A'　　　　　　　　　　（10.1.5）$$

A' 读作 A 非，根据上述的逻辑关系可知逻辑非的运算规律为

$$\begin{cases} A + A' = 1 \\ A \cdot A' = 0 \\ A'' = A \end{cases}　　　　　　　　（10.1.6）$$

其真值表见表 10.1.3。

表 10.1.3　非门真值表

A	Y
0	1
1	0

或门、与门和非门的每个集成电路产品中，通常含有多个独立的门电路，而且型号不同，每个门电路（非门除外）的输入端数也不相同。读者若有需要可查阅有关手册。

10.2　集成复合门电路

集成门电路除了与门、或门和非门外，还有将它们的逻辑功能组合起来的复合门电路，如集成与非门、或非门、同或门、异或门和与或非门等。其中，与非门生产量最大、应用最多。本节主要介绍以上几种集成门电路。

10-2　逻辑代数中的
常用复合逻辑运算

10.2.1　与非门电路

与非门电路的逻辑图、逻辑符号及波形图如图 10.2.1 所示，表 10.2.1 是其逻辑真值表。与非门最为常用，应熟记其逻辑功能：当输入变量全为 1 时，输出为 0；当输入变量有一个或几个为 0 时，输出为 1。简言之，即：全 1 出 0，有 0 出 1。与非门可以有两个或两个以上的输入端。与非逻辑关系式为

$$Y = (A \cdot B)'　　　　　　　　　（10.2.1）$$

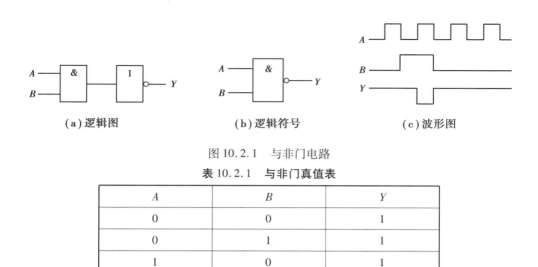

（a）逻辑图　　　　　　（b）逻辑符号　　　　　　（c）波形图

图 10.2.1　与非门电路

表 10.2.1　与非门真值表

A	B	Y
0	0	1
0	1	1
1	0	1
1	1	0

10.2.2　或非门电路

或非门电路的逻辑图、逻辑符号及波形图如图 10.2.2 所示,表 10.2.2 是其逻辑真值表。其逻辑功能为:当输入变量全为 0 时,输出为 1;当输入变量有一个或几个为 1 时,输出为 0。简言之,即全 0 出 1,有 1 出 0。或非门可以有两个或两个以上的输入端。或非逻辑关系式为

$$Y = (A + B)' \tag{10.2.2}$$

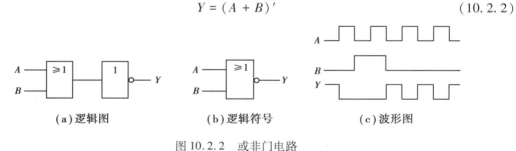

（a）逻辑图　　　　　　（b）逻辑符号　　　　　　（c）波形图

图 10.2.2　或非门电路

表 10.2.2　或非门真值表

A	B	Y
0	0	1
0	1	0
1	0	0
1	1	0

10.2.3　异或门电路

异或门电路的逻辑符号及波形图如图 10.2.3 所示,表 10.2.3 是其逻辑真值表。其逻辑功

能为:当两个输入端信号相同时,输出为0;当两个输入端信号相异时,输出为1。简言之,即:相同取0,不同取1。异或门只有两个输入端。异或逻辑关系式为

$$Y = A \cdot B' + A' \cdot B = A \oplus B \tag{10.2.3}$$

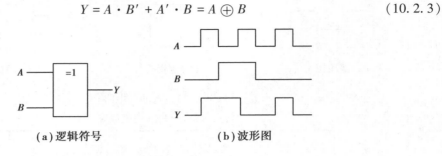

(a) 逻辑符号   (b) 波形图

图 10.2.3 异或门电路

表 10.2.3 异或门真值表

A	B	Y
0	0	0
0	1	1
1	0	1
1	1	0

10.2.4 同或门电路

同或门电路的逻辑符号及波形图如图 10.2.4 所示,表 10.2.4 是其逻辑真值表。其逻辑功能为:当两个输入端信号相同时,输出为1;当两个输入端信号相异时,输出为0。简言之,即:相同取1,不同取0。同或门只有两个输入端。同或逻辑关系式为

$$Y = AB + A'B' = (A \odot B) \tag{10.2.4}$$

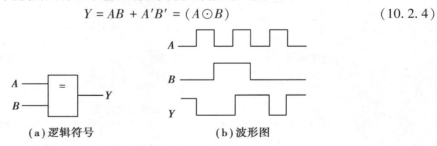

(a) 逻辑符号   (b) 波形图

图 10.2.4 同或门电路

表 10.2.4 同或门真值表

A	B	Y
0	0	1
0	1	0
1	0	0
1	1	1

10.2.5　与或非门电路

与或非门电路的逻辑图和逻辑符号如图 10.2.5 所示,表 10.2.5 是其逻辑真值表。与或非的逻辑关系式为

$$Y = (A \cdot B + C \cdot D)' \tag{10.2.5}$$

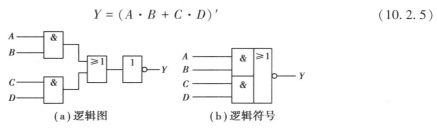

（a）逻辑图　　　　　　　（b）逻辑符号

图 10.2.5　与或非门电路

表 10.2.5　与或非门真值表

A	B	C	D	Y
0	0	0	0	1
0	0	0	1	1
0	0	1	0	1
0	0	1	1	0
0	1	0	0	1
0	1	0	1	1
0	1	1	0	1
0	1	1	1	0
1	0	0	0	1
1	0	0	1	1
1	0	1	0	1
1	0	1	1	0
1	1	0	0	0
1	1	0	1	0
1	1	1	0	0
1	1	1	1	0

10.3　逻辑代数

逻辑代数或称布尔代数,它是分析与设计逻辑电路的数学工具。它虽然和普通代数一样也用字母$(A,B,C,\cdots)$表示变量,但变量的取值只有 1 和 0 两种,即所谓逻辑 1 和逻辑 0。它们

不表示数量大小,而是代表两种相反的逻辑状态。即逻辑代数所表示的是逻辑关系,不是数量关系,这是它与普通代数本质上的区别。

10.3.1　逻辑代数的基本运算

逻辑代数中有三种基本的逻辑关系:与、或、非,因此就有三种基本的逻辑运算:逻辑乘、逻辑加和逻辑非。这三种基本运算可分别由与其对应的与门、或门和非门三种电路来实现。逻辑代数中的其他运算都是由这三种基本逻辑运算推导出来的。

（1）**基本运算**

①逻辑乘（与运算）:$Y=A \cdot B$

②逻辑加（或运算）:$Y=A+B$

③逻辑非（非运算）:$Y=A'$

（2）**逻辑代数的基本公式**（表 10.3.1）

表 10.3.1　逻辑代数的基本公式

公式名称	公式内容	公式名称	公式内容
自等律	$A+0=A$ $A \cdot 1=A$	交换律	$A+B=B+A$ $A \cdot B=B \cdot A$
0.1 律	$A+1=1$ $A \cdot 0=0$	结合律	$A+(B+C)=(A+B)+C=A+(B+C)$ $A \cdot (B \cdot C)=(A \cdot B) \cdot C=A \cdot (B \cdot C)$
重叠律	$A+A=A$ $A \cdot A=A$	分配律	$A \cdot (B+C)=A \cdot B+A \cdot C$ $A+(B \cdot C)=(A+B) \cdot (A+C)$
互补律	$A+A'=1$ $A \cdot A'=0$	吸收律	$A+(A \cdot B)=A$ $A \cdot (A+B)=A$
复原律	$A''=A$	反演律 （摩根定律）	$(A+B)'=A' \cdot B'$ $(A \cdot B)'=A'+B'$

10.3.2　逻辑函数的表示方法

逻辑函数用来描述逻辑电路输出与输入的逻辑关系,逻辑代数中函数的定义与普通代数中函数的定义极为相似。但和普通代数中函数的概念相比,逻辑函数具有自身的特点。

10-3 逻辑函数
的表示方法

①逻辑变量和逻辑函数的取值只有 0 和 1 两种可能;

②函数和变量之间的关系是由与、或、非三种基本运算决定的。

逻辑电路和逻辑函数之间存在着严格的对应关系,任何一个逻辑电路的全部属性和功能都可由相应的逻辑函数完全描述,这便使我们能够将一个具体的逻辑电路转换为抽象的代数表达式,从而很方便地对它加以分析研究。

描述逻辑函数的方法有真值表、逻辑表达式、逻辑图、卡诺图等。

（1）**真值表**（逻辑状态表）

将 n 个输入变量的所有状态及其对应的输出函数值列成一个表格叫作真值表（或逻辑状态表）。

例如,设计一个三人(A、B、C)表决使用的逻辑电路,当多数人赞成(输入为 1)、表决结果(Y)有效(输出为 1),否则 Y 为 0。根据上述要求,输入有 $2^3 = 8$ 个不同状态,把 8 种输入状态下对应的输出状态值列成表格,就得到真值表,见表 10.3.2。

真值表是一种十分有用的逻辑工具,在逻辑问题的分析和设计中,将经常用到这一工具。

表 10.3.2　表决器真值表

A	B	C	Y
0	0	0	0
0	0	1	0
0	1	0	0
0	1	1	1
1	0	0	0
1	0	1	1
1	1	0	1
1	1	1	1

（2）**逻辑表达式**

逻辑式是用与、或、非等运算来表达逻辑函数的表达式。

真值表所示的逻辑函数也可以用逻辑表达式来表示,通常采用的是与或表达式,即将真值表中输出等于 1 的各状态表示成全部输入变量(包括原变量和反变量)的与项(例如表 10.3.2 中,当 A、B、C 分别为 0、1、1 时,$Y = 1$ 可写成 $Y = A'BC$),总的输出表示成这些与项的或函数。对应表 10.3.2,共有四项 $Y = 1$,故写出逻辑函数的与或表达式为

$$Y = A'BC + AB'C + ABC' + ABC \tag{10.3.1}$$

式中,每个与项都是全部输入变量的原变量或反变量的乘积。

（3）**逻辑图**

逻辑表达式用对应逻辑门符号连接起来就是逻辑图,如逻辑函数式 $Y = BC + AC + AB + ABC$ 对应的逻辑图如图 10.3.1 所示。

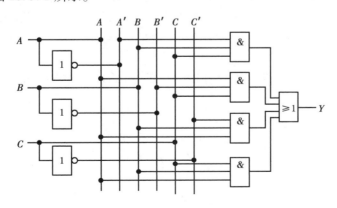

图 10.3.1　逻辑图

（4）卡诺图

逻辑函数也可以用卡诺图表示，它是由许多方格组成的阵列列图，方格又称单元，单元的个数等于逻辑函数输入变量的状态数。每个单元表示输入变量的一种状态，该状态写在方格的左方和上方，而对应的输出变量状态填入单元中。如表10.3.2所示的逻辑函数，可用图10.3.2（a）所示的卡诺图表示。

10-4 逻辑函数
的卡诺图表示

方格左方和上方输入变量状态的取值要遵循下述原则：两个位置相邻的单元其输入变量的取值只允许有一位不同，图10.3.2（b）、（c）、（d）分别给出二输入变量、三输入变量和四输入变量取值的卡诺图。

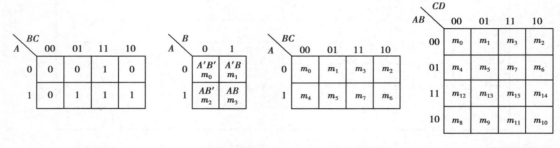

（a）卡诺图　　　（b）二变量卡诺图　　　（c）三变量卡诺图　　　（d）四变量卡诺图

图10.3.2　二到四变量的卡诺图

卡诺图中的"相邻"概念，可以从立体上去理解，如同世界地图是由一个封闭球体切割展开那样。所以，图中不仅任意上、下两行是相邻的，而且最上行和最下行也是相邻的。同理，不仅任意左右两列是相邻的，而且最左列和最右列也是相邻的。由此，4个角的单元也是相邻的。

上述表示逻辑函数的几种方法各有特点，适用于不同场合，但针对某个具体问题而言，它们仅仅是同一问题的不同描述形式，它们之间可以很方便地相互变换。

10.3.3　逻辑函数的化简

同一个逻辑函数的逻辑表达式可以有多种形式，只有化简为最简形式，在用门电路实现时才能得到最简单的逻辑电路。所谓化简逻辑函数，是使逻辑函数的与或表达式中所含的或项数最少，每个与项的变量数也最少。

（1）代数化简法

代数化简法是应用逻辑代数的定律和恒等式进行化简的方法，故又称为公式化简法。常用的方法如下

1）并项法

利用公式 $AB+AB'=A$，将两个与项合并，消去一个变量。例如

$$Y=AB'C+AB'C'=AB'(C+C')=AB'$$

2）吸收法

利用公式 $A+AB=A$，吸收掉多余的项。例如

$$Y=C'+AC'D=C'(1+AD)=C'$$

3）消去法

利用公式 $A+A'B=A+B$，消去多余变量。例如：

$$Y=AB+A'C+B'C=AB+C(A'+B')=AB+(AB)'C=AB+C$$

4）配项法

利用公式 $A=A(B+B')$，将 $(B+B')$ 与某乘积项相乘，后展开合并化简。如：

$$Y=A'B'C+ABC'+BC$$
$$=A'B'C+ABC'+(A'BC+ABC)$$
$$=A'C(B'+B)+AB(C'+C)$$
$$=A'C+AB$$

上面介绍的是几种常用的方法，举出的例子都比较简单。而实际应用中遇到的逻辑函数往往比较复杂，化简时应灵活使用所学的定律，综合运用各种方法。

【例 10.3.1】　化简下列逻辑函数：

$Y_1=AB'+ACD+A'B'+A'CD$

$Y_2=AB+ABC'+ABD+AB(C'+D')$

$Y_3=AC+AB'+(B+C)'$

$Y_4=AB'+B+A'B$

$Y_5=A'BC'+A'BC+ABC$

【解】　依次化简上列逻辑函数，得

$Y_1=AB'+ACD+A'B'+A'CD=A(B'+CD)+A'(B'+CD)=B'+CD$

$Y_2=AB+ABC'+ABD+AB(C'+D')=AB(1+C'+D+(C'+D'))=AB$

$Y_3=AC+AB'+(B+C)'=AC+AB'+B'C'=AC+B'C'$

$Y_4=AB'+B+A'B=A+B+A'B=A+B$

$Y_5=A'BC'+A'BC+ABC=(A'BC'+A'BC)+(A'BC+ABC)=A'B+BC$

（2）卡诺图化简法

1）卡诺图

逻辑函数还可以用卡诺图表示。

N 个变量有 2^n 种组合，最小项就有 2^n 个，卡诺图也相应有 2^n 个小方格。图 10.3.2（b）、（c）、（d）分别为二变量、三变量和四变量卡诺图。在卡诺图的行和列分别标出现变量及其状态。变量状态次序是 00,01,11,10，而不是二进制递增次序 00,01,10,11，这样排列是为了使任意两个相邻最小项之间只有一个变量改变。小方格也可用二进制数对应于十进制数编号，也就是变量的最小项可用 $m_0,m_1,m_2,\cdots$ 来编号，如图 10.3.2 所示。

10-5 逻辑函数
的卡诺图化简

2）卡诺图化简

卡诺图法在变量较少（变量≤4）时，具有直观迅速的优点。卡诺图化简法是吸收律 $AB+A'B=B$ 的直接应用。利用卡诺图的相邻性（即任意二个相邻单元对应的输入变量仅有一个变量取反），当相邻单元内都标 1 时，应用该公式即可将它们对应的输入变量合并。重复应用此公式，可逐步将逻辑函数化简。

应用卡诺图化简逻辑函数时，先将逻辑式中的最小项（或逻辑状态表中取值为 1 的最小项）分别用 1 填入相应的小方格内。如果逻辑式中的最小项不全，则填写 0 或空着不填。如果逻辑式不是由最小项构成，一般应先化为最小项（或列其逻辑状态表）。

应用卡诺图化简逻辑函数时，应了解下列几点：

①将卡诺图中 2^n 个（$n=1,2,3,\cdots$）相邻为 1 的单元圈起来,形成矩形或方形的集合（边沿相邻、四角相邻不要遗漏）。

②集合的单元数应尽可能多。即集体越大,可以消去的变量数就越多。

③集合的数目应尽量少,必要时可重复使用某些单元,但每画一个集合至少要包含一个未被圈过的新单元。集合数越少,化简后的函数项数就越少。

④当所有为 1 的单元都被圈过后,化简过程完成。化简结果为各个集合项的逻辑和。

⑤最小圈可只含一个小方格,不能化简。

【例 10.3.2】 用卡诺图法将函数 $Y(A,B,C,D)=\sum m(0,1,2,5,8,9,10)$ 化简。

【解】

①由逻辑式画出卡诺图,如图 10.3.3 所示。

②画卡诺圈,写出每个卡诺圈对应的与项:m_0,m_2,m_8,m_{10} 合并为 $B'D'$,m_0,m_1,m_8,m_9 合并为 $B'C'$,m_1,m_5 合并为 $A'C'D$。

③写出逻辑函数的最简与或式

$$Y=B'D'+B'C'+A'C'D$$

【例 10.3.3】 用卡诺图法将 $Y(A,B,C,D)=A'BC'D'+AC'D'+B'D+B'D'$ 化简。

【解】

①逻辑函数式 Y 的表达式不是最小项表达式,所以先将已知函数式转换成最小项表达式:

$$Y=A'BC'D'+AC'D'(B+B')+B'(D+D')(A+A')(C+C')=\sum m(0,1,2,3,4,8,9,10,11,12)$$

②由逻辑式画出卡诺图,如图 10.3.4 所示。

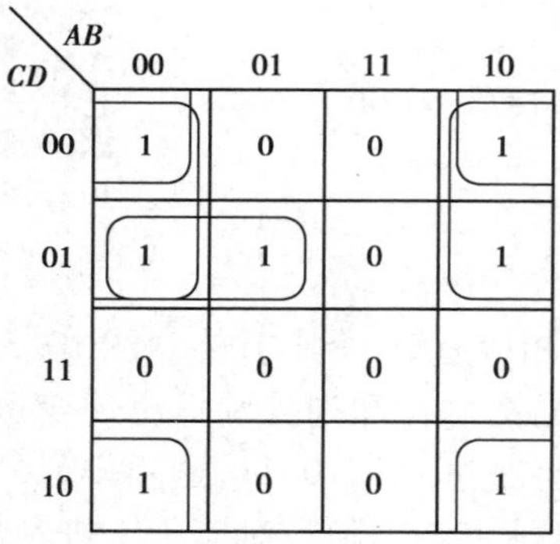

图 10.3.3 例 10.3.2 的卡诺图

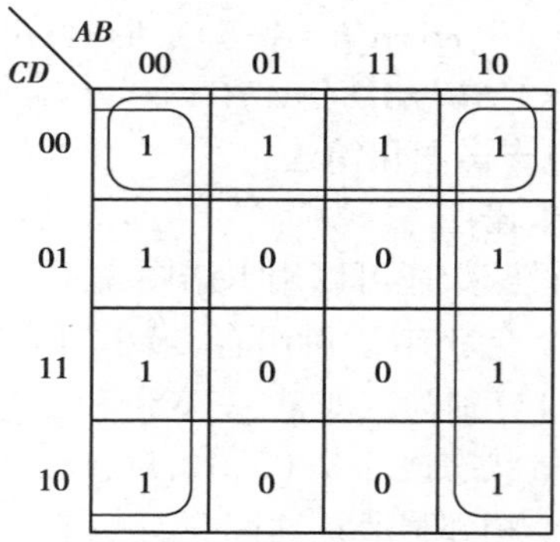

图 10.3.4 例 10.3.3 的卡诺图

③画卡诺圈,写出每个卡诺圈对应的与项:$m_0,m_1,m_2,m_3,m_8,m_9,m_{10},m_{11}$ 合并为 B',m_0,m_4,m_8,m_{12} 合并为 $C'D'$。

④写出逻辑函数的最简与或式

$$Y=B'+C'D'$$

【例 10.3.4】 用卡诺图法将函数 $Y(A,B,C,D)=AB'+A'CD+B+C'+D'$ 化简。

【解】

①将函数式转换成最小项表达式

$$Y=\sum m(0,1,2,3,4,5,6,7,8,9,10,11,12,13,14,15)$$

②由逻辑式画出卡诺图,如图10.3.5所示。

③画卡诺圈,写出每个卡诺圈对应的与项。

④写出逻辑函数的最简与或式 $Y=1$。

【例10.3.5】　用卡诺图法将 $Y(A,B,C,D) = AB' + BC'D' + ABD + A'BC'D$ 化简。

【解】

①将函数式转换成最小项表达式

$$Y = \sum m(4,5,8,9,10,11,12,13,15)$$

②由逻辑式画出卡诺图,如图10.3.6所示。

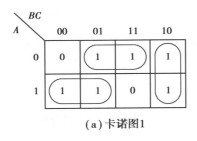

图 10.3.5　例 10.3.4 的卡诺图

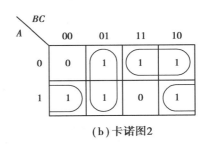

图 10.3.6　例 10.3.5 的卡诺图

③画卡诺圈,写出每个卡诺圈对应的与项。

④写出逻辑函数的最简与或式

$$Y = AB' + BC' + AD$$

【例10.3.6】　用卡诺图法将 $Y(A,B,C) = AC' + A'C + BC' + B'C$ 化简。

【解】

①将函数式转换成最小项表达式

$$Y = \sum m(1,2,3,4,5,6)$$

②由逻辑式画出卡诺图,如图10.3.7所示。

10-6 卡诺图化简例题

（a）卡诺图1　　　　　（b）卡诺图2

图 10.3.7　例 10.3.6 的卡诺图

③画卡诺圈,写出每个卡诺圈对应的与项。

④写出逻辑函数的最简与或式

$$Y = AB' + A'C + BC' \text{ 或 } Y = B'C + A'B + AC'$$

此例说明,逻辑函数的卡诺图化简结果不一定是唯一的,但一定是最简的。

10.4　组合逻辑电路的分析与设计

逻辑电路按其逻辑功能和结构特点可以分为两大类:一类叫作组合逻辑电路,该电路的输出状态仅取决于输入的即时状态,而与先前状态无关;另一类叫作时序逻辑电路,这种电路的输出状态不仅与输入的即时状态有关,而且还与电路原来的状态有关。图10.4.1所示为组合逻辑电路的一般框图,它可用如图10.4.1所示的逻辑电路来描述。电路的输出量可以是一个,也可以是多个。

$$Y_i = f_i(X_1, X_2, \cdots, X_n) \quad i = 1, 2, \cdots, m \tag{10.4.1}$$

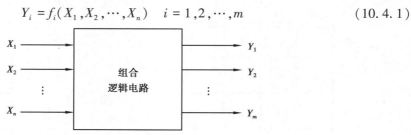

图 10.4.1　组合逻辑电路框图

10.4.1　组合逻辑电路的分析

10-7 组合逻辑
电路分析方法

组合逻辑电路的分析就是对一个给定的逻辑电路,找出其输出与输入之间的逻辑关系,弄清楚它的逻辑功能的过程。分析组合逻辑电路的步骤如下:
①由电路图写出输出端的逻辑表达式;
②化简、变换逻辑表达式;
③由简化逻辑式列出真值表;
④由真值表分析其逻辑功能。

【例10.4.1】　分析图10.4.2(a)所示的逻辑电路的逻辑功能。

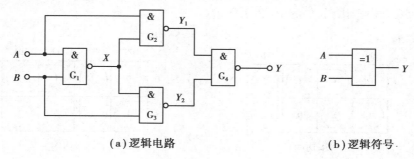

(a)逻辑电路　　　　　　　　　　(b)逻辑符号

图 10.4.2　例 10.4.1 图

【解】
①由逻辑图写出逻辑式。
从输入到输出,依次写出各个门的逻辑式,最后写出输出变量 Y 的逻辑式。
G_1 门: $X = (AB)'$

G_2 门:$Y_1 = (XA)' = ((AB)'A)'$

G_3 门:$Y_2 = (XB)' = ((AB)'B)'$

G_4 门:$Y = (Y_1Y_2)'$

②化简、变换。

$Y = (Y_1Y_2)' = (AB)'A + (AB)'B = (A'+B')A + (A'+B')B = AB' + A'B$

③由逻辑式列出逻辑真值表,见表 10.4.1。

表 10.4.1　例 10.7 的真值表

A	B	Y
0	0	0
0	1	1
1	0	1
1	1	0

④分析逻辑功能。

当输入端 A 和 B 不是同为 1 或 0 时,输出为 1;否则,输出为 0。这种电路称为异或门电路,其逻辑符号如图 10.4.2(b)所示。逻辑式也可写为

$$Y = A \cdot B' + A' \cdot B = A \oplus B$$

【例 10.4.2】　分析图 10.4.3(a)所示的逻辑电路的逻辑功能。

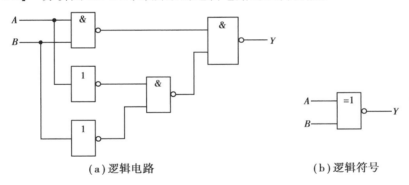

(a) 逻辑电路　　　　　　　　　　　　　(b) 逻辑符号

图 10.4.3　例 10.4.2 图

【解】　由逻辑图写出逻辑式并化简得

$$Y = ((AB)'(A'B')')' = AB + A'B'$$

表 10.4.2　例 10.8 的真值表

A	B	Y
0	0	1
0	1	0
1	0	0
1	1	1

列出逻辑真值表,见表 10.4.2。可以看出:输入变量 A,B 相异时,输出 Y 为 0;输入变量 A、B 相同(0、0 或 1、1)时,输出 Y 为 1。这种输入、输出关系称为同或逻辑。从表 10.4.1 和

表 10.4.2 不难看出,同或和异或互为非的关系,同或门逻辑符号如图 10.4.3(b)所示,同或逻辑表达式可以直接写为

$$Y = A \odot B$$

10-8 组合逻辑
电路设计方法

10.4.2　组合逻辑电路的设计

组合逻辑电路的设计就是根据给定的逻辑要求设计逻辑电路,其步骤如下:
①根据设计要求列出真值表。
②由真值表写出逻辑表达式。
③化简、变换逻辑表达式。
④由化简后的逻辑式画出逻辑图。

【例 10.4.3】　某工厂有三台电阻性用电设备,其消耗的电功率分别为 40 kW、30 kW、20 kW,三台用电设备的投入是随机的组合,而自备电源的容量为 55 kVar。试设计一个由与非门组成的电源过载保护电路的逻辑电路图。

【解】　①列真值表。

设 A、B、C 分别代表 40 kW、30 kW、20 kW 的用电设备,并设 A、B、C 为 1 时表示设备运转,为 0 则表示设备为停止状态。过载保护电路的输出为 Y,为 1 表示过载,为 0 表示正常。真值表见表 10.4.3。

表 10.4.3　例 10.4.3 的真值表

A	B	C	Y	A	B	C	Y
0	0	0	0	1	0	0	0
0	0	1	0	1	0	1	1
0	1	0	0	1	1	0	1
0	1	1	0	1	1	1	1

②写逻辑表达式。

将真值表中 Y 为 1 的项取出,这样的项有三项,分别是 $AB'C$、ABC' 和 ABC。因此输出 Y 的逻辑表达式为

$$Y = AB'C + ABC' + ABC$$

③化简,变换。

设计组合逻辑电路时,通常要求电路简单,所用器件种类最少。如要求所设计的电路用与非门实现,则要把与或式转换成与非式,一般用对与或式两次求反的方法实现。

化简:$Y = AB'C + ABC' + ABC = AB'C + ABC' + ABC + ABC = AB + AC$

变换:$Y = AB + AC = ((AB + AC)')' = ((AB)' \cdot (AC)')'$

④画逻辑电路图。

根据与非逻辑表达式,其逻辑电路如图 10.4.4 所示。

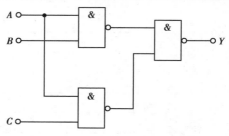

图 10.4.4　例 10.4.3 的图

【**例** 10.4.4】　某工厂有 A、B、C 三个车间和一个自备电站,站内有两台发电机 G_1 和 G_2。G_1 的容量是 G_2 的两倍。如果一个车间开工,只需 G_2 运行即可满足要求;如果两个车间开工,只需 G_1 运行;如果三个车间同时开工,则 G_1 和 G_2 均需运行。试画出控制 G_1 和 G_2 运行的逻辑图。

【**解**】　A、B、C 分别表示三个车间的开工状态:开工为 1,不开工为 0;G_1 和 G_2 运行为 1,停机为 0。

①按题意列出逻辑真值表,见表 10.4.4。

表 10.4.4　例 10.4.4 的真值表

A	B	C	G_1	G_2	A	B	C	G_1	G_2
0	0	0	0	0	1	0	0	0	1
0	0	1	0	1	1	0	1	1	0
0	1	0	0	1	1	1	0	1	0
0	1	1	1	0	1	1	1	1	1

②由逻辑真值表写出逻辑表示式。

$G_1 = A'BC + AB'C + ABC' + ABC$,

$G_2 = A'B'C + A'BC' + AB'C' + ABC$

③化简逻辑表达式。

$G_1 = BC + AC + AB = ((BC + AC + AB)')' = ((BC)' \cdot (AC)' \cdot (AB)')'$

$G_2 = (((AB)'C)' \cdot (A'BC')' \cdot (AB'C')' \cdot (ABC)')'$

④由逻辑式画出逻辑图,如图 10.4.5 所示。

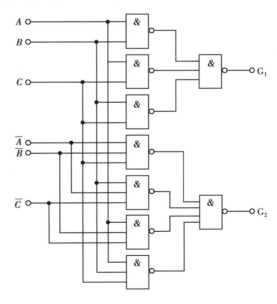

图 10.4.5　例 10.4.4 图

10.5 常用组合逻辑功能器件

组合逻辑功能器件是指具有某种逻辑功能的中规模集成组合逻辑电路芯片,常用的有加法器、编码器、译码器、数据选择器、数值比较器等。本节主要介绍它们的逻辑功能和应用。

10.5.1 加法器

加法器是用来实现二进制加法运算的电路,它是计算机中最基本的运算单元。任何二进制算术运算,一般都是按一定规则通过基本的加法操作来实现的。

(1)二进制

十进制中采用了 $0,1,2,\cdots,9$ 十个数码,其进位规则是"逢十进一"。当若干个数码并在一起时,处在不同位置的数码,其值的含义不同。例如,373 可写为

$$373 = 3\times10^2 + 7\times10^1 + 3\times10^0$$

二进制只有 0 和 1 两个数码,进位规则是"逢二进一",即 $1+1=10$(读作"一零",而不是十进制中的"十")。0 和 1 两个数码处于不同数位时,它们所代表的数值是不同的。例如 11010 这个二进制数,所表示的大小为

$$(11010)_2 = 1\times2^4 + 1\times2^3 + 0\times2^2 + 1\times2^1 + 0\times2^0 = 26$$

这样,就可将任何一个二进制数转换为十进制数。

反过来,如何将一个十进制数转换为等值的二进制呢? 由上式可得

$$(26)_{10} = d_4\times2^4 + d_3\times2^3 + d_2\times2^2 + d_1\times2^1 + d_0\times2^0 = (d_4 d_3 d_2 d_1 d_0)_2$$

d_4,d_3,d_2,d_1,d_0 分别为相应位的二进制数码 1 或 0,它们可用下法求得。

26 用 2 去除,得到的余数就是 d_0,其商再连续用 2 去除,得到余数 d_1,d_2,d_3,d_4,直到最后的商等于 0 为止,即

```
2 | 26                                        余数
2 | 13  ……………………………………………  余 0(d₀)
2 | 6   ……………………………………………  余 1(d₁)
2 | 3   ……………………………………………  余 0(d₂)
2 | 1   ……………………………………………  余 1(d₃)
    0   ……………………………………………  余 1(d₄)
```

所以 $(26)_{10} = (d_4 d_3 d_2 d_1 d_0)_2 = (11010)_2$

可见,同一个数可以用十进制和二进制两种不同形式表示,两者关系见表 10.5.1。

表 10.5.1 十进制和(四位)二进制转换关系

十进制	二进制	十进制	二进制	十进制	二进制	十进制	二进制
0	0000	4	0100	8	1000	12	1100
1	0001	5	0101	9	1001	13	1101
2	0010	6	0110	10	1010	14	1110
3	0011	7	0111	11	1011	15	1111

（2）半加器

实现两个一位二进制数加法运算的电路称为半加器。若将 A、B 分别作为一位二进制数，S 表示 A、B 相加的"和"，C 是相加产生的"进位"。半加器的真值表见表 10.5.2。

表 10.5.2 半加器真值表

A	B	S	C
0	0	0	0
0	1	1	0
1	0	1	0
1	1	0	1

由表 10.5.2 可直接写出：$S = A'B + AB' = A \oplus B$

$$C = AB$$

半加器可以利用一个集成异或门和与门来实现，如图 10.5.1（a）所示。图 10.5.1（b）所示的是半加器的逻辑符号。

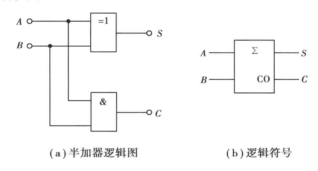

（a）半加器逻辑图 　　　　（b）逻辑符号

图 10.5.1　半加器逻辑图及其逻辑符号

（3）全加器

全加器用来实现本位被加数 A_i、加数 B_i 以及低位的进位数 C_{i-1} 三者相加。相加的结果有本位和 S_i 和进位 C_i。因此，全加器应有 3 个输入端、2 个输出端。根据 3 个输入变量的状态组合按照二进制加法法则，全加器的真值表见表 10.5.3。

由真值表可分别写出输出端 S_i 和 C_i 的逻辑表达式：

$$S_i = A_i'B_i'C_{i-1} + A_i'B_iC_{i-1}' + A_iB_i'C_{i-1}' + A_iB_iC_{i-1} = A_i'(B_i'C_{i-1} + B_iC_{i-1}') + A_i(B_i'C_{i-1}' + B_iC_{i-1})$$
$$= A_i'(B_i \oplus C_{i-1}) + A_i(B_i \oplus C_{i-1})' = A_i \oplus B_i \oplus C_{i-1}$$

$$C_i = A_i'B_iC_{i-1} + A_iB_i'C_{i-1} + A_iB_iC_{i-1}' + A_iB_iC_{i-1} = A_i'B_iC_{i-1} + A_iB_i'C_{i-1} + A_iB_i$$
$$= (A_i \oplus B_i)C_{i-1} + A_iB_i = (((A_i \oplus B_i)C_{i-1})'(A_iB_i)')'$$

表 10.5.3　全加器真值表

A_i	B_i	C_{i-1}	S_i	C_i	A_i	B_i	C_{i-1}	S_i	C_i
0	0	0	0	0	1	0	0	1	0
0	0	1	1	0	1	0	1	0	1
0	1	0	1	0	1	1	0	0	1
0	1	1	0	1	1	1	1	1	1

S_i 和 C_i 的逻辑表达式中有公用项 $A_i \oplus B_i$，因此，在组成电路时，可令其共享同一异或门，从而使整体得到进一步简化。一位全加器的逻辑电路图和逻辑符号如图 10.5.2 所示。

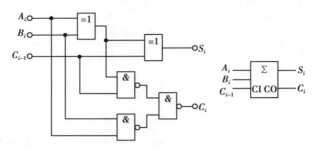

图 10.5.2　全加器逻辑图及其逻辑符号

多位二进制数相加，可采用并行相加、串行进位的方式来完成。例如，图 10.5.3 所示逻辑电路可实现两个 4 位二进制数 $A_3A_2A_1A_0$ 和 $B_3B_2B_1B_0$ 的加法运算。

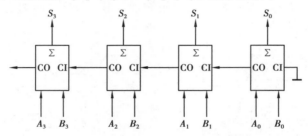

图 10.5.3　四位串行加法器

由 10.5.3 图可以看出，低位全加器进位输出端连到高一位全加器的进位输入端，任何一位的加法运算必须等到低位加法完成时才能进行，这种进位方式称为串行进位。这种串行加法器的缺点是运行速度较慢。

【例 10.5.1】　用 4 个全加器组成一个逻辑电路以实现两个 4 位二进制数：A——1101（十进制为 13）和 B——1011（十进制为 11）的加法运算。

【解】　逻辑电路如图 10.5.4 所示，和数是 S——11000（十进制数为 24）。根据全加器的逻辑真值表自行分析。

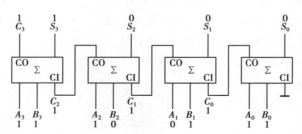

图 10.5.4　例 10.5.1 的逻辑图

10.5.2　编码器

在数字电路中，有时需要把某种控制信息（例如十进制数码，A、B、C 等字母，$>$、$<$、$=$ 等符号）用一个规定的二进制数来表示，这种表示控制信息的二进制数称为代码（code）。将控制

信息变换成代码的过程称为编码(encode)。实现编码功能的组合电路称为编码器(encoder)。例如计算机的输入键盘就是由编码器组成的,每按下一个键,编码器就将该按键的含义转换成一个计算机能识别的二进制数,用它去控制机器的操作。

按允许同时输入的控制信息量的不同,编码器分为普通编码器和优先编码器两类。

普通编码器每次只允许输入一个控制信息,否则会引起输出代码的混乱。它又分二-十进制编码器和二进制编码器等。

1)二-十进制编码器

二-十进制编码器是将十进制数码 0—9 编成二进制代码的电路。输入的是 0—9 这十个数码,输出的是对应的 4 位二进制代码。这些二进制代码又称二-十进制代码,简称 BCD (Binary Coded Decimal)码。

4 位二进制代码共有 0000—1111,16 种状态,其中任何 10 种状态都可表示 0—9 的 10 个数码,方案很多。最常用的是 8421 编码方式,就是在 4 位二进制代码的 16 种状态中取出前面十种状态 0000—1001 表示 0—9 这 10 个数码,后面 6 种状态 1010—1111 去掉。二进制代码各位的 1 所代表的十进制数从高位到低位依次为 8、4、2、1,称为"权",而后把每个数码乘以各位的"权"并相加,即得出该二进制代码所表示的一位十进制数。

8421 码与十进制数之间的转换是按位进行的,即十进制数的每一位与 4 位二进制编码对应。例如:

$(168)_{10} = (0001\ 0110\ 1000)_{8421BCD}$

$(1001\ 0101\ 0000\ 1000)_{8421BCD} = (9508)_{10}$

8421BCD 编码器真值表见表 10.5.4。I_0—I_9 是 10 个输入变量,分别代表十进制数码 0—9。因此,它们中任何时刻仅允许一个有效(为 1)。当输入某一个十进制数码时,只要使相应的输入端为高电平,其余各输入端均为低电平,编码器的 4 个输出端 $Y_3 Y_2 Y_1 Y_0$ 就将出现一组相应的二进制代码。

表 10.5.4　8421BCD 编码器的真值表

I_0	I_1	I_2	I_3	I_4	I_5	I_6	I_7	I_8	I_9	Y_3	Y_2	Y_1	Y_0
1	0	0	0	0	0	0	0	0	0	0	0	0	0
0	1	0	0	0	0	0	0	0	0	0	0	0	1
0	0	1	0	0	0	0	0	0	0	0	0	1	0
0	0	0	1	0	0	0	0	0	0	0	0	1	1
0	0	0	0	1	0	0	0	0	0	0	1	0	0
0	0	0	0	0	1	0	0	0	0	0	1	0	1
0	0	0	0	0	0	1	0	0	0	0	1	1	0
0	0	0	0	0	0	0	1	0	0	0	1	1	1
0	0	0	0	0	0	0	0	1	0	1	0	0	0
0	0	0	0	0	0	0	0	0	1	1	0	0	1

根据真值表可得出以下化简、变换后的逻辑表达式为

$$Y_3 = I_8 + I_9 = ((I_8 + I_9)')'$$

$$Y_2 = I_4 + I_5 + I_6 + I_7 = ((I_4 + I_6)' \cdot (I_5 + I_7)')'$$

$$Y_1 = I_2 + I_3 + I_6 + I_7 = ((I_2 + I_6)' \cdot (I_3 + I_7)')'$$

$$Y_0 = I_1 + I_3 + I_5 + I_7 + I_9 = ((I_1 + I_9)' \cdot (I_3 + I_7)' \cdot (I_5 + I_7)')'$$

根据上式可以画出如图 10.5.5 所示的二-十进制编码器逻辑图。

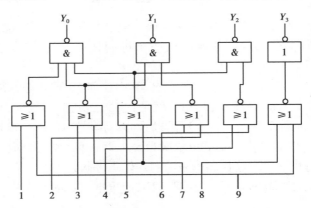

图 10.5.5　8421BCD 码编码器逻辑电路图

2）二进制编码器

二进制编码器是用二进制数对输入信号进行编码的。显然，n 位二进制数可对 2^n 个输入信号编码。如 4/2 线编码器，若 I_0—I_3 为 4 个输入端，任何时刻只允许一个输入为高电平，即 1 表示有输入，0 表示无输入，Y_1Y_0 为对应输入信号的编码，真值表见表 10.5.5。

表 10.5.5　4/2 线编码器的真值表

输　入				输　出	
I_0	I_1	I_2	I_3	Y_1	Y_0
1	0	0	0	0	0
0	1	0	0	0	1
0	0	1	0	1	0
0	0	0	1	1	1

由真值表得到如下逻辑表达式：

$Y_1 = I_0'I_1'I_2I_3' + I_0'I_1'I_2'I_3$

$Y_0 = I_0'I_1I_2'I_3' + I_0'I_1'I_2'I_3$

根据上式可以画出如图 10.5.6 所示的 4/2 线编码器逻辑图。

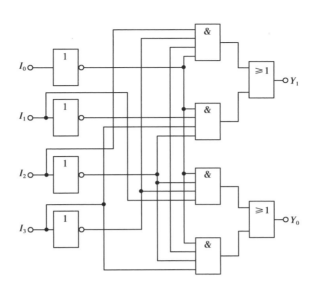

图 10.5.6　4/2 线编码器逻辑图

3) 优先编码器

　　上述编码器虽然比较简单,但当同时有两个或两个以上输入端有信号时,其编码输出将是混乱的。例如,当 I_2 和 I_3 同时为 1 时,$Y_1 Y_0$ 为 00,此输出既不是 I_2 的编码,也不是 I_3 的编码。在数字系统中,特别是在计算机系统中,常常要控制几个工作对象,例如微型计算机主机要控制打印机、磁盘驱动器、输入键盘等。当某个部件需要实行操作时,必须先送一个信号给主机(称为服务请求),经主机识别后再发出允许操作信号(服务响应),并按事先编好的程序工作。这里会有几个部件同时发出服务请求的可能,而在同一时刻只能给其中 1 个部件发出允许操作信号。因此,必须根据轻重缓急规定好这些控制对象允许操作的先后次序,即优先级别。识别这类请求信号的优先级别并进行编码的逻辑部件称为优先编码器。4/2 线优先编码器的真值表见表 10.5.6。

表 10.5.6　4/2 线优先编码器的真值表

输　入				输　出	
I_0	I_1	I_2	I_3	Y_1	Y_0
1	0	0	0	0	0
×	1	0	0	0	1
×	×	1	0	1	0
×	×	×	1	1	1

　　该电路输入高电平有效,1 表示有输入,0 表示无输入。×表示任意状态,取 0 或 1 均可。从真值表可以看出,输入端优先级的次序依次为 I_3、I_2、I_1、I_0。I_3 优先级最高,I_0 最低。例如,对于 I_0,只有当 I_3、I_2、I_1 均为 0 且 I_0 为 1 时,输出为 00。对于 I_3,无论其他三个输入是否为有效电平输入,输出均为 11。

　　优先编码器允许几个信号同时输入,但电路仅对优先级别最高的进行编码,不理会其他输入。优先级的高低由设计人员根据具体情况事先设定。

由表 10.5.6 可以得出该优先编码器的逻辑表达式为

$$Y_1 = I_2 I_3' + I_3$$

$$Y_0 = I_1 I_2' I_3' + I_3$$

10.5.3　译码器

译码器的作用与编码器相反,也就是说,它将具有特定含义的二进制代码变换成或翻译成一定的输出信号,以表示二进制代码的原意,这一过程称为译码。实现译码功能的组合电路称为译码器(decoder)。

10-9 译码器

(1) 二进制译码器

二进制译码器可将 n 位二进制代码译成电路的 2^n 种输出状态,如2/4 线译码器,3/8 线译码器和4/16 线译码器等。

例如,要把输入的一组 2 位二进制代码译成对应的 4 个输出信号,其译码设计过程如下:

①2/4 线译码器表明输入端为 2 位代码,输出端具有 4 个。如果对译码器输出的要求是对应于输入的每组代码,4 个输出端中只有一个输出信号为高电 1,其余为低电平 0,则可列出译码真值表,见表 10.5.7。从表中可以看出,输出为高电平有效。

表 10.5.7　2/4 译码器的真值表

输　入			输　出			
S'	A_1	A_0	Y_3	Y_2	Y_1	Y_0
0	0	0	0	0	0	1
0	0	1	0	0	1	0
0	1	0	0	1	0	0
0	1	1	1	0	0	0
1	×	×	0	0	0	0

②由真值表写出 $A_1 A_0$ 与 Y 的表达式:

$$Y_0 = A_1' A_0', \quad Y_1 = A_1' A_0$$

$$Y_2 = A_1 A_0', \quad Y_3 = A_1 A_0$$

③最后由逻辑式画出逻辑图,如图 10.5.7 所示。

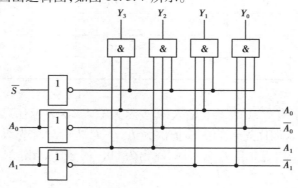

图 10.5.7　2/4 译码器逻辑图

由 10.5.7 图可见,当 A_1A_0 输入为 00 时,Y_0 为 1,其余输出为 0;当 A_1A_0 输入为 11 时,Y_3 为 1,其余输出为 0。这样就把输入代码译成了特定的输出信号,S' 为控制端,其作用是控制译码器的工作或扩展其功能。当 $S'=1$ 时,4 个与门均被封锁,不论 A_1A_0 输入状态如何,译码器输出 Y_3—Y_0 均为低电平 0。当 $S'=0$ 时,译码器可按 A_1A_0 状态组合进行正常译码,见表 10.5.7,控制端为低电平有效。

【例 10.5.2】　用与非门设计 2/4 线译码器,输出为低电平有效。

【解】

① 列译码真值表,见表 10.5.8。

表 10.5.8　例 10.5.2 真值表

A_1	A_0	Y'_3	Y'_2	Y'_1	Y'_0
0	0	1	1	1	0
0	1	1	1	0	1
1	0	1	0	1	1
1	1	0	1	1	1

② 写出逻辑表达式。

$$Y'_0 = (A'_1A'_0)', \quad Y'_1 = (A'_1A_0)'$$
$$Y'_2 = (A_1A'_0)', \quad Y'_3 = (A_1A_0)'$$

③ 画逻辑图,如图 10.5.8 所示。

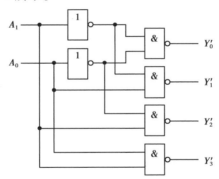

图 10.5.8　例 10.5.2 逻辑图

(2) 显示译码器

在数字电路中,还常常需要将测量和运算的结果直接用十进制数的形式显示出来,这就要把二-十进制代码通过显示译码器变换成输出信号再去驱动数码显示器。

1) 数码显示器

数码显示器(digital display)简称数码管,是用来显示数字、文字或符号的器件。常用的有辉光数码管、荧光数码管、液晶显示器以及发光二极管(LED)显示器等。不同的显示器对译码器各有不同的要求。下面以应用较多的 LED 显示器为例简述数字显示的原理。

半导体 LED 显示器又称半导体数码管,是一种能够将电能转换成光能的发光器件。它的基本单元是 PN 结,目前较多采用磷砷化镓做成的 PN 结,当外加正向电压时,能发出清晰的光亮。将 7 个 PN 结发光段组装在一起便构成了七段 LED 显示器,通过不同发光段的组合便可显示 0—9 十个十进制数码。

LED 显示器的结构及外引线排列图如图 10.5.9(a)所示。其内部电路有共阴极和共阳极两种接法。前者如图 10.5.9(b)所示,7 个发光二极管阴极一起接地,阳极加高电平时发光;后者如图 10.5.9(c)所示,7 个发光二极管阳极一起接正电源,阴极加低电平时发光。

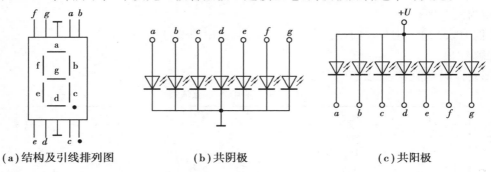

(a)结构及引线排列图　　　　(b)共阴极　　　　　　(c)共阳极

图 10.5.9　LED 显示器及两种接法

2)显示译码器

供 LED 显示器用的显示译码器有多种型号可供选用。显示译码器有 4 个输入端,7 个输出端,它将 8421 代码译成 7 个输出信号以驱动七段 LED 显示器。图 10.5.10 是显示译码器和 LED 显示器的连接示意图。其中 A_1、A_2、A_3、A_4 是 8421 码的 4 个输入端。$a \sim g$ 是 7 个输出端,接 LED 显示器。显示译码器的真值表及对应的 LED 显示管显示的数码见表 10.5.9。

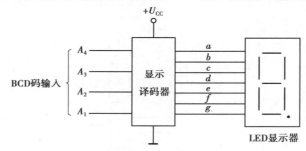

图 10.5.10　显示译码器和 LED 显示器的连接示意图

表 10.5.9　显示译码器真值表

输　入				输　　出							显示
A_4	A_3	A_2	A_1	a	b	c	d	e	f	g	数码
0	0	0	0	1	1	1	1	1	1	0	0
0	0	0	1	0	1	1	0	0	0	0	1
0	0	1	0	1	1	0	1	1	0	1	2
0	0	1	1	1	1	1	1	0	0	1	3
0	1	0	0	0	1	1	0	0	1	1	4
0	1	0	1	1	0	1	1	0	1	1	5
0	1	1	0	1	0	1	1	1	1	1	6
0	1	1	1	1	1	1	0	0	0	0	7
1	0	0	0	1	1	1	1	1	1	1	8
1	0	0	1	1	1	1	1	0	1	1	9

10.5.4　数据选择器

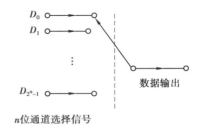

10-10 数据选择器

数据选择器又称为多路数据选择器,它类似于多个输入的单刀多掷开关,其示意图如图 10.5.11 所示。它在选择控制信号作用下,选择多路数据输入中的某一路与输出端接通。集成数据选择器的种类很多,有 2 选 1、4 选 1、8 选 1 和 16 选 1 等。图 10.5.12 所示为 74LS151 型 8 选 1 数据选择器的引脚分布和逻辑符号。

图 10.5.11　数据选择示意图

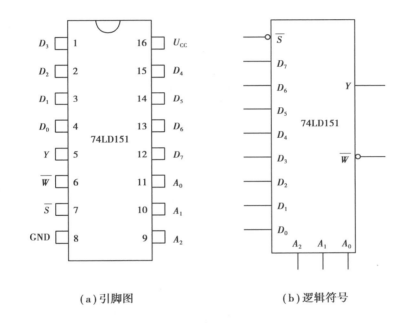

（a）引脚图　　　　　　　　（b）逻辑符号

图 10.5.12　8 选 1 数据选择器 74LS151

74LS151 是一种典型的集成电路数据选择器,它有三个地址输入端:A_2、A_1 和 A_0,可选择 D_0—D_7 8 个数据源,具有两个互补输出端:同相输出端 Y 和反相输出端 $\overline{W}$。该逻辑电路输入使能 $\overline{S}$ 为低电平有效。输出 Y 的表达式为

$$Y = \sum_{i=0}^{7} m_i D_i$$

式中,m_i 为 A_2、A_1、A_0 的最小项。例如,当 $A_2 A_1 A_0 = 011$ 时,根据最小项性质,只有 $m_3 = 1$,其余各项为 0,故得 $Y = D_3$,即只有 D_3 传送到输出端。

74LS151 的功能表见表 10.5.10。

表 10.5.10　74LS151 的功能表

| 输　入 | | | | 输　出 | |
| 使能 | 地　址 | | | | |
$\overline{S}$	A_2	A_1	A_0	Y	$\overline{W}$
1	×	×	×	0	1
0	0	0	0	D_0	$\overline{D}_0$
0	0	0	1	D_1	$\overline{D}_1$
0	0	1	0	D_2	$\overline{D}_2$
0	0	1	1	D_3	$\overline{D}_3$
0	1	0	0	D_4	$\overline{D}_4$
0	1	0	1	D_5	$\overline{D}_5$
0	1	1	0	D_6	$\overline{D}_6$
0	1	1	1	D_7	$\overline{D}_7$

【例 10.5.3】　试用 74LS151 实现逻辑函数 $Y=AB+BC+CA$。

【解】　把式 $Y=AB+BC+CA$ 转换成最小项表达式。

$$Y=AB+BC+CA=ABC+ABC'+A'BC+AB'C=m_3+m_5+m_6+m_7$$

令 $A_2=A,A_1=B,A_0=C,\overline{S}$ 端接地,使数据选择器 74LS151 处于使能状态。只要输入 $D_0=D_1=D_2=D_4=0,D_3=D_5=D_6=D_7=1$,即可实现函数 $Y=AB+BC+CA$。电路如图 10.5.13 所示。

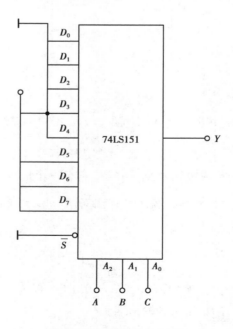

图 10.5.13　例 10.5.3 图

10.5.5　数值比较器

N 位数值比较器是对 N 位二进制数 A、B 进行比较,得出 $A>B$、$A=B$ 和 $A<B$ 三个结果的组合逻辑部件。4 位数值比较器的真值表见表 10.5.11。从表中看到,当高位数的比较可以确定大小时,就不必比较低位数;当高位数相等时才比较低位数。数值比较器的输入中除了有两个 8 位二进制数 A、B 外,还有 3 个级联输入端用于比较器的扩展,用 4 位比较器扩展为 8 位比较器的逻辑图,如图 10.5.14 所示。

表 10.5.11　4 位数值比较器真值表

A_3　B_3	A_2　B_2	A_1　B_1	A_0　B_0	$a>b$	$a=b$	$a<b$	$A>B$	$A=B$	$A<B$
$A_3>B_3$	×	×	×	×	×	×	1	0	0
$A_3<B_3$	×	×	×	×	×	×	0	0	1
$A_3=B_3$	$A_2>B_2$	×	×	×	×	×	1	0	0
$A_3=B_3$	$A_2<B_2$	×	×	×	×	×	0	0	1
$A_3=B_3$	$A_2=B_2$	$A_1>B_1$	×	×	×	×	1	0	0
$A_3=B_3$	$A_2=B_2$	$A_1<B_1$	×	×	×	×	0	0	1
$A_3=B_3$	$A_2=B_2$	$A_1=B_1$	$A_0>B_0$	×	×	×	1	0	0
$A_3=B_3$	$A_2=B_2$	$A_1=B_1$	$A_0<B_0$	×	×	×	0	0	1
$A_3=B_3$	$A_2=B_2$	$A_1=B_1$	$A_0=B_0$	1	0	0	1	0	0
$A_3=B_3$	$A_2=B_2$	$A_1=B_1$	$A_0=B_0$	0	1	0	0	1	0
$A_3=B_3$	$A_2=B_2$	$A_1=B_1$	$A_0=B_0$	0	0	1	0	0	1

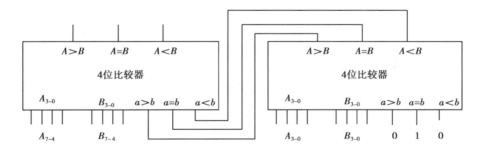

图 10.5.14　4 位比较器扩展为 8 位比较器的逻辑图

练习题

1. 已知四种门电路的输入和对应的输出波形如习题图 10.1 所示。试分析它们分别是什么门电路。

2. 已知或非门和与非门的输入波形习题如图 10.1 中 A 和 B 所示,试画出它们的输出波形。

3. 已知异或门和同或门的输入波形如习题图 10.1 中 A 和 B 所示,试画出它们的输出波形。

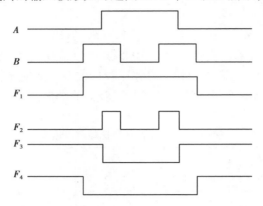

习题图 10.1

4. 试用逻辑代数基本定理证明下列各式。

(1) $(A'+B)'+(A'+B')'=A$

(2) $AB+AB'+A'B+A'B'=1$

(3) $(A+C)(A+D)(B+C)(B+D)=AB+CD$

(4) $(AB+A'B')'=AB'+A'B$

(5) $AB'+BC'+CA'=A'B+B'C+C'A$

(6) $AB'+A'B+BC'+B'C=AB'+BC'+CA'$

5. 将下列函数转换为标准的与非表达式。

(1) $Y=AB+A'C$

(2) $Y=A+B+C'$

(3) $Y=A'B'+(A'+B)C'$

(4) $Y=AB'+AC'+A'BC$

6. 将下列各式化简后,根据所得结果画出逻辑电路(门电路的类型不限),列出真值表。

(1) $Y=AB+ABC+AB(D+E)$

(2) $Y=A(A+B+C)+B(A+B+C)+C(A+B+C)$

(3) $Y=(A+B)(A'+B')B'$

7. 用代数法将下列函数化简为最简与或表达式。

(1) $Y=A(A'+B)+B(B+C)+B$

(2) $Y=B(C+A'D)+B'(C+A'D)$

(3) $Y=(A+B+C)(A'+B'+C')$

(4) $Y=AC+B'C+BD'+A(B+C')+A'BCD'+AB'DE$

8. 已知逻辑函数表达式 $Y=A'B'C'+(ABC)'$,试用真值表、卡诺图和逻辑图表示。

9. 试分析习题图 10.2 所示电路的逻辑功能。

10. 求习题图 10.3 所示电路中 Y 的逻辑表达式,化简成最简与或式,列出真值表,分析其逻辑功能。

10-11 习题 10 讲解

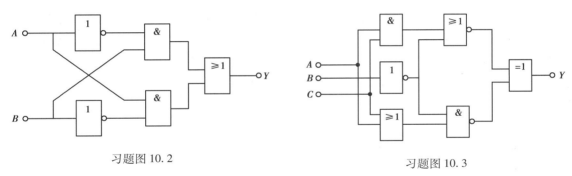

习题图 10.2　　　　　　　　　　习题图 10.3

11. 习题图 10.4 所示是一个三人表决电路,只有在两个或三个输入为 1 时,输出才是 1。试分析该电路能否实现这一功能。

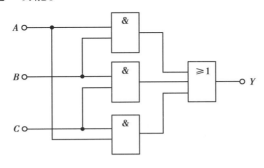

习题图 10.4

12. 习题图 10.5 所示是一个选通电路。M 为控制信号,通过 M 电平的高低来选择让 A 还是让 B 从输出端送出。试分析该电路能否实现这一要求。

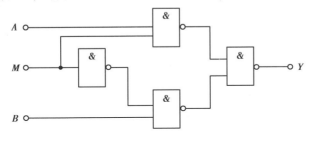

习题图 10.5

13. 习题图 10.6 所示两个电路为奇偶电路。其中,判奇电路的功能是输入为奇数个 1 时,输出才为 1;判偶电路的功能是输入为偶数个 1 时,输出才为 1。试分析哪个电路是判奇电路,哪个是判偶电路。

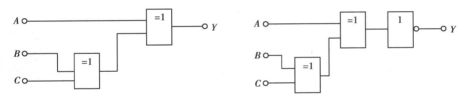

习题图 10.6

14. 习题图 10.7 所示是一个排队电路,对它的要求是:当某个输入单独为 1 时,与该输入对应的输出亦为 1;若是有 2 个或 3 个输入为 1 时,按 A、B、C 的排队次序,排在前面的输入信号才能使其对应的输出为 1,其余只能为 0。试分析该电路是否能满足这一要求。

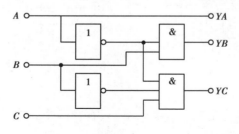

习题图 10.7

15. 习题图 10.8 是一个数据选择器,它的作用是通过控制端 E 来选择将两个输入中的哪一个送到输出端 Y。试分析其工作原理,列出真值表。

16. 习题图 10.9 所示是一个控制楼梯照明灯的电路,在楼上和楼下各装有一个单刀双掷开关。楼下开灯后可在楼上关灯,楼上开灯后同样也可在楼下关灯,试设计一个用与非门实现同样功能的逻辑电路。

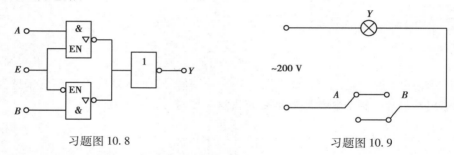

习题图 10.8   习题图 10.9

17. 逻辑电路如习题图 10.10 所示,写出逻辑式并化简。

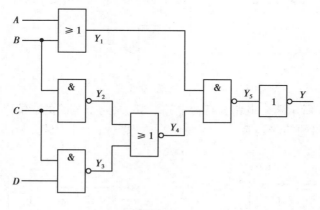

习题图 10.10

18. 试分析习题图 10.11 所示逻辑电路的功能。

10-12 习题 18 讲解

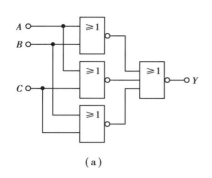
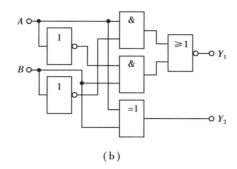

(a)　　　　　　　　　　　(b)

习题图 10.11

19. 某十字路口的交通管制灯需一个报警电路,当红、黄、绿三种信号灯单独亮或者黄、绿灯同时亮时为正常情况,其他情况均属不正常。发生不正常情况时,输出端应输出高电平报警信号。试用与非门实现这一要求。

20. 试设计一个故障显示电路,要求如下:

(1)两台电动机 A 和 B 正常工作时,绿灯 Y_1 亮;

(2)A 或 B 发生故障时,黄灯 Y_2 亮;

(3)A 和 B 都发生故障时,红灯 Y_3 亮。

21. 试用与非门组成半加器,用与或非门和非门组成全加器。

22. 试设计一个全部用与非门来实现习题图 10.3 所示电路逻辑功能的电路。

23. 试设计一个全部改用与非门来实现习题图 10.4 所示电路逻辑功能的电路。

24. 甲、乙两校举行联欢会,入场券分红、黄两种,甲校学生持红票入场,乙校学生持黄票入场。会场入口处如设一自动检票机,符合条件者可放行,否则不准入场。试画出此检票机的放行逻辑电路图。

25. A、B、C 和 D 四人中的一人做了一件好事。A 说:我没有做。B 说:这是 C 做的。C 说:B 的说法与事实不符。D 说:这是 B 做的。

(1)如果只有一人的叙述是正确的,这事是谁做的?

(2)如果只有一人的叙述是错误的,这事又是谁做的?

26. 某同学参加 4 门课程考试,规定如下:

(1)课程 A 及格得 1 分,不及格得 0 分。

(2)课程 B 及格得 2 分,不及格得 0 分。

(3)课程 C 及格得 4 分,不及格得 0 分。

(4)课程 D 及格得 5 分,不及格得 0 分。

若总得分大于 8 分(含 8 分),就可结业。试用与非门画出实现上述要求的逻辑电路图

27. 用八选一数据选择器实现下列逻辑函数:

(1)$Y_1 = A'C + B'C'$

(2)$Y_2 = AB'D + A'BCD + A'C'D'$

(3)$Y_3(A, B, C, D) = \sum m(0, 1, 2, 4, 5, 8, 9, 10, 14)$

28. 参照七段字形显示译码器的真值表,试推算出七段数码管显示字符"O","P","E","H"的字型码各是多少?

第11章

时序逻辑电路

时序逻辑电路由组合逻辑电路和具有记忆作用的触发器构成。时序逻辑电路的特点是：其输出不仅仅取决于电路的当前输入，而且还与电路的原来状态有关。因此，在数字电路和计算机系统中，常用时序逻辑电路组成各种寄存器、存储器、计数器等。

触发器是时序逻辑电路的基本单元，其种类繁多。从工作状态看，触发器可分为双稳态触发器、单稳态触发器和无稳态触发器三类；从制造工艺看，触发器可分为 TTL 型和 CMOS 型两大类。不论是哪一类型的触发器，只要是同一名称，其输入与输出的逻辑功能完全相同。因此，在讨论各种触发器的工作原理时，通常不指明是 TTL 型还是 CMOS 型。

双稳态触发器是各种时序逻辑电路的基础。本章将在分析双稳态触发器逻辑功能的基础上讨论几种典型的时序逻辑电路器件，介绍时序逻辑电路的分析和设计方法。

11.1 双稳态触发器

双稳态触发器是组成时序逻辑电路的基本单元，按其逻辑功能可分为 RS 触发器、JK 触发器、D 触发器、T 触发器等。本节将重点介绍各类触发器的逻辑功能，至于内部结构仅作一般了解。

11.1.1 RS 触发器

(1) 基本 RS 触发器

基本 RS 触发器由两个与非门 G_1 和 G_2 交叉耦合构成，如图 11.1.1 所示。Q 和 Q' 是两个输出端，在正常情况下，两个输出端保持稳定的状态且始终相反。当 $Q=1$ 时，$Q'=0$；反之，当 $Q=0$ 时，$Q'=1$，所以称为双稳态触发器。触发器的状态以 Q 端为标志，当 $Q=1$ 时称为触发器处于 1 态，也称为置位状态；$Q=0$ 时则称为触发器处于 0 态，即复位状态。R'_D、S'_D 是信号输入端，平时固定接高电平 1，当加负脉冲后，由 1 变为 0。

11-1 基本 RS
触发器与非门

232

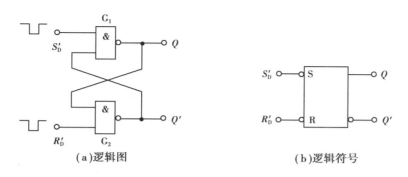

图 11.1.1　由与非门组成的基本 RS 触发器

下面分析基本 RS 触发器的逻辑功能。

①当 $R'_D = S'_D = 1$ 时,触发器保持原态不变。如果原输出状态 $Q = 0$,则 G_2 输出 $Q' = 1$,这样 G_1 的两个输入端均为 1,所以输出 $Q = 0$,即触发器保持原来的 0 态。同样,当原状态 $Q = 1$ 时,触发器也将保持 1 态不变。这种由过去的状态决定现在状态的功能就是触发器的记忆功能。这也是时序逻辑电路与组合逻辑电路的本质区别。

②当 $R'_D = 1$,$S'_D = 1$ 时,因 G_1 有一个输入端为 0,故输出 $Q = 1$,这样 G_2 的两个输入端均为 1,所以输出 $Q' = 0$,即触发器处于 1 状态,也称为置位状态,故 S'_D 端被称为置位或置 1 端。

③当 $R'_D = 0$,$S'_D = 1$ 时,因 G_2 有一个输入端为 0,故输出 $Q' = 1$,这样 G_1 的两个输入端均为 1,所以输出 $Q = 0$,即触发器处于 0 状态,也称为复位状态,故 R'_D 端被称为复位端或清零端。

④当 $R'_D = S'_D = 0$ 时,显然 $Q = Q' = 1$,此状态不是触发器定义状态。当负脉冲除去后,触发器的状态为不定状态,因此,此种情况在使用中应该禁止出现。

上述逻辑关系见表 11.1.1。

表 11.1.1　基本 RS 触发器的逻辑功能表

R'_D	S'_D	Q_{n+1}	功　能
0	0	不定	禁止
0	1	0	置 0
1	0	1	置 1
1	1	Q_n	保持

表 11.1.1 中,Q_n、Q_{n+1} 分别表示输入信号 R'_D、S'_D 作用前后触发器的输出状态,Q_n 称为现态,Q_{n+1} 称为次态。基本 RS 触发器置 0 或置 1 是利用 R'_D、S'_D 端的负脉冲实现的。图 11.1.1(b) 所示逻辑符号中 R'_D 端和 S'_D 端的小圆圈表示用负脉冲对触发器置 0 或置 1。

【例 11.1.1】　设基本 RS 触发器的初态为 0,R'_D 和 S'_D 的电压波形如图 11.1.2 所示,试画出 Q 和 Q' 端的输出波形。

【解】　根据题意,触发器初态为 0,即 $Q = 0$,$Q' = 1$。当输入信号 R'_D 和 S'_D 同时输入高电平时,触发器保持 0 态不变;当 R'_D 和 S'_D 端有一端有低电平输入时,则使触发器分别置 0 和置 1。

当 R'_D 和 S'_D 端同时输入低电平时，$Q = Q' = 1$。负脉冲信号过后，触发器处于不定状态。触发器 Q、Q' 电压波形如图 11.1.2 所示。

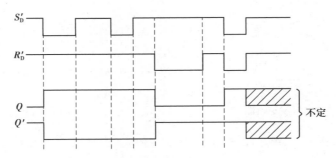

图 11.1.2　由与非门组成的基本 RS 触发器的波形图

（2）可控 RS 触发器

前面介绍的基本 RS 触发器的状态转换直接受输入信号 R'_D 和 S'_D 的控制，而在实际应用中，往往要求触发器的翻转时刻受统一时钟脉冲 CP（Clock Pulse）控制。用 CP 控制的 RS 触发器称为可控 RS 触发器，其逻辑图和逻辑符号如图 11.1.3 所示。图中，与非门 G_1，G_2 构成基本 RS 触发器，G_3、G_4 构成时钟控制电路，CP 为时钟脉冲输入端。R'_D 和 S'_D 是直接复位和直接置位端，一般用在工作之初，预先使触发器处于某一给定状态，在工作过程中不用它们，让它们处于 1 状态。

11-2 可控 RS 触发器

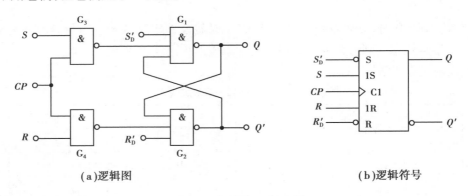

(a)逻辑图　　　　　　　　　　　(b)逻辑符号

图 11.1.3　可控 RS 触发器

由图 11.1.3 可见，当 $CP = 0$ 时，G_3 和 G_4 门被封锁，输入信号 R、S 不会对触发器的状态产生影响；只有当 $CP = 1$ 时，G_3 和 G_4 门打开，R 和 S 端的信号才能送入基本 RS 触发器，使触发器的状态发生变化。

下面分析在 CP 高电平期间触发器的逻辑功能。

①当 $R = 0$，$S = 0$ 时，G_3 和 G_4 门输出为 1，触发器保持原状态不变；

②当 $R = 1$，$S = 0$ 时，G_3 门输出为 1，G_4 门输出为 0，触发器状态 $Q = 0$；

③当 $R = 0$，$S = 1$ 时，G_3 门输出为 0，G_4 门输出为 1，触发器状态 $Q = 1$；

④当 $R = S = 1$ 时，G_3 和 G_4 门输出为 0，$Q = Q' = 1$。当时钟脉冲过去以后，触发器状态不定，因此，此种情况在使用中应该禁止。

根据以上分析可得可控 RS 触发器逻辑功能表,见表 11.1.2。表中 Q、Q_{n+1} 分别表示时钟 CP 作用前后触发器的输出状态,Q 称为现态,Q_{n+1} 称为次态。

表 11.1.2　可控 RS 触发器的逻辑功能表

R	S	Q_{n+1}	功　能
0	0	Q_n	保持
0	1	1	置 1
1	0	0	置 0
1	1	不定	禁止

【例 11.1.2】　已知可控 RS 触发器的输入信号 R、S 及时钟脉冲 CP 的波形如图 11.1.4 所示。设触发器的初始状态为 0,试画出输出 Q 的波形图。

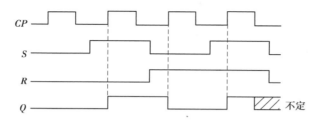

图 11.1.4　可控 RS 触发器的波形图(初态为 0)

【解】　第 1 个时钟脉冲到来时,$R=0$、$S=0$,触发器保持初始状态 0 不变。第 2 个时钟脉冲到来时,$R=0$,$S=1$,所以 $Q=1$。第 3 时钟到来时,$R=1$、$S=0$,所以 $Q=0$。第 4 个时钟到来时,$S=R=1$,触发器 $Q=Q'=1$。时钟脉冲过后,触发器的状态不定。

【例 11.1.3】　已知可控 RS 触发器,R 端和 S 端的输入信号波形如图 11.1.5 所示,且已知触发器原为 0 态,求输出端 Q 的波形。

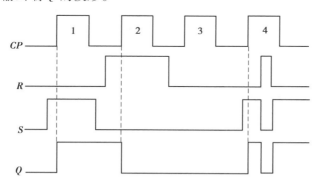

图 11.1.5　例 11.1.3 可控 RS 触发器的波形图

【解】　在第 1 个时钟脉冲到来时,由于 $R=0$,$S=1$,故 $Q=1$,这一结果一直维持到第 2 个时钟脉冲到来之时;

当第 2 个时钟脉冲到来时,由于 $R=1$,$S=0$,故 $Q=0$,这一结果又要维持到第 3 个时钟脉冲到来之时;

当第 3 个时钟脉冲到来时,由于 $R=0$,$S=0$,故 Q 不变;

当第 4 个时钟脉冲到来时,由于在 $CP=1$ 期间,输入信号发生了变化,使得输出状态也发生了相应的变化。

最后得到 Q 的波形如图 11.1.5 所示。

11.1.2　JK 触发器

JK 触发器是一种功能较完善、应用很广泛的双稳态触发器。图 11.1.6(a) 所示的是一种典型结构的 JK 触发器——主从型 JK 触发器。它由两个可控 RS 触发器串联组成,分别称为主触发器和从触发器。J 和 K 是信号输入端,时钟 CP 控制主触发器和从触发器的翻转。

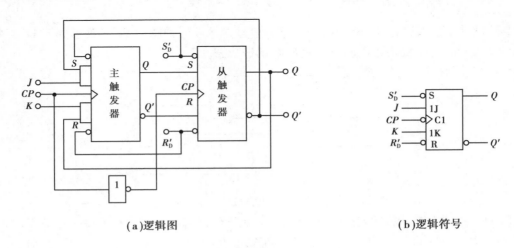

(a)逻辑图　　　　　　　　　　　　(b)逻辑符号

图 11.1.6　主从 JK 触发器

当 $CP=0$ 时,主触发器状态不变,从触发器输出状态与主触发器的输出状态相同。

当 $CP=1$ 时,输入 J、K 影响主触发器,而从触发器状态不变。当 CP 从 1 变成 0 时,主触发器的状态传送到从触发器,即主从触发器是在 CP 下降沿到来时才使触发器翻转的。

下面分 4 种情况来分析主从型 JK 触发器的逻辑功能。

(1)$J=1$,$K=1$

设时钟脉冲到来之前($CP=0$),触发器的初始状态为 0。这时主触发器的 $R=0$,$S=1$,时钟脉冲到来后($CP=1$),主触发器翻转成 1 态。当 CP 从 1 下跳为 0 时,主触发器状态不变,从触发器的 $R=0$,$S=1$,它也翻转成 1 态。反之,设触发器的初始状态为 1,可以同样分析,主、从触发器都翻转成 0 态。

可见,JK 触发器在 $J=1$,$K=1$ 情况下,来一个时钟脉冲翻转一次,即 $Q_{n+1}=Q'$,具有计数功能。

(2)$J=0$,$K=0$

设触发器的初始状态为 0,当 $CP=1$ 时,由于主触发器的 $R=0$,$S=0$,它的状态保持不变;当 CP 下跳时,由于从触发器的 $R=1$,$S=0$,它的输出为 0 态,即触发器保持 0 态不变。如果初始状态为 1,触发器亦保持 1 态不变。

(3)$J=1$,$K=0$

设触发器的初始状态为 0,当 $CP=1$ 时,由于主触发器的 $R=0$,$S=1$,它翻转成 1 态;当 CP

下跳时,由于从触发器的 $R=0,S=1$,也翻转成 1 态。如果触发器的初始状态为 1,当 $CP=1$ 时,由于主触发器的 $R=0,S=0$,它保持原态不变;在 CP 从 1 下跳为 0 时,由于从触发器的 $R=0,S=1$,也保持 1 态。

(4)$J=0,K=1$

设触发器的初始状态为 1。当 $CP=1$ 时,由于主触发器的 $R=1,S=0$,它翻转成 0 态。当 CP 下跳时,从触发器也翻转成 0 态。如果触发器的初始状态为 0 态,当 $CP=1$ 时,由于主触发器的 $R=0,S=0$,它保持原态不变;在 CP 从 1 下跳为 0 时,由于从触发器的 $R=1,S=0$,也保持 0 态。

JK 触发器的逻辑功能见表 11.1.3。

表 11.1.3　主从 JK 触发器的逻辑功能表

J	K	Q_{n+1}	功　能
0	0	Q_n	保持
0	1	0	置 0
1	0	1	置 1
1	1	Q'	翻转、计数

上述逻辑关系可用逻辑表达式表示为

$$Q_{n+1} = JQ' + K'Q \tag{11.1.1}$$

式(11.1.1)被称为 JK 触发器的状态方程,式中 Q、Q_{n+1} 分别为 CP 下降沿时刻之前和之后触发器的状态。主从 JK 触发器逻辑符号如图 11.1.6(b)所示,CP 端加小圆圈表示下降沿触发。

【例 11.1.4】　已知主从 JK 触发器的输入 J、K 和时钟 CP 的波形如图 11.1.7 所示。设触发器初始状态为 0 态,试画出 Q 的波形。

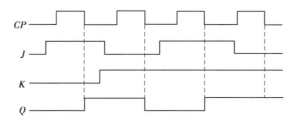

图 11.1.7　例 11.1.4 的主从 JK 触发器的波形图

【解】　第一个 CP 下降沿到来之前,$J=1,K=0$,触发后 Q 端为 1 态;

第二个 CP 下降沿到来之前,$J=0,K=1$,触发后 Q 端翻转为 0 态;

第三个 CP 下降沿过后,触发器翻转,$Q=1$;

第四个 CP 过后,Q 仍为 1。

画出 Q 的波形,如图 11.1.7 所示。

【例 11.1.5】　已知主从 JK 触发器的 J 和 K 端的输入信号波形如图 11.1.8 所示,且已知触发器原为 0 态,求输出端 Q 的波形。

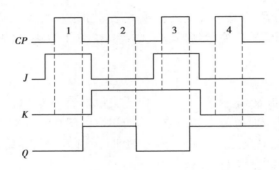

图 11.1.8　例 11.1.5 的主从 JK 触发器的波形图

【解】　第一个 CP 下降沿到来之前，$J=1$，$K=0$，触发后 Q 端为 1 态，这一结果一直要维持到第二个 CP 的下降沿到来时为止；

第二个 CP 下降沿到来之前，$J=0$，$K=1$，触发后 Q 端翻转为 0 态；

第三个 CP 下降沿到来之前，$J=1$，$K=1$，触发器翻转，$Q=1$；

第四个 CP 下降沿到来之前，$J=0$，$K=0$，触发器状态不变，Q 仍为 1。

画出 Q 的波形，如图 11.1.8 所示。

11.1.3　D 触发器

主从 JK 触发器是在 CP 脉冲高电平期间接收信号，低电平期间发送信号。如果在 CP 高电平期间输入端出现干扰信号，那么就有可能使触发器产生与逻辑功能表不符合的错误状态。边沿触发器的电路结构可使触发器在 CP 脉冲有效触发沿到来前一瞬间接收信号，在有效触发沿到来后产生状态转换，这种电路结构的触发器大大提高了抗干扰能力和电路工作的可靠性。下面以维持阻塞 D 触发器为例介绍边沿触发器的工作原理。

11-3 同步 D 触发器

维持阻塞式边沿 D 触发器的逻辑图和逻辑符号如图 11.1.9 所示。该触发器由 6 个与非门组成，其中，G_1、G_2 组成基本 RS 触发器，G_3、G_4 组成时钟控制电路，G_5、G_6 组成数据输入电路。R'_D 和 S'_D 分别是直接置 0 端和直接置 1 端，有效电平为低电平。分析工作原理时，设 R'_D 和 S'_D 均为高电平，不影响电路的工作。电路工作过程如下：

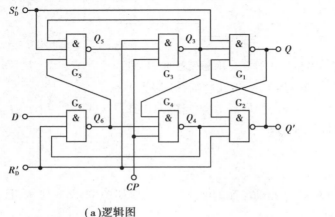

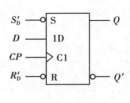

(a)逻辑图　　　　　　　　　　　　　　　(b)逻辑符号

图 11.1.9　维特阻塞型 D 触发器

①$CP=0$ 时,与非门 G_3 和 G_4 封锁,其输出为1,触发器的状态不变。同时,由于 Q_3 至 G_5、Q_4 至 G_6 的反馈信号将这两个门 G_5、G_6 打开,因此可接收输入信号 D,使 $Q_6=D'$,$Q_5=Q_6'=D$。

②当 CP 由 0 变 1 时,门 G_3 和 G_4 打开,它们的输出 Q_3 和 Q_4 的状态由 G_5 和 G_6 的输出状态决定。$Q_3=Q_5'=D'$,$Q_4=Q_6'=D$。由基本 RS 触发器的逻辑功能可知 $Q=D$。

③触发器翻转后,在 $CP=1$ 时,输入信号被封锁。G_3 和 G_4 打开后,它们的输出 Q_3 和 Q_4 的状态是互补的,即必定有一个是 0。若 Q_4 为 0,则经 G_4 输出至 G_6 输入的反馈线将 G_6 封锁,即封锁了 D 端通往基本 RS 触发器的路径。该反馈线起到了使触发器维持在 0 状态和阻止触发器变为 1 状态的作用,故该反馈线称为置 0 维持线,置 1 阻塞线。G_3 为 0 时,将 G_4 和 G_5 封锁,D 端通往基本 RS 触发器的路径也被封锁;G_3 输出端至 G_5 反馈线起到使触发器维持在 1 状态的作用,称作置 1 维持线;G_3 输出端至 G_4 输入的反馈线起到阻止触发器置 0 的作用,称为置 0 阻塞线。因此,该触发器称为维持阻塞触发器。

由上述分析可知,维持阻塞 D 触发器在 CP 脉冲的上升沿产生状态变化,触发器的次态取决于 CP 脉冲上升沿前 D 端的信号,而在上升沿后,输入 D 端的信号变化对触发器的输出状态没有影响。如在 CP 脉冲的上升沿到来前 $D=0$,则在 CP 脉冲的上升沿到来后,触发器置 0;如在 CP 脉冲的上升沿到来前 $D=1$,则在 CP 脉冲的上升沿到来后,触发器置 1。维持阻塞 D 触发器的逻辑功能见表 11.1.4。

表 11.1.4　D 触发器的逻辑功能表

D	Q_{n+1}	功　能
0	0	置 0
1	1	置 1

依据逻辑功能表可得 D 触发器的状态方程为

$$Q_{n+1} = D \tag{11.1.2}$$

【例 11.1.6】　已知上升沿触发的 D 触发器输入 D 和时钟 CP 的波形如图 11.1.10 所示,设触发器初态为 0,试画出 Q 端波形。

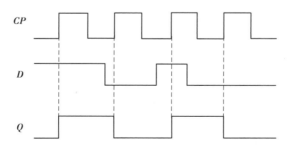

图 11.1.10　例 11.1.6 维持阻塞 D 触发器的波形图

【解】 该 D 触发器是上升沿触发,即在 CP 的上升沿过后,触发器的状态等于 CP 脉冲上升沿前 D 的状态。所以第一个 CP 过后,$Q=1$,第二个 CP 过后,$Q=0$,……,波形如图 11.1.10 所示。

D 触发器在 CP 上升沿前接收输入信号,上升沿触发翻转,即触发器的输出状态变化比输入端 D 的状态变化延迟,这就是 D 触发器的由来。

【例 11.1.7】 已知上升沿触发 D 触发器 D 端的输入信号波形如图 11.1.11 所示,而且已知触发器原为 0 态,求输出端 Q 的波形。

【解】 该 D 触发器是上升沿触发,即在 CP 的上升沿过后,触发器的状态等于 CP 脉冲上升沿前 D 的状态。所以:

第一个 CP 上升沿到来前,$D=1$,则 Q 从第一个 CP 的上升沿开始变为 1;

第二个 CP 上升沿到来前,$D=0$,则 Q 从第二个 CP 的上升沿开始变为 0;

第三个 CP 上升沿到来前,$D=1$,则 Q 从第三个 CP 的上升沿开始变为 1,虽然第 3 个 CP 期间 D 发生了变化,但对 Q 没有影响;

第四个 CP 上升沿到来前,$D=1$,则 Q 从第四个 CP 的上升沿开始仍为 1。

由此得到的波形如图 11.1.11 所示。

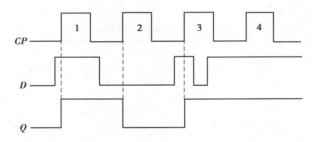

图 11.1.11 例 11.1.7 维持阻塞 D 触发器的波形图

11.1.4 T 触发器

由 D 触发器转换而成的 T 触发器的逻辑图和逻辑符号如图 11.1.12 所示。

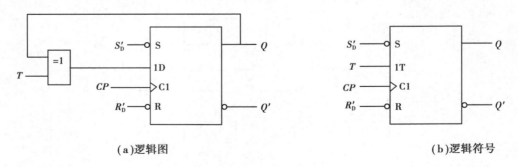

(a)逻辑图 (b)逻辑符号

图 11.1.12 T 触发器

240

T 触发器的逻辑功能可由 D 触发器的状态方程导出。T 触发器的状态方程为

$$Q_{n+1} = T \oplus Q \qquad (11.1.3)$$

根据状态方程，可列出 T 触发器的逻辑功能见表 11.1.5。

表 11.1.5　D 触发器的逻辑功能表

T	Q_{n+1}	功　能
0	Q_n	保持
1	Q'_n	取反、计数

由功能表可知，当 $T=1$ 时，只要有时钟脉冲到来（CP 的上升沿），触发器状态就会翻转，由 1 变为 0 或由 0 变为 1（即具有计数功能）；当 $T=0$ 时，即使有时钟脉冲作用，触发器的状态也保持不变。

如果将上述 T 触发器的 T 端固定接 1，它就是一种只具有计数功能的触发器，并特别称它为 T′ 触发器。它的状态方程为

$$Q_{n+1} = T \oplus Q_n = 1 \oplus Q_n = Q'_n$$

D 触发器、JK 触发器都可以转换为具有计数功能的触发器。如将 D 触发器的 D 端和 Q'_n 端相联，如图 11.1.13 所示，D 触发器就转换成了 T 触发器。

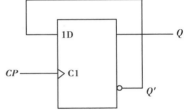

图 11.1.13　D 触发器转换为 T 触发器

11.2　寄 存 器

寄存器用来暂时存放参与运算的数据和运算结果。一个触发器只能寄存一位二进制数，要存多位数时，就得用多个触发器。常用的有四位、八位、十六位寄存器等。

寄存器存放数码的方式有并行和串行两种。在并行方式中，被取出的数码各位在对应于各位的输出端上同时出现；而在串行方式中，被取出的数码在一个输出端逐位出现。

寄存器常分为数码寄存器和移位寄存器，它们的区别在于有无移位的功能。

11.2.1　数码寄存器

图 11.2.1 所示是由 4 个 D 触发器组成的并行输入、并行输出数码寄存器。使用前，直接在复位端 $\overline{R}_D$ 加负脉冲将触发器清零。数码加在输入端 d_3、d_2、d_1、d_0 上，当时钟 CP 上升沿过后，$Q_3 Q_2 Q_1 Q_0 = d_3 d_2 d_1 d_0$，这样待存的四位数码就暂存到寄存器中。需要取出数码时，可从输出端 Q_3、Q_2、Q_1、Q_0 同时取出。

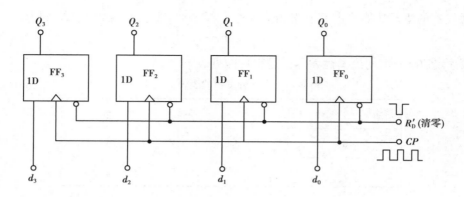

图 11.2.1　四位数码寄存器

11.2.2　移位寄存器

移位寄存器不仅能够寄存数码,而且具有移位功能。移位是数字系统和计算机技术中非常重要的一个功能。如二进制数 0101 乘以 2 的运算,可以通过将 0101 左移一位实现;而除以 2 的运算则可通过右移一位实现。

移位寄存器的种类很多,有左移寄存器、右移寄存器、双向移位寄存器、循环移位寄存器等。

图 11.2.2 所示的是由 4 个 D 触发器组成的四位左移寄存器。数码从第一个触发器的 D_0 端串行输入,使用前先用 R'_D 将各触发器清零。现将数码 $d_3 d_2 d_1 d_0 = 1101$ 从高位到低位依次送到 D_0 端。

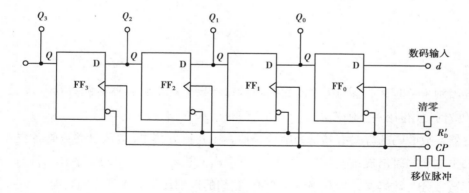

图 11.2.2　由 D 触发器组成的四位左移寄存器

第一个 CP 后,$Q_0 = d_3 = 1$,其他触发器输出状态仍为 0,即 $Q_3 Q_2 Q_1 Q_0 = 000d_3 = 0001$。第二个 CP 后,$Q_0 = d_2 = 1$,$Q_1 = d_3 = 1$,$Q_3 = Q_2 = 0$。经过 4 个 CP 脉冲后,$Q_3 Q_2 Q_1 Q_0 = d_3 d_2 d_1 d_0 = 1101$,存数结束。各输出端状态如表 11.2.1 所示。如果继续送 4 个移位脉冲,就可以使寄存的这 4 位数码 1101 逐位从 Q_3 端输出,这种取数方式为串行输出方式。直接从 $Q_3 Q_2 Q_1 Q_0$ 取数为并行输出方式。

表 11.2.1　四位左移寄存器状态表

CP	Q_3	Q_2	Q_1	Q_0
1	0	0	0	d_3
2	0	0	d_3	d_2
3	0	d_3	d_2	d_1
4	d_3	d_2	d_1	d_0

11.3　计 数 器

计数器是一种累计输入脉冲数目的逻辑部件,在计算机及数控系统中应用很广。

计数器种类很多,如按计数过程中计数器数字的增减分类,可以把计数器分为加法计数器、减法计数器和可逆计数器;按计数进制分类,可分为二进制计数器、十进制计数器和其他进制计数器等;按计数器中触发器翻转的先后次序分类,又可把计数器分为同步计数器和异步计数器两种。在同步计数器中,计数脉冲同时加到所有触发器的时钟端,当计数脉冲输入时,触发器的翻转是同时发生的。在异步计数器中,各个触发器不是同时被触发的。

11.3.1　二进制计数器

二进制只有 0 和 1 两个代码。二进制加法,就是"逢二进一",即 $0+1=1$,$1+1=10$。也就是每当本位是 1 再加 1 时,本位变成 0,而向高位进位,使高位加 1。

由于双稳态触发器有 0 和 1 两个状态。一位触发器可以表示一位二进制数,如果要表示 n 位二进制数,就得用 n 个触发器。

为了提高计数速度,可将计数脉冲输入端与各个触发器的 C 端相连。在计数脉冲触发下,所有应该翻转的触发器可以同时动作,这种结构的计数器称为同步计数器。图 11.3.1 所示的是用 4 个 JK 触发器(FF$_0$—FF$_3$)组成的四位同步二进制加法计数器。各个触发器只要满足 $J=K=1$ 的条件,在 CP 计数脉冲的下降沿,Q 即可翻转。一般来说,从分析真值表可以找到 $J=K=1$ 的逻辑关系,该逻辑关系又称为驱动方程。分析表 11.3.1 的四位加法计数器真值表可以得出:对于触发器 FF$_0$,要求每来一个计数脉冲,Q_0 必须翻转一次,因而驱动方程为 $J_0=K_0=1$。

对于触发器 FF$_1$,只有在 $Q_0=1$ 的情况下,来一个计数脉冲,Q_1 才翻转,其驱动方程应该是 $J_1=K_1=Q_0$。

按照同样的分析方法,可以得出触发器 FF$_2$ 的驱动方程为 $J_2=K_2=Q_1Q_0$,触发器 FF$_3$ 的驱动方程为 $J_3=K_3=Q_2Q_1Q_0$。根据上述驱动方程,便可连成如图 11.3.1 所示电路。图中的与门是用来实现可控计数的,当计数允许端 $CT=1$ 时,计数器对 CP 脉冲计数;若 $CT=0$,则停止计数。四位二进制加法计数器,能记的最大十进制数为 $2^4-1=15$。n 位二进制加法计数器能记的最大十进制数为 2^n-1。

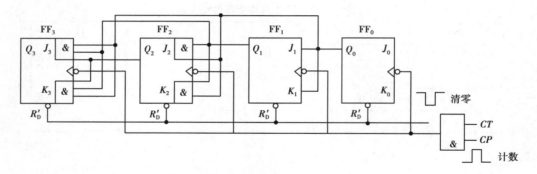

图 11.3.1　同步二进制加法计数器逻辑图

表 11.3.1　加法器和减法器真值表

计数脉冲	加法器真值表				减法器真值表			
	Q_3	Q_2	Q_1	Q_0	Q_3'	Q_2'	Q_1'	Q_0'
0	0	0	0	0	1	1	1	1
1	0	0	0	1	1	1	1	0
2	0	0	1	0	1	1	0	1
3	0	0	1	1	1	1	0	0
4	0	1	0	0	1	0	1	1
5	0	1	0	1	1	0	1	0
6	0	1	1	0	1	0	0	1
7	0	1	1	1	1	0	0	0
8	1	0	0	0	0	1	1	1
9	1	0	0	1	0	1	1	0
10	1	0	1	0	0	1	0	1
11	1	0	1	1	0	1	0	0
12	1	1	0	0	0	0	1	1
13	1	1	0	1	0	0	1	0
14	1	1	1	0	0	0	0	1
15	1	1	1	1	0	0	0	0
16	0	0	0	0	1	1	1	1

图 11.3.2 所示的是 74161 型四位同步二进制可预置计数器的外引线排列图及其逻辑符号,其中,R'_D 是直接清零端,$(LD)'$ 是预置数控制端,A_3、A_2、A_1、A_0 是预置数据输入端,EP 和 ET 是计数控制端,Q_3、Q_2、Q_1、Q_0 是计数输出端,RCO 是进位输出端。74161 型计数器的逻辑功能见表 11.3.2。

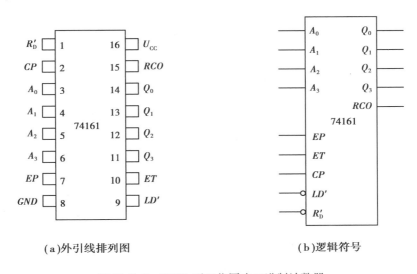

(a)外引线排列图　　　　　　　　　　(b)逻辑符号

图 11.3.2　74161 型四位同步二进制计数器

表 11.3.2　74161 型四位同步二进制计数器的功能表

清零	预置	控	制	时钟	预置数据输入				输	出		
R'_D	$(LD)'$	EP	ET	CP	A_3	A_2	A_1	A_0	Q_3	Q_2	Q_1	Q_0
0	×	×	×	×	×	×	×	×	0	0	0	0
1	0	×	×	↑	d_3	d_2	d_1	d_0	d_3	d_2	d_1	d_0
1	1	0	×	×	×	×	×	×	保持			
1	1	×	0	×	×	×	×	×	保持			
1	1	1	1	↑	×	×	×	×	计数			

由表 11.3.2 可知,74161 具有以下功能:

①异步清零。$R'_D=0$ 时,计数器输出被直接清零,与其他输入端的状态无关。

②同步并行预置数。在 $\overline{R}_D=1$ 条件下,当 $(LD)'=0$ 且有时钟脉冲 CP 的上升沿作用时,A_3、A_2、A_1、A_0 输入端的数据 d_3、d_2、d_1、d_0 将分别被 Q_3、Q_2、Q_1、Q_0 所接收。

③保持。在 $R'_D=(LD)'=1$ 条件下,当 $ET \cdot EP=0$,不管有无 CP 脉冲作用,计数器都将保

持原有状态不变。需要说明的是,当 $EP=0$,$ET=1$ 时,进位输出 RCO 也保持不变;而当 $ET=0$ 时,不管 EP 状态如何,进位输出 $RCO=0$。

④计数。当 $R'_D=(LD)'=EP=ET=1$ 时,74161 处于计数状态。

11.3.2　十进制计数器

二进制计数器结构简单,但是读数不符合人的习惯,所以在有些场合采用十进制计数器较为方便。十进制计数器是在二进制计数器的基础上发展而来,用 4 位二进制数来代表十进制的每一位数,所以也称为二-十进制计数器。

图 11.3.3 所示是用 4 个 JK 触发器组成的同步十进制加法计数器的逻辑图。

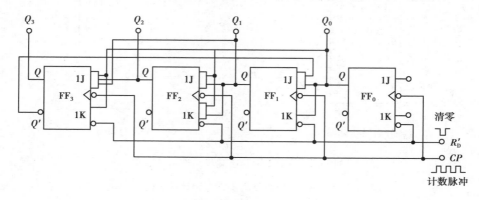

图 11.3.3　同步十进制加法计数器

由图 11.3.3 可以列出各触发器 JK 端的逻辑关系式(又称驱动方程)为

$$J_3 = Q_2 Q_1 Q_0, \quad K_3 = Q_0$$

$$J_2 = K_2 = Q_1 Q_0$$

$$J_1 = Q'_3 Q_0, \quad K_1 = Q_0$$

$$J_0 = K_0 = 1$$

代入各个 JK 触发器的状态方程:

$$Q_3^{n+1} = J_3 Q'_3 + K'_3 Q_3 = Q'_3 Q_2 Q_1 Q_0 + Q_3 Q'_0$$

$$Q_2^{n+1} = J_2 Q'_2 + K'_2 Q_2 = Q'_2 Q_1 Q_0 + Q_2 (Q_1 Q_0)'$$

$$Q_1^{n+1} = J_1 Q'_1 + K'_1 Q_1 = Q'_3 Q'_1 Q_0 + Q_1 Q'_0$$

$$Q_0^{n+1} = J_0 Q'_0 + K'_0 Q_0 = Q'_0$$

将触发器 $Q_3 Q_2 Q_1 Q_0$ 的十六种取值组合代入各触发器的状态方程,得到如表 11.3.3 所示的状态转移表。

表 11.3.3　同步十进制加法计数器的状态转移表

Q_3	Q_2	Q_1	Q_0	Q_3^{n+1}	Q_2^{n+1}	Q_1^{n+1}	Q_0^{n+1}
0	0	0	0	0	0	0	1
0	0	0	1	0	0	1	0
0	0	1	0	0	0	1	1
0	0	1	1	0	1	0	0
0	1	0	0	0	1	0	1
0	1	0	1	0	1	1	0
0	1	1	0	0	1	1	1
0	1	1	1	1	0	0	0
1	0	0	0	1	0	0	1
1	0	0	1	0	0	0	0
1	0	1	0	1	0	1	1
1	0	1	1	0	1	0	0
1	1	0	0	1	1	0	1
1	1	0	1	0	1	0	0
1	1	1	0	1	1	1	1
1	1	1	1	0	0	0	0

根据状态表可画出状态转换图,如图 11.3.4 所示。

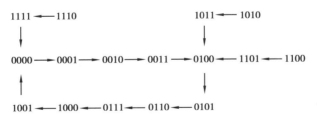

图 11.3.4　状态转换图($Q_3Q_2Q_1Q_0$)

CP 作用下,$Q_3^{n+1}Q_2^{n+1}Q_1^{n+1}Q_0^{n+1}$ 按照循环 0000→0001→⋯→1001→0000,这 10 个状态称为有效状态。1010、1011、1100、1101、1110、1111 这 6 种状态称为无效状态。

74LS160 型同步十进制计数器的外引线排列图和功能表与前述的 74161 型同步二进制计数器完全相同。

11.4　555 定时器及其应用

555 定时器是一种数字电路与模拟电路相结合的中规模集成电路。该电路使用灵活、方便,只需外接少量的阻容元件就可以构成单稳态触发器、多谐振荡器和施密特触发器,因而广泛用于信号的产生、变换、控制与检测。

555 定时器产品有 TTL 型和 CMOS 型两类。TTL 型产品型号的最后 3 位都是 555,CMOS 型产品的最后 4 位都是 7555,它们的逻辑功能和外部引线排列完全相同。

555 定时器的电路如图 11.4.1 所示。它由 3 个阻值为 5 kΩ 的电阻组成的分压器、两个电压比较器、基本 RS 触发器、放电晶体管 VT、与非门和反相器组成。

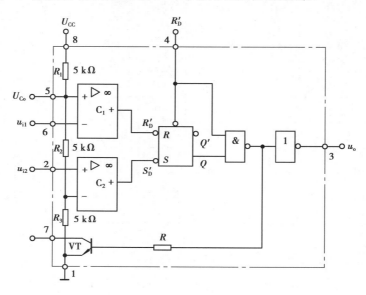

图 11.4.1　555 定时器原理图

分压器为两个电压比较器 C_1、C_2 提供参考电压。如 5 端悬空,则比较器 C_1 的参考电压为 $\frac{2}{3}U_{CC}$,加在同相端;C_2 的参考电压为 $\frac{1}{3}U_{CC}$,加在反相端。

R'_D 是复位输入端。当 $R'_D = 0$ 时,基本 RS 触发器被置 0,晶体管 VT 导通,输出端 u_o 为低电平。正常工作时,$R'_D = 1$。

u_{i1} 和 u_{i2} 分别为 6 端和 2 端的输入电压。

当 $u_{i1} > \frac{2}{3}U_{CC}$,$u_{i2} > \frac{1}{3}U_{CC}$ 时,C_1 输出为低电平,C_2 输出为高电平,即 $R'_D = 0$,$S'_D = 1$,基本 RS 触发器被置 0,晶体管 VT 导通,输出端 u_o 为低电平。

当 $u_{i1} < \frac{2}{3}U_{CC}$,$u_{i2} < \frac{1}{3}U_{CC}$ 时,C_1 输出为高电平,C_2 输出为低电平,即 $R'_D = 1$,$S'_D = 0$,基本 RS

触发器被置 1,晶体管 VT 截止,输出端 u_o 为高电平。

当 $u_{i1} < \dfrac{2}{3} U_{CC}$,$u_{i2} > \dfrac{1}{3} U_{CC}$ 时,基本 RS 触发器状态不变,电路亦保持原状态不变。

综上所述,可得 555 定时器逻辑功能见表 11.4.1。

表 11.4.1　555 定时器功能表

输　入			输　出	
复位 R'_D	u_{i1}	u_{i2}	输出 u_o	晶体管 VT
0	×	×	0	导通
1	$> \dfrac{2}{3} U_{CC}$	$> \dfrac{1}{3} U_{CC}$	0	导通
1	$< \dfrac{2}{3} U_{CC}$	$< \dfrac{1}{3} U_{CC}$	1	截止
1	$< \dfrac{2}{3} U_{CC}$	$> \dfrac{1}{3} U_{CC}$	保持	保持

【例 11.4.1】　图 11.4.2 所示电路是利用 555 定时器组成的温度控制电路。R_1 是具有负温度系数的热敏电阻,试分析该电路的工作原理。

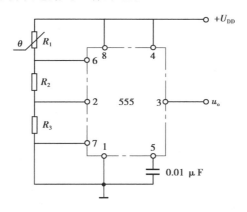

图 11.4.2　例 11.4.1 的电路

【解】　当温度升高时,R_1 减少,U_6 和 U_2 增加。当 $U_6 > \dfrac{2}{3} U_{DD}$,$U_2 > \dfrac{1}{3} U_{DD}$ 时,定时器输出 $u_o = 0$,利用这一电平去控制相应机构,切断加热器,温度停止上升。

当温度下降时,R_1 增加,U_6 和 U_2 减少。当 $U_6 < \dfrac{2}{3} U_{DD}$,$U_2 < \dfrac{1}{3} U_{DD}$ 时,定时器输出 $u_o = 1$,相应机构接通加热器电源,使温度重新继续上升。

练习题

1. 初始状态为 0 的输入为低电平有效的基本 RS 触发器, R' 和 S' 端的输入信号波形如习题图 11.1 所示,求 Q 和 Q' 的波形。

2. 初始状态为 0 的输入为高电平有效的基本 RS 触发器, R 和 S 端的输入信号波形如习题图 11.2 所示,求 Q 和 Q' 的波形。

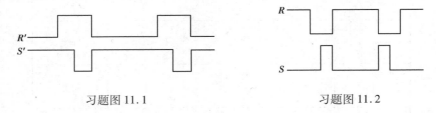

习题图 11.1   习题图 11.2

3. 已知习题图 11.3(a)所示电路中各输入端的波形如图 11.3(b)所示。工作前各触发器先置 0,求 Q_1、Q_2 和 Q_3 的波形。

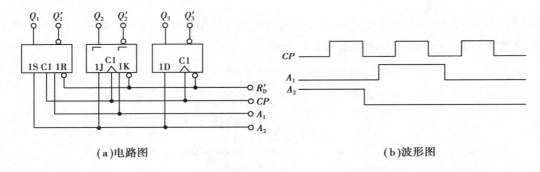

(a)电路图   (b)波形图

习题图 11.3

4. 在习题图 11.4(a)所示电路中,已知各触发器输入端的波形如图 11.4(b)所示,工作前触发器先置 0,求 Q_1 和 Q_2 的波形。

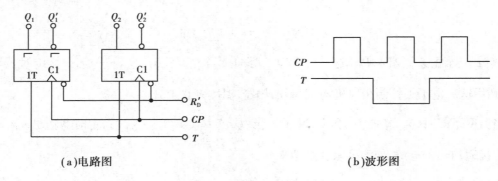

(a)电路图   (b)波形图

习题图 11.4

5. 在习题图 11.5(a)所示电路中,已知输入端 D 和 CP 的波形如图 11.5(b)所示,各触发器的初始状态均为 0,求 Q_1 和 Q_2 的波形。

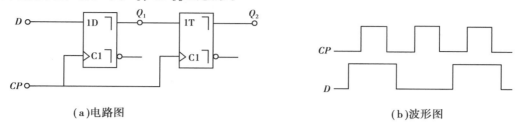

(a)电路图　　　　　　　　　　　　　　　　(b)波形图

习题图 11.5

6. 已知习题图 11.6(a)所示电路中 S、R 和 CP 的波形如图 11.6(b)所示,各种触发器都原为 1 态,求 1、2、3、4、5、6 各点及 Q 和 Q' 的波形。

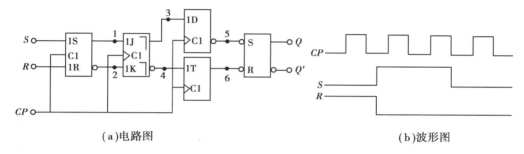

(a)电路图　　　　　　　　　　　　　　　　(b)波形图

习题图 11.6

7. 习题图 11.7 所示各触发器的初始状态均为 0,求 Q 的波形(CP 的波形自己画)。

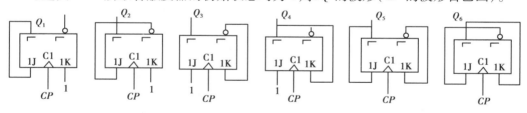

习题图 11.7

8. 习题图 11.8 所示各触发器的初始状态均为 1,求 Q 的波形(CP 的波形自己画)。

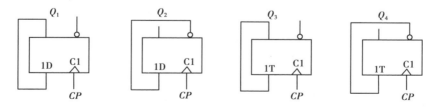

习题图 11.8

9. 习题图 11.9 所示是 JK 触发器组成的双相时钟电路。若在 CP 端加上时钟脉冲信号,在输出端可得到相位互相错开的时钟信号 A 和 B。试画出 Q、Q' 和 A、B 的波形,假设触发器的初始状态为 0。

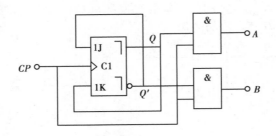

习题图 11.9

10. 分析习题图 11.10 所示电路寄存数码的原理和过程,说明它是数码寄存器还是移位寄存器。

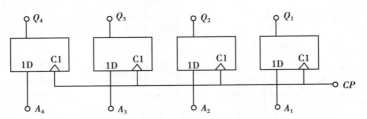

习题图 11.10

11. 习题图 11.11 所示电路是右移寄存器还是左移寄存器? 设待存数码为 1001,画出 Q_4、Q_3、Q_2、Q_1 的波形,列出状态表。

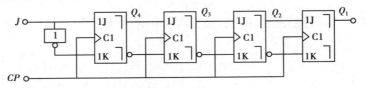

习题图 11.11

12. 习题图 11.12 所示的寄存器采用串行输入,输入数码为 1001,但输出方式有两种,既可串行输出,亦可并行输出。试分析:

(1)该寄存器是右移寄存器还是左移寄存器?

(2)画出前 4 个 CP 脉冲时 Q_4、Q_3、Q_2、Q_1 的波形;

(3)说明串行输出和并行输出的方法。

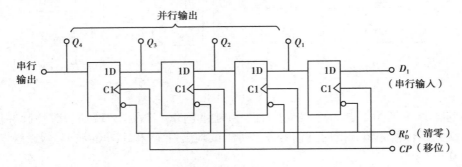

习题图 11.12

13. 习题图 11.13 所示是由两个 JK 触发器组成的时序逻辑电路,设开始时 $Q_1=0$,$Q_2=0$。(1)写出两个触发器的翻转条件,画出 Q_2 和 Q_1 的波形图;(2)说明它是几进制计数器,是加法计数器还是减法计数器,是同步计数器还是异步计数器。

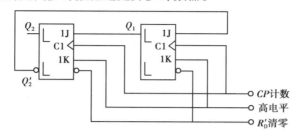

习题图 11.13

14. 计数器电路如习题图 11.14 所示。(1)分析各触发器的翻转条件,画出 Q_3、Q_2 和 Q_1 的波形;(2)判断是几进制计数器,是加法计数器还是减法计数器,是同步计数器还是异步计数器。(3)如果 CP 脉冲的频率为 2 000 Hz,Q_3、Q_2 和 Q_1 输出的脉冲频率是多少?

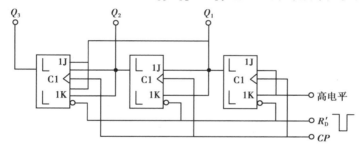

习题图 11.14

15. 习题图 11.15 所示是两个异步二进制计数器,试分析哪个是加法计数器,哪个是减法计数器,并分析它们的级间连接方式有何不同。

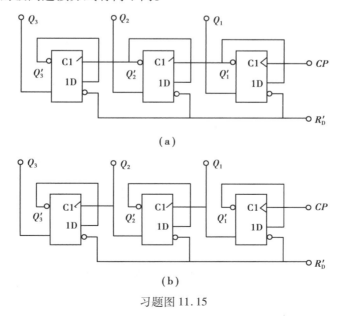

(a)

(b)

习题图 11.15

253

16. 习题图 11.16 所示是一个十进制计数器。(1)写出各触发器的翻转条件,画出 Q_4、Q_3、Q_2 和 Q_1 的波形。(2)判断其是加法计数器还是减法计数器,是异步计数器还是同步计数器。

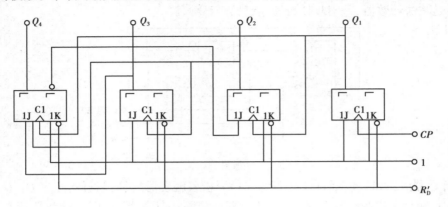

习题图 11.16

17. 已知由与非门组成的基本 RS 触发器和输入端 R'_D、S'_D 的波形如习题图 11.17 所示,试对应地画出 Q 和 Q' 的波形,并说明状态"不定"的含义。

18. 可控 RS 触发器的 CP、S、R 端信号状态波形如习题图 11.18 所示,试画出触发器 Q 端的状态波形图。设初始状态为 0。

第十一章习题 18

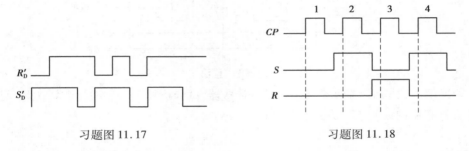

习题图 11.17　　　　习题图 11.18

19. 已知主从 JK 触发器 J、K、CP 端的状态波形如习题图 11.19 所示,触发器的初始状态为 0,试对应地画出 Q 端的状态波形。

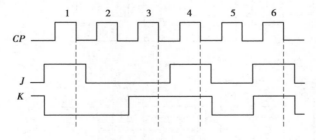

习题图 11.19

20. 已知时钟脉冲 CP 波形为 4 个矩形脉冲,试分别画出习题图 11.20 所示各触发器在时钟脉冲 CP 作用下输出端 Q 的波形。设它们的初始状态均为 0。

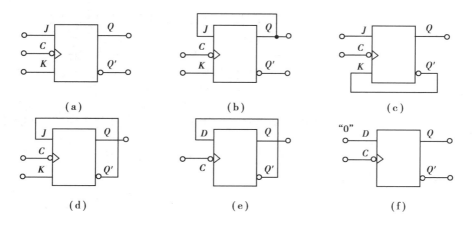

习题图 11.20

21. 如习题图 11.21 所示的电路和波形,试画出 D 和 Q 端的波形。设初始状态 $Q=0$。

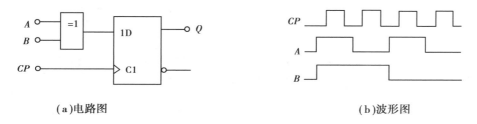

(a)电路图 　　　　　　　　　　　　　　　(b)波形图

习题图 11.21

22. 根据习题图 11.22 所示电路和输入信号 A、B 的波形,试画出触发器 Q_1 和 Q_2 端的波形。触发器为主从 JK 触发器,设各触发器初态为 0。

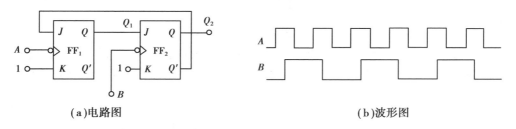

(a)电路图 　　　　　　　　　　　　　　　(b)波形图

习题图 11.22

23. 已知电路及输入端 M、时钟脉冲 CP 的波形如习题图 11.23 所示,试画出输出端 Q_1、Q_2 的波形。设各触发器初态均为 1。

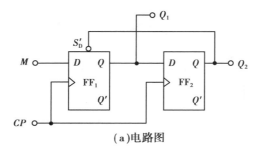

(a)电路图

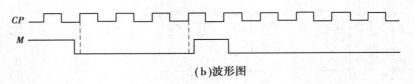

(b)波形图

习题图 11.23

24.电路如习题图11.24(a)所示。画出在习题图11.24 (b)所示的CP、R'_D、D 信号作用下 Q_1、Q_2 的波形。

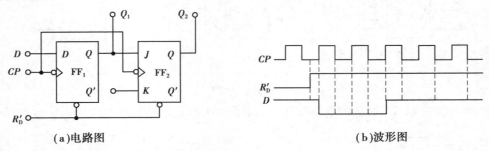

(a)电路图　　　　　　　　　　(b)波形图

习题图 11.24

25.试画出用 JK 触发器组成 4 位数码寄存器的电路图,并说明工作原理。

26.分析如习题图 11.25 所示的电路的逻辑功能。

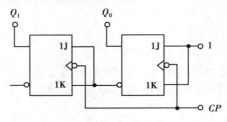

习题图 11.25

27.电路如习题图11.26(a)所示为 4 个围场阻塞 D 触发器组成的移位寄存器,时钟脉冲 CP 及 D_0 端波形如图11.26(b)所示。试画出在 CP 脉冲作用下输出端 Q_0、Q_1、Q_2、Q_3 的波形。 设触发器初态均为0。

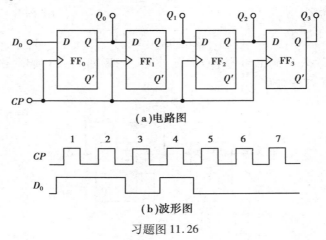

(a)电路图

(b)波形图

习题图 11.26

28. 试用4个 D 触发器组成4位移位寄存器。

29. 电路如习题图 11.27 所示,为由 D 触发器构成的计数器,试说明其功能;画出与 CP 脉冲对应的各输出端波形。设 CP 脉冲有 8 个,各触发器初态为 0。

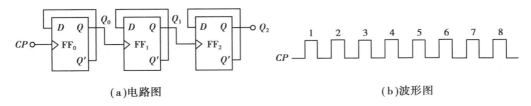

(a)电路图　　　　　　　　　　(b)波形图

习题图 11.27

30. 试分析习题图 11.28 所示计数器电路。

①写出各触发器驱动方程和电路状态方程(特性方程)。

②假设计数器的初始状态 $Q_2Q_1Q_0 = 000$,试列出计数状态转换表,并判断它是几进制计数器。

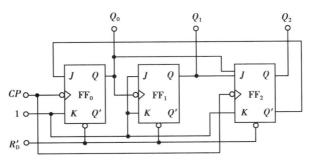

习题图 11.28

31. 习题图 11.29 所示的是由主从型 JK 触发器组成的4位二进制加法计数器。试改变级间的连接方法,画出由该触发器组成的4位二进制减法计数器,并列出其状态表。在工作之前先清零,使各个触发器的输出端 Q_0—Q_3 均为 0。

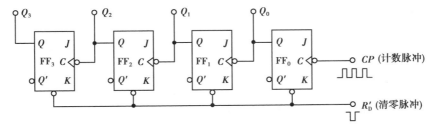

习题图 11.29

参考答案

第 1 章

1. $i(0) = -2$ A, $i(1) = 18$ A

2. S 闭合时, $V_a = 6$ V, $V_b = -3$ V, $V_c = 0$ V

   S 断开时, $V_a = 6$ V, $V_b = 6$ V, $V_c = 9$ V

3. (a) $U = 50$ V, 电压 U 的实际方向与参考方向相同

   (b) $U = -50$ V, 电压 U 的实际方向与参考方向相反

4. (1) $u_a = 10$ V

   (2) $i_b = -1$ A

   (3) $i_c = -1$ A

   (4) $P = -2 \times 10^{-5}$ W

   (5) $i_e = -1$ A

   (6) $u_f = -10$ V

   (7) $i_g = -1$ mA

   (8) 产生 4 mW

5. (1) $I = 10$ A, $U_L = 115$ V, $U_S = 117$ V, $P_L = 1\ 150$ W, $P_E = 1\ 200$ W, $P_S = 1\ 170$ W

   (2) $U_S = 120$ V, $U_L = 0$ V

   (3) $I = 240$ A, $U_S = 48$ V; $I = 400$ A, $U_S = 0$ V

6. (1) $U_R = 1$ V, $I_R = 2$ A, $U_{I_S} = 1$ V

   (2) $I_R = 1$ A, $U_R = 0.5$ V, $I_{U_S} = 1$ A

9. S 断开时, $U = 14$ V; S 闭合时, $I = 3.5$ A (答案为绝对值, 正负视参考方向而定)

10. $I_1 = 6$ A, $I_2 = 1$ A, $P_1 = -240$ W (电源), $P_2 = 10$ W (负载)

11. $I = -7$ A

12. $I = 1$ A, $U_S = 90$ V, $R = 1.5$ Ω, $P = 1\ 080$ W

13. $I_1 = -0.2$ A, $I_2 = 1.6$ A, $I_3 = 1.4$ A, U_{S1} 为负载, U_{S2} 为电源

258

14. $I_1 = 2$ A, $I_2 = -0.8$ A, $I_3 = -1.2$ A, $U_{ab} = -8$ V

15. $I_1 = -1$ A, $I_2 = 4$ A

16. $I_1 = -1$ A, $I_2 = 4$ A

17. $I = 4$ A

18. $U = 23$ V

19. $U = 6$ V

20. $I = 1$ A

21. $I = 8$ A

第 2 章

1. (1) $T = 10$ s, $f = 0.1$ Hz, $\omega = 0.2\pi \approx 0.628$ rad/s

   (2) $i(t) = 5 \sin(0.2\pi t - 54°)$ A

2. (1) $i(t) = 2\sqrt{2} \sin(314t - 30°)$ A, $u(t) = 36\sqrt{2} \sin(314t + 45°)$ V

   (3) $I_m = 2\sqrt{2}$ A, $U_m = 36\sqrt{2}$ V, $\omega = 314$ rad/s, $\theta = 75°$

3. $\dot{I} = 12\angle -36°$ A $= 12e^{-j36°}$ A $= 12[\cos(-36°) + j\sin(-36°)]$ A $= (9.71 - j7.05)$ A

4. $\dot{U} = 220[\cos(0°) + j\sin(0°)]$ V $= 220e^{j0°}$ V

   $\dot{I}_1 = 10[\cos(90°) + j\sin(90°)]$ A $= 10e^{j90°}$ A

   $\dot{I}_2 = 5\sqrt{2}[\cos(-45°) + j\sin(-45°)]$ A $= 5\sqrt{2}e^{-j45°}$ A

5. (1) $i_1(t) = 10\sqrt{2} \sin\left(314t + \dfrac{\pi}{2}\right)$ A

   (2) $i_2(t) = 2 \sin\left(314t + \dfrac{3\pi}{4}\right)$ A

   (3) $u_1(t) = 5\sqrt{2} \sin(314t + 53.1°)$ V

   (4) $u_2(t) = 5\sqrt{2} \sin(314t + 45°)$ V

6. $i_1 = \sqrt{3} \sin \omega t$ A, $i_2 = \sqrt{3} \sin(\omega t + 120°)$ A, $i_3 = \sqrt{3} \sin(\omega t - 120°)$ A

7. $u_{12} = 10\sqrt{3} \sin(\omega t + 30°)$ V, $u_{23} = 10\sqrt{3} \sin(\omega t - 90°)$ V, $u_{31} = 10\sqrt{3} \sin(\omega t + 150°)$ V

8. $u = 10 \sin(10^3 t + 45°)$ V

9. (1) $R = 6$ Ω, $X = 8$ Ω, 电感性, $\theta = 53.1°$

   (2) $R = 25$ Ω, $X = 0$ Ω, 纯电阻性, $\theta = 0°$

   (3) $R = 8.55$ Ω, $X = 23.49$ Ω, 电容性, $\theta = -70°$

10. 50 Hz 时, $\dot{I} = 44\angle 36.87°$ A, 电容性; 100 Hz 时, $\dot{I} = 25.88\angle -61.93°$ A, 电感性

11. (a) $Z_{ab} = -j10$ Ω　(b) $Z_{ab} = (1.5 + j0.5)$ Ω

12. $U_1 = 127$ V, $U_2 = 254$ V

13. $\dot{I}_1 = 3\angle 0°$ A, $\dot{I}_2 = 2\angle 0°$ A, $\dot{U} = 8.49\angle 45°$ V

14. $P_{100\,\Omega}=19.6$ W, $Q_{100\,\Omega}=0$ Var, $P_L=0$ W, $Q_L=59$ Var

$P_{200\,\Omega}=20$ W, $Q_{200\,\Omega}=0$ Var, $P_C=0$ W, $Q_C=-40$ Var

电源提供的功率 $P=P_{100\,\Omega}+P_{200\,\Omega}=39.6$ W

15. $P=4\,622.5$ W, $Q=-924.5$ Var, $S=4\,714$ V·A

16. $P=1\,366$ W, $Q=-366$ Var, $S=1\,414$ V·A

17. $R=20$ Ω, $X_L=51.2$ Ω, $X_C=6.6$ Ω

18. $I=8.86$ A, $P=1.5$ kW, $Q=1.25$ kVar, $S=1.95$ kV·A, $\lambda=0.77$

19. $X_L=524$ Ω, $L=1.7$ H, $\lambda=0.5$, $C=2.58$ μF

20. (1) $I=263.2$ A, $S=100$ kV·A, $Q=92$ kVar

   (2) $\lambda=0.88$, $C=1\,542$ μF

21. (1) $C=1\,062$ μF

   (2) $C=531$ μF, $I=25$ A

22. (1) $\dot{I}=2.2\angle-36.9°$ A

   (2) $f_n=61.3$ Hz, $\dot{I}=0$

第 3 章

1. $\dot{I}_A=\dot{U}_A/Z=5.5\angle-25°$ V; $\dot{I}_B=5.5\angle-145°$ V; $\dot{I}_C=5.5\angle95°$ V; 相量图略。

2. $\dot{I}_{AB}=\dot{U}_A/Z=38\angle-37°$ A; $\dot{I}_{BC}=38\angle-157°$ A; $\dot{I}_{CA}=38\angle83°$ A; $\dot{I}_A=\dot{I}_{AB}-\dot{I}_{CA}=38\angle-37°-38\angle83°=66\angle-67°$ A; $\dot{I}_B=66\angle-187°$ A; $\dot{I}_C=66\angle53°$ A。

3. 每相功率为 $P=5$ kW。三角形接法时,每相电阻为 $R=380^2/5\,000=28.9$ Ω;星形接法时,每相电阻为 $R=220^2/5\,000=9.68$ Ω

4. (1) $U_L=380$ V, $Z=10$ Ω

   三相对称电源接入三相对称负载 $U_P=220$ V

   则相线电流 $I_P=U_P/|Z|=22$ A $I_L=22$ A

   (2) 矢量图略

5. 由线电压 380 V 求出相电压 $U_P=220$ V,相电流 $I_P=U_P/|Z|=220$ V/($|6+j8|$ Ω)=22 A,有功功率 $P=3I^2R=3\times22^2\times6$ W$=8\,712$ W

6. $\dot{U}_A=220\angle55°$ (V), Z 的阻抗角 $\varphi=55°-10°=45°$, $P=\sqrt{3}\,U_1I_1\cos\varphi=\sqrt{3}\times380\times5\times\cos45°=2\,333$ W

7. 每相绕组的阻抗为 $|z|=220/6.6=33.3$ Ω

   $\cos\varphi=P/\sqrt{3}\,U_LI_L=3\,300/(\sqrt{3}\times380\times6.6)=0.76$, $\varphi=40.54°$

   $R=|z|\cos\varphi=33.33\times0.76=25.3$ Ω

   $X_L=|z|\sin\varphi=33.33\times\sin40.56°=21.7$ Ω

8. (1) 不能称为对称负载

（2）$U_L = 380$ V，则 $U_P = 220$ V

设 $\dot{U}_a = 220\angle 0°$（V）

则 $\dot{U}_b = 220\angle -120°$（V），$\dot{U}_c = 220\angle 120°$（V）

$$\dot{I}_A = \frac{\dot{U}_a}{R} = 220\angle 0°（A）$$

$$\dot{I}_B = \frac{\dot{U}_b}{-jX_C} = \frac{220\angle -120°}{-j10} = 22\angle -30°（A）$$

$$\dot{I}_C = \frac{\dot{U}_c}{jX_L} = \frac{220\angle 120°}{j10} = 22\angle 30°（A）$$

所以 $\dot{I}_N = \dot{I}_A + \dot{I}_B + \dot{I}_C = 22\angle 0° + 22\angle -30° + 22\angle 30° = 60.1\angle 0°（A）$

（3）由于 B 相负载为电容，C 相负载为电感，其有功功率为 0，故三相总功率即 A 相
    电阻性负载的有功功率。

即 $P = I_a^2 R = 22^2 \times 10 = 4\,840$ W $= 4.84$ kW

9. $Z = 80 + j60$ Ω，$U_a = U_b = U_c = \dfrac{280}{\sqrt{3}} = 220$（V）

10.（1）$\dot{I}_A = \dfrac{220\angle 0°}{8+j6} = 22\angle -36.9°$（A）；$\dot{I}_B = 22\angle -156.9°$（A）；$\dot{I}_C = 22\angle 83.1°$（A）

（2）$U_{ab} = U_{bc} = U_{ca} = 220$ V

相电流：$\dot{I}_{ab} = \dfrac{\dot{U}_{ab}}{Z} = \dfrac{220\angle 0°}{8+j6} = 22\angle -36.9°$（A）；$\dot{I}_{bc} = 22\angle -156.9°$（A）；$\dot{I}_{ca} = 22\angle 83.1°$（A）

线电流：$\dot{I}_A = \sqrt{3}\,\dot{I}_{ab}\angle -30° = 38\angle -66.9°$（A）

$\dot{I}_B = \sqrt{3}\,\dot{I}_{bc}\angle -30° = 38\angle -186.9° = 38\angle 173.1°$（A）

$\dot{I}_C = \sqrt{3}\,\dot{I}_{ca}\angle -30° = 38\angle 53.1°$（A）

11. $U_L = 1\,018.2$ V；$Q = 5\,819.8$ Var；$Z = 320.19\angle 36.9°$ Ω

12. $P = 3\,133.3$ W；$Q = 2\,216.4$ Var；$S = 3\,838$ V·A

13. $Z = 30.4 + j22.8$（Ω）；$R = 30.4$ Ω；$X_L = 22.8$（Ω）

14. $I_P = 38$ A；$I_L = 65.8$ A；$P = 34\,656$ W

第 4 章

1. $N_{21} = 27$；$N_{22} = 34$；$N_{23} = 1\,909$

2. $N_1 = 1\,600$

3.(1)$I_{1N}=7.58$ A;$I_{2N}=217.4$ A (2)$\cos\varphi_0=0.33$

　(3)$\Delta U\%=4.3\%$ (4)$\eta_N=95.4\%$

4.167 盏,125 盏。

5.(1)$I_1=5.33$ A;$I_2=160$ A (2)未满载,550 盏

6.$N_2'\approx56$

7.(1)$|Z|=200$ Ω (2)$P_2=0.097$ W

8.(1)$U_2=110$ V (2)$I_2=22$ A (3)$P_3=1\,936$ W

9.$I_{1N}=0.68$ A;$I_{2N}=0.79$ A;$I_{3N}=1.39$ A

10.$I_{1N}=2.9$ A;$I_{2N}=72.2$ A。

第 5 章

1.六极电动机,$p=3$

定子磁场的转速即同步转速 $n_0=(60\times50)/3=1\,000(\text{r/min})$

定子频率 $f_1=50$ Hz

转子频率 $f_2=sf_1=0.02\times50=1$ Hz

转子转速 $n=n_1(1-s)=1\,000(1-0.02)=980(\text{r/min})$

2.$T_N=9\,550\times\dfrac{P_{2N}}{n_N}=9\,550\times\dfrac{22}{1\,470}=143(\text{N}\cdot\text{M})$

$\lambda=\dfrac{T_m}{T_N}=\dfrac{314.6}{143}=2.2$

3.(1)额定电流 $I_N=\dfrac{P_N}{\sqrt{3}\,U_{1N}\cos\varphi_N\eta_N}=\dfrac{18.5\times10^3}{\sqrt{3}\times380\times0.86\times0.91}=35.9(\text{A})$

　(2)额定转差率 $S_N=(1\,500-1\,470)/1\,500=0.02$

　(3)额定转矩 $T_N=9\,550\times18.5/1\,470=120(\text{N}\cdot\text{m})$

　最大转矩 $T_M=2.2\times120=264(\text{N}\cdot\text{m})$

　启动转矩 $T_{st}=2.0\times120=240(\text{N}\cdot\text{m})$

4.①$T_N=9\,550\dfrac{P_N}{n_N}=9\,550\dfrac{4.5}{950}\approx45.2$ N·m $T_M=T_N\cdot1.6=45.2\times1.6=72.4$ N·m

②由于电磁转矩与电压的平方成正比,即 $T_M'=0.789^2T_M=45.1$ N·m$<T_N$

所以当电压下降至 300 V 时,该电动机不能带额定负载运行。

5.$n_1=1\,000$ r/min;$p=3$;$s=0.04$

6.$n_2=1\,480$ r/min;$P_{2N}=45$ kW;$\cos\varphi_N=0.88$;$\eta_N=0.923$

7.$n_2=30$ r/min;$T_N=194.5$ kW;$\cos\varphi_N=0.88$

8.$\lambda=2.2$

9.(1)$K=1.188$

（2）电动机的启动电流 $I_{ST}=285.2(A)$；线路上的启动电流 $I_L=285.2(A)$

10. 电动机的电流会迅速增加，如果时间稍长电机有可能会烧毁。

11.（1）丫形接法 （2）$n_0=1\,000$ r/min；$p=3$；$S_N=0.04$；$T_N=29.8$ N·m；$T_{st}=59.6$ N·m；
   $T_{max}=59.6$ N·m；$I_{st}=46.8$ A
   （3）$P_{输入}=3.61$ kW

第6章

1.（a）能启动,不能停止 （b）不能启动且造成电源短路 （c）接通电源就会启动,且不能停止 （d）只能点动

2.（1）Q_{A2} 主触点接线有错误 （2）S_{F1} 不应采用动合触点 （3）缺互锁环节

3.（1）缺过载保护 （2）停止按钮不应采用动合触点 （3）启动按钮不能采用动断触点 （4）起互锁作用的动断触点 Q_{A1} 和 Q_{A2} 位置颠倒

第7章

3.（1）$V_Y=0$ V，$I_R=3.08$ mA，$I_{D_A}=I_{D_B}=1.54$ mA
   （2）$V_Y=0$ V，$I_{D_A}=0$ mA，$I_{D_B}=I_R=3.08$ mA
   （3）$V_Y=3$ V，$I_R=2.3$ mA，$I_{D_A}=I_{D_B}=1.15$ mA

4.（1）$V_Y=9$ V，$I_R=I_{D_A}=1$ mA，$I_{D_B}=0$ mA
   （2）$V_Y=5.59$ V，$I_{D_A}=0.41$ mA，$I_{D_B}=0.21$ mA，$I_R=0.62$ mA
   （3）$V_Y=4.74$ V，$I_R=0.52$ mA，$I_{D_A}=I_{D_B}=0.26$ mA

5. $U_0=-2$ V

6. $I_Z=2.01$ mA，I_Z 未超过 I_{ZM}

8. 晶体管 1：NPN 型,锗管,1-E,2-B,3-C
   晶体管 2：PNP 型,硅管,1-C,2-B,3-E

9.（1）正常工作 （2）不正常工作 （3）不正常工作

10.（a）放大 （b）饱和 （c）截止

13. $U_0=12$ V

第8章

1.（1）$I_B=50$ μA，$I_C=2$ mA，$U_{CE}=6$ V

2. $R_B=200$ kΩ，$R_C=2.5$ kΩ

3. $I_B = 20~\mu A, R_B = 600~k\Omega$

5. （1）$A_u = -150$　（2）$A_u = -100$

6. （1）$A_{u1} = -1, A_{u2} = 1$　（2）$r_{01} = 2~k\Omega, r_{02} = 21.4~\Omega$

7. $R_{B1} = 37.5~k\Omega, R_{B2} = 12.5~k\Omega$

8. （1）$I_B = 50~\mu A, I_C = 3.32~mA, U_{CE} = 8.1~V$　（3）$r_{be} = 0.72~k\Omega$　（4）$A_u = -183$

　　（5）$A_u = -302$　（6）$r_o = 3.3~k\Omega, r_i = 0.72~k\Omega$

10. $A_u = 0.98, r_i = 16~k\Omega, r_o = 21~\Omega$

第 9 章

6. 开关断开时，$A_{uf} = -5$；开关闭合时，$A_{uf} = -3.3$

7. 7.5 V

8. 5.4 V

11. 5.5 V

12. $\dfrac{2R_F}{R_1} u_i$

13. 4 V

14. $u_0 = (1+K)(u_{i1} - u_{i2})$

第 10 章

1. 分析如图所示波形可知，F_1 为或门电路的输出，F_2 为与门电路的输出，F_3 为非门电路的输出（输入为 A），F_4 为或非门电路的输出。

2. 由或非门和与非门的逻辑功能求得或非门的输出 F_1 和与非门的输出 F_2 的波形，如答案图 10.1 所示。

3. 根据异或门和同或门的逻辑功能，画出异或门输出 F_1 和同或门输出 F_2 的波形，如答案图 10.2 所示。

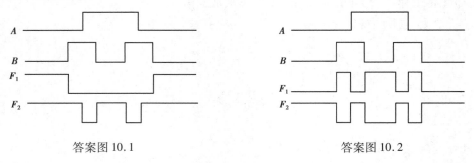

答案图 10.1　　　　　　　　　　答案图 10.2

4. （1）$(A'+B)' + (A'+B')' = A'' \cdot B' + A'' \cdot B'' = A \cdot B' + A \cdot B = A(B'+B) = A$

（2）$AB+AB'+A'B+A'B' = A(B+B')+A'(B+B') = A+A' = 1$

（3）$(A+C)(A+D)(B+C)(B+D) = (AA+AC+AD+CD)(BB+BC+BD+CD)$

$$= (A+AC+AD+CD)(B+BC+BD+CD)$$

$$= [A(1+C+D)+CD][B(1+C+D)+CD]$$

$$= (A+CD)(B+CD)$$

$$= AB+ACD+BCD+CD$$

$$= AB+CD(A+B+1)$$

$$= AB+CD$$

（4）$(AB+A'B')' = (AB)'\cdot(A'B')' = (A'+B')(A''+B'') = (A'+B')(A+B)$

$$= A'A+A'B+AB'+BB'$$

$$= AB'+A'B$$

（5）$AB'+BC'+CA' = AB'(C+C')+BC'(A+A')+CA'(B+B')$

$$= AB'C+AB'C'+ABC'+A'BC'+A'BC+A'B'C$$

$$= (AB'C'+ABC')+(A'BC'+A'BC)+(AB'C+A'B'C)$$

$$= AC'(B'+B)+A'B(C'+C)+B'C(A+A')$$

$$= AC'+A'B+B'C = A'B+B'C+C'A$$

（6）$AB'+A'B+BC'+B'C = AB'+A'B(C+C')+BC'+B'C(A+A')$

$$= AB'+A'BC+A'BC'+BC'+AB'C+A'B'C$$

$$= (AB'+AB'C)+(BC'+A'BC')+(A'B'C+A'BC)$$

$$= AB'+BC'+CA'$$

5.（1）$Y = AB+A'C = ((AB)'\cdot(A'C)')'$

（2）$Y = A+B+C' = (A'\cdot B'\cdot C)'$

（3）$Y = A'B'+(A'+B)C' = ((AB)''\cdot(BC')')'$

（4）$Y = AB'+AC'+A'BC = ((A\cdot(ABC)')'\cdot((ABC)'\cdot BC)')'$

6.（1）$Y = AB+ABC+AB(D+E) = AB(1+C)+AB(D+E) = AB(1+D+E) = AB$

这是与门电路，逻辑符号如答案图10.3（a）所示，真值表如答案表10.1所示。

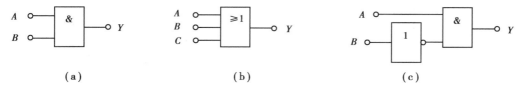

| (a) | (b) | (c) |

答案图10.3

答案表10.1

A	B	Y
0	0	0
0	1	0
1	0	0
1	1	1

（2）$Y = A(A+B+C) + B(A+B+C) + C(A+B+C) = (A+B+C)(A+B+C)$

　　　$= A+B+C$

这是或门电路，逻辑符号如答案图 10.3（b）所示，真值表如答案表 10.2 所示。

答案表 10.2

A	B	C	Y
0	0	0	0
0	0	1	1
0	1	0	1
0	1	1	1
1	0	0	1
1	0	1	1
1	1	0	1
1	1	1	1

（3）$Y = (A+B)(A'+B')B' = (A+B)(A'B'+B'B') = (A+B)(A'B'+B')$

　　　$= (A+B)(A'+1)B'$

　　　$= (A+B)B'$

　　　$= AB'+BB' = AB'$

逻辑符号如答案图 10.3（c）所示，真值表如答案表 10.3 所示。

答案表 10.3

A	B	Y
0	0	0
0	1	0
1	0	1
1	1	0

7.（1）$Y = A(A'+B) + B(B+C) + B = B$

　　（2）$Y = B(C+A'D) + B'(C+A'D) = C+A'D$

　　（3）$Y = (A+B+C)(A'+B'+C') = A'C + AB' + BC'$

　　（4）$Y = AC + B'C + BD' + A(B+C') + A'BCD' + AB'DE = A+B'C+BD'$

8. 真值表、卡诺图和逻辑电路图如答案表 10.4 和答案图 10.4 所示。

答案表 10.4

A	B	C	Y
0	0	0	1
0	0	1	0
0	1	0	0
0	1	1	0
1	0	0	0
1	0	1	0
1	1	0	0
1	1	1	1

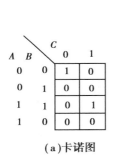

(a)卡诺图

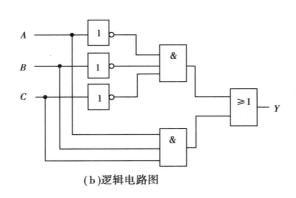

(b)逻辑电路图

答案图 10.4

9. 该电路为异或门电路,如答案图 10.5 所示。

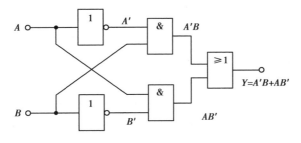

答案图 10.5

10. 真值表见答案表 10.5 所示,逻辑图如答案图 10.6 所示。A、B、C 相同时,输出为 1;A、B、C 不同时,输出为 0,为同或门电路。

化简:$Y = ABC + A'B'C'$

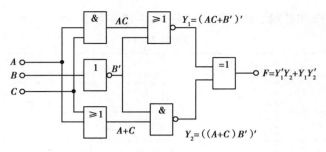

答案图 10.6

答案表 10.5

A	B	C	Y
0	0	0	1
0	0	1	0
0	1	0	0
0	1	1	0
1	0	0	0
1	0	1	0
1	1	0	0
1	1	1	1

11. 由电路求得:$Y=AB+BC+CA$

真值表见答案表 10.6 所示,由真值表可知,只要两个或三个赞成时,表决成立,该电路实现了表决功能。

答案表 10.6

A	B	C	Y
0	0	0	0
0	0	1	0
0	1	0	0
0	1	1	1
1	0	0	0
1	0	1	1
1	1	0	1
1	1	1	1

12. 由电路求得:$Y=((AM)'\cdot(BM')')'=AM+BM'$

由上式可知:当 $M=0$ 时,$Y=B$,送出 B;当 $M=1$ 时,$F=A$,送出 A。此电路实现了选通电路的功能,如答案图 10.7 所示。

13. 电路图如答案图 10.8(a)、(b)所示。

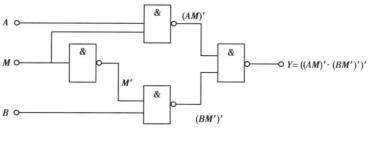

答案图 10.7

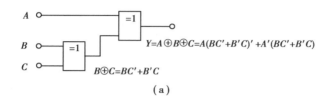

（a）

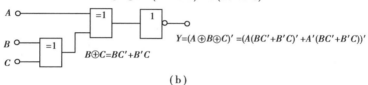

（b）

答案图 10.8

在图（a）中：

$$Y = A \oplus B \oplus C = A(BC' + B'C)' + A'(BC' + B'C)$$
$$= A((BC')' \cdot (B'C)') + A'BC' + A'B'C$$
$$= A(B' + C)(B + C') + A'BC' + A'B'C$$
$$= ABC + AB'C' + A'BC' + A'B'C$$

列出真值表见答案表 10.7。

答案表 10.7

A	B	C	Y
0	0	0	0
0	0	1	1
0	1	0	1
0	1	1	0
1	0	0	1
1	0	1	0
1	1	0	0
1	1	1	1

可见图（a）为判奇电路。

在图中：

$$Y = (A \oplus B \oplus C)' = (A(BC' + B'C)' + A'(BC' + B'C))'$$

$$= (A' + BC' + B'C) \cdot (A + BC + B'C')$$
$$= A'BC + AB'C + ABC' + A'B'C'$$

列出真值表见答案表10.8。

答案表10.8

A	B	C	Y
0	0	0	0
0	0	1	0
0	1	0	0
0	1	1	1
1	0	0	0
1	0	1	1
1	1	0	1
1	1	1	0

可见图(b)为判偶电路。

14. 由电路图求得：$Y_A = A$，$Y_B = A'B$，$Y_C = A'B'C$，列出真值表见答案表10.9。

答案表10.9

A	B	C	Y_A	Y_B	Y_C
0	0	0	0	0	0
0	0	1	0	0	1
0	1	0	0	1	0
0	1	1	0	1	0
1	0	0	1	0	0
1	0	1	1	0	0
1	1	0	1	0	0
1	1	1	1	0	0

可见，该电路能满足排队电路的要求。

15. 由电路图求得：$E = 1$ 时，$Y = A$，即选择 A 送到输出端；$E = 0$ 时，$F = B$，即选择 B 送到输出端。真值表见答案表10.10。

答案表10.10

E	A	B	Y
0	/	0	0
0	/	1	1
1	0	/	0
1	1	/	1

16. 如果将开关 A、B 同时掷向上方或者下方，灯就会亮。因此真值表见答案表10.11，灯亮的逻辑表达式为：$Y = AB + A'B' = ((AB)' \cdot (A'B')')'$

用与非门实现这一功能的逻辑电路如答案图10.9所示。

答案表 10.11

A	B	Y
0	0	1
0	1	0
1	0	0
1	1	1

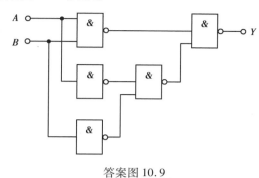

答案图 10.9

17. $Y = BCD'$

18. (a)A、B、C 3 个输入端中有两个或两个以上为 1 时输出为 1,因此,该电路具有表决功能,3 人中两人以上同意便通过。

(b)Y_1 为同或门,A、B 两个输入端相同时,输出 $Y_1 = 1$。Y_2 为异或门,A、B 两个输入端不同时,输出 $Y_2 = 1$。

19. 根据逻辑功能列出的真值表见答案表 10.12。

答案表 10.12

A(红)	B(黄)	C(绿)	Y	A(红)	B(黄)	C(绿)	Y
0	0	0	1	1	0	0	0
0	0	1	0	1	0	1	1
0	1	0	0	1	1	0	1
0	1	1	0	1	1	1	1

根据真值表,由 $Y = 1$ 的条件写出逻辑表达式,并化简得:

$Y = A'B'C' + AB'C + ABC' + ABC = A'B'C' + AC + AB = ((A'B'C')' \cdot (AC)' \cdot (AB)')'$

用与非门实现这一要求的电路如答案图10.10所示。

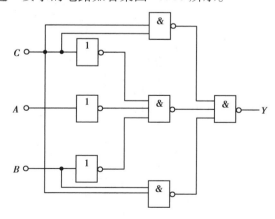

答案图 10.10

20. 设电动机 A 和 B 正常工作时为 0,发生故障时为 1。根据其逻辑功能列出真值表见答

案表 10.13。由 $Y=1$ 的条件写出逻辑表达式为

$Y_1 = A'B'$, $Y_2 = A'B + AB'$, $Y_3 = AB$

答案表 10.13

A	B	Y_1	Y_2	Y_3
0	0	1	0	0
0	1	0	1	0
1	0	0	1	0
1	1	0	0	1

由此设计出的电路如答案图 10.11 所示。

21.（1）半加器：$Y = AB' + A'B = AA' + AB' + A'B + BB' = A(A' + B') + B(A' + B')$

$= A(AB)' + B(AB)' = ((A(AB)')' \cdot (B(AB)')')'$

$C = AB = (AB)''$

画出半加器电路如答案图 10.12 所示。

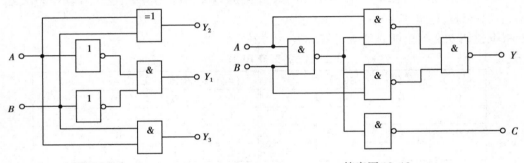

答案图 10.11   答案图 10.12

（2）全加器：$F_i = (A'_i B'_i C'_{i-1} + A'_i B_i C_{i-1} + A_i B'_i C_{i-1} + A_i B_i C'_{i-1})'$

$C_i = (A'_i B'_i C'_{i-1} + A'_i B'_i C_{i-1} + A'_i B_i C'_{i-1} + A_i B'_i C'_{i-1})'$

画出全加器电路如答案图 10.13 所示。

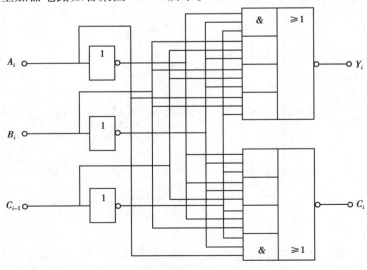

答案图 10.13

22. 由图得知 Y 的表达式为：$Y=ABC+A'B'C'=((ABC)'\cdot(A'B'C')')'$，所以全部用与非门实现这一逻辑功能的电路如答案图 10.14 所示。

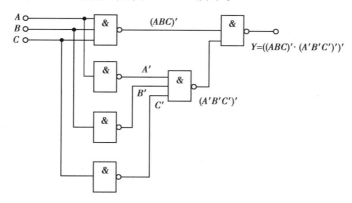

答案图 10.14

23. 求得 Y 的表达式为：$Y=AB+BC+CA=((AB)'(BC')(CA)')'$，所以全部改用与非门实现这一逻辑功能的电路如答案图 10.15 所示。

24. 如答案图 10.16 所示。

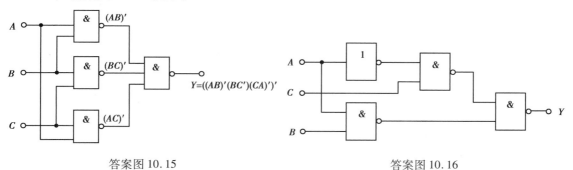

答案图 10.15   答案图 10.16

25. （1）是 A 做的。
    （2）是 B 做的。

26. 如答案图 10.17 所示。

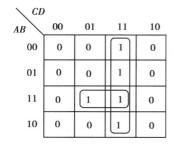

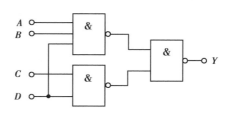

答案图 10.17

27. （1）$Y_1=A'C+B'C'=m_0+m_1+m_3+m_4$
    $D_7—D_0=11011000$
    （2）$Y_2=AB'D+A'BCD+A'C'D'=m_0D'+m_2D'+m_3D+m_4D+m_5D$

273

$$D_7—D_0 = D'0D'DDD00$$

$$(3)Y_3(A,B,C,D) = \sum m(0,1,2,4,5,8,9,10,14)$$

$$= m_0 + m_1D' + m_2 + m_4 + m_5D' + m_7$$

$$D_7—D_0 = 1D'101D'0D'$$

第 11 章

1. 波形如答案图 11.1 所示。

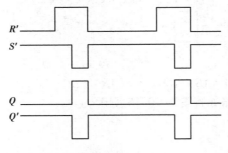

答案图 11.1

2. 波形如答案图 11.2 所示。

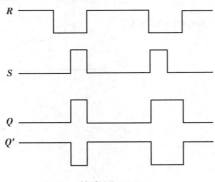

答案图 11.2

3. 波形如答案图 11.3 所示。

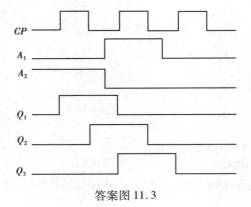

答案图 11.3

4. 波形如答案图 11.4 中 Q_1、Q_2 所示。

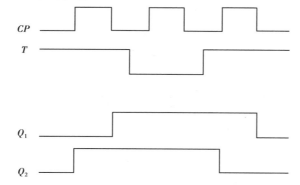

答案图 11.4

5. 波形如答案图 11.5 中 Q_1、Q_2 所示。

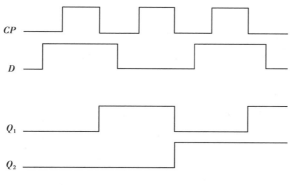

答案图 11.5

6. 波形如答案图 11.6 所示。

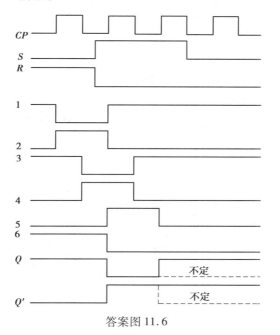

答案图 11.6

7. 各触发器输出端 Q 的波形如答案图 11.7 所示。

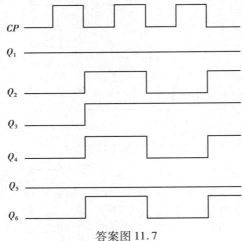

答案图 11.7

8. 各触发器输出端 Q 的波形如答案图 11.8 所示。

9. Q、Q' 和 A、B 的波形如答案图 11.9 所示。可见在输出端 A 和 B 可以得到相位互相错开的时钟信号。

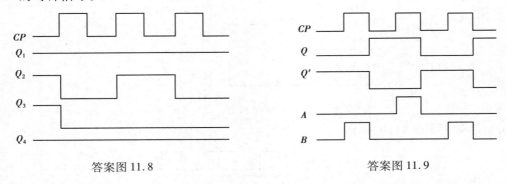

答案图 11.8 　　　　　　　　　　答案图 11.9

10. 待存数码加到 A_4、A_3、A_2、A_1 端,在 CP 脉冲(寄存指令)到来时,由于 D 触发器在 $D=0$ 时,$Q=0$;$D=1$ 时,$Q=1$,因而待存数码被寄存到 Q_4、Q_3、Q_2、Q_1 端。可见,该电路是并行输入、并行输出的数码寄存器。

11. 这是一个右移寄存器,待存数码 1001 按时钟脉冲(移位脉冲)的节拍,从低位数到高位数依次串行送到数码输入端 J。Q_4、Q_3、Q_2、Q_1 的波形如答案图 11.10 所示,状态表见答案表 11.1。

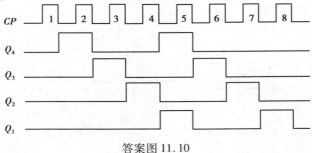

答案图 11.10

答案表 11.1

CP 顺序	J	Q_4	Q_3	Q_2	Q_1	存取过程
0	0	0	0	0	0	清零
1	1	1	0	0	0	存入 1 位
2	0	0	1	0	0	存入 2 位
3	0	0	0	1	0	存入 3 位
4	1	1	0	0	1	存入 4 位
5	0	0	1	0	0	取出 1 位
6	0	0	0	1	0	取出 2 位
7	0	0	0	0	1	取出 3 位
8	0	0	0	0	0	取出 4 位

12.（1）此寄存器是左移寄存器。

（2）前四个 CP 脉冲时，Q_4、Q_3、Q_2、Q_1 的波形如答案图 11.11 所示。

（3）串行输出时，从 Q_4 端逐位取出。并行输出时，同时从 Q_4、Q_3、Q_2、Q_1 端取出。

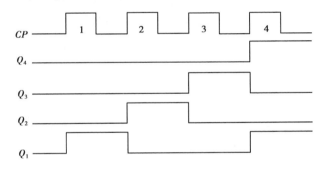

答案图 11.11

13.（1）第一位触发器 Q_1 的翻转条件为 $J = Q_1' = 1$。第二位触发器 Q_2 的翻转条件为 $J = Q_1 = 1$，且要注意当 $Q_2 = 1$ 时，若 $J = Q_1 = 0$，由于 $K = 1$，Q_2 也会由 1 翻为 0。由此求得 Q_1 和 Q_2 的波形如答案图 11.12 所示。

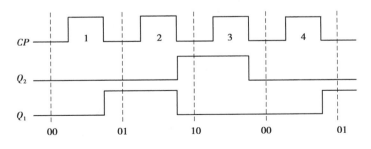

答案图 11.12

（2）由波形图可知，此计数器是三进制同步加法计数器。

14. （1）触发器 Q_1 的翻转条件为 $J=K=1$，由于 J 和 K 都接高电平 1，故每来一个计数脉冲都要翻转一次。触发器 Q_2 的翻转条件为 $J=K=Q_1=1$，触发器 Q_3 的翻转条件为 $J=K=Q_1Q_2=1$。Q_3、Q_2 和 Q_1 的波形如答案图 11.13 所示。

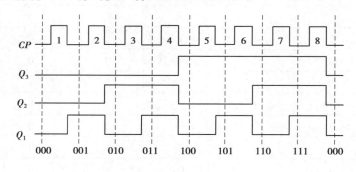

答案图 11.13

（2）由波形图可知，此计数器是八进制同步加法计数器。

（3）如果 CP 脉冲频率为 2 000 Hz，Q_3、Q_2、Q_1 的输出脉冲频率分别为 250 Hz，500 Hz，1 000 Hz。

15. 分别画出图（a）和（b）两个异步二进制计数器输出波形如答案图 11.14 所示，由此可知图（a）所示计数器为加法计数器，图（b）所示计数器为减法计数器。

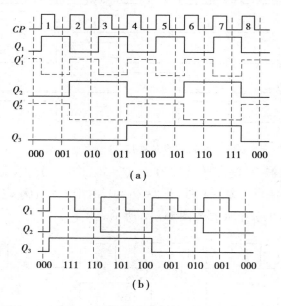

（a）

（b）

答案图 11.14

16. （1）该图所示的十进制计数器，第一位触发器的翻转条件为 $J_1=K_1=1$；第二位触发器的翻转条件为 $J_2=Q_4'=1,K_2=1$；第三位触发器翻转条件为 $J_3=K_3=1$；第四位触发器的翻转条件为，$J_4=Q_2 \cdot Q_3=1,K_4=1$，且 $Q_4=1$ 时，由于 $K_4=1$，只要 $J_4=Q_2Q_1=0$，Q_4 也会翻转为 0。计数器各输出端 Q_4、Q_3、Q_2 和 Q_1 波形如答案图 11.15 所示。

（2）从波形图可知此计数器为十进制加法计数器，而且是异步计数器。

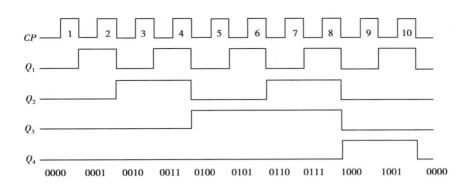

0000　0001　0010　0011　0100　0101　0110　0111　1000　1001　0000

答案图 11.15

17.

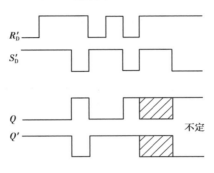

答案图 11.16

18.

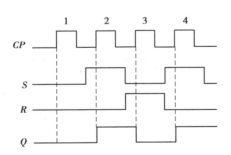

答案图 11.17

19.

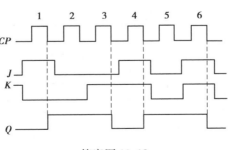

答案图 11.18

20.

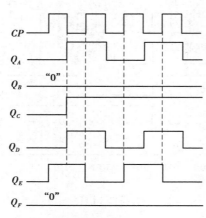

答案图 11.19

21.

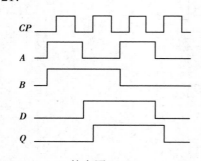

答案图 11.20

22.

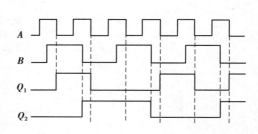

答案图 11.21

23.

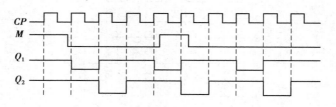

答案图 11.22

24.

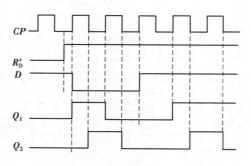

答案图 11.23

25.

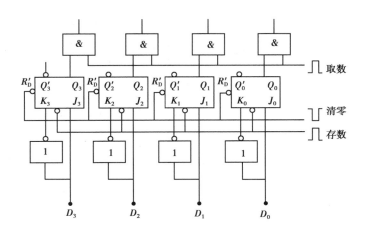

答案图 11.24

26. 在 CP 作用下,计数器的状态按照 $00 \rightarrow 11 \rightarrow 10 \rightarrow 01 \rightarrow 00$ 变化。此电路为两位同步二进制减法计数器。

27.

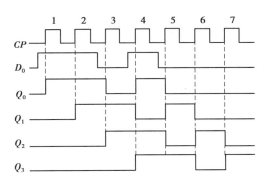

答案图 11.25

28.

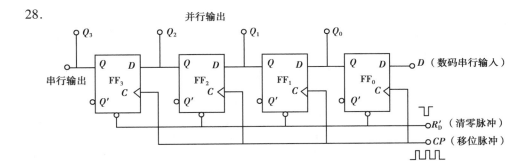

答案图 11.26

29.

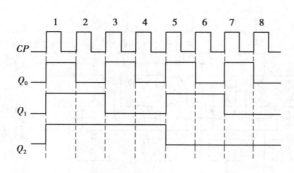

答案图 11.27

30. (1) 驱动方程: $J_0 = Q_2'$,　$K_0 = 1$

$J_1 = K_1 = 1$

$J_2 = Q_1 Q_0$,　$K_2 = 1$

状态方程: $Q_0^{n+1} = Q_{2n}' Q_{0n}' \cdot CP_0 \downarrow$

$Q_1^{n+1} = Q_{1n}' \cdot CP_1 \downarrow$

$Q_2^{n+1} = Q_{2n}' Q_{1n} Q_{0n} \cdot CP_2 \downarrow$

式中:　$CP_0 = CP_2 = CP$、$CP_1 = Q_0$

答案表 11.2

Q_2	Q_1	Q_0	Q_2^{n+1}	Q_1^{n+1}	Q_0^{n+1}
0	0	0	0	0	1
0	0	1	0	1	0
0	1	0	0	1	1
0	1	1	1	0	0
1	0	0	0	0	0
1	0	1	0	1	0
1	1	0	0	1	0
1	1	1	0	0	0

(2) 这个电路是一个同步五进制加法计数器。

31.

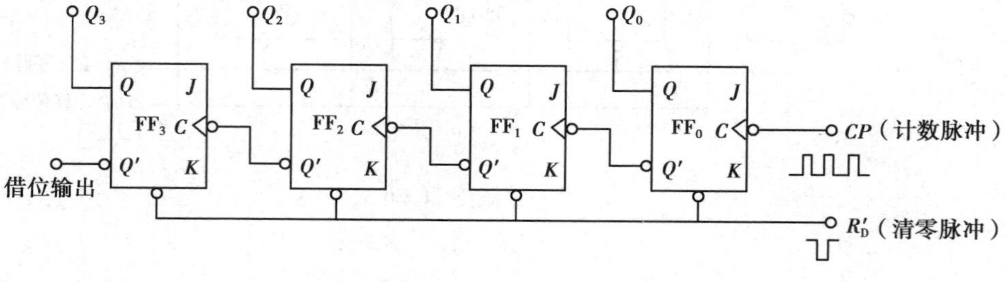

答案图 11.28

参考文献

［1］秦曾煌,姜三勇.电工学简明教程［M］.3版.北京:高等教育出版社,2015.

［2］曾令琴,赵胜会.电工学［M］.北京:电子工业出版社,2010.

［3］李飞.电工学［M］.长沙:中南大学出版社,2010.

［4］林珊,陈国鼎.电工学［M］.北京:机械工业出版社,2012.

［5］袁小庆.电工学实验［M］.西安:西北工业大学出版社,2012.

［6］张南.电工学(少学时)［M］.北京:高等教育出版社,2001.

［7］盛贤君,刘蕴红.电工及电子技术［M］.大连:大连理工大学出版社,2012.